计算机类本科规划教材

基于 Android Studio 的应用程序开发教程

李宁宁 主编

郑俊生 张福艳 郭巧丽 副主编

電子工業出版社

Publishing House of Electronics Industry

北京 • BEIJING

内容简介

本书从初学者的角度出发，基于 Android Studio 开发环境，循序渐进地针对 Android 应用程序开发进行了介绍。全书共 9 章，分别为：Android 平台与开发环境，Android 应用程序构成分析，Android 生命周期与通信，布局和控件，布局和控件进阶，系统服务，数据存储，后台处理与网络通信，综合实例设计与分析。从安装环境开始入手，进入第一个 Android 应用程序的剖析，最后完成一个基于服务器端和客户端结构的综合案例。本书案例丰富，每章以项目导学开头，引入当前章节的内容，最后通过项目延伸，引出更深入的需求，给予读者发挥和实现的空间。

本书可作为高等学校计算机科学与技术、软件工程等专业的教材，也可供 Android Studio 应用程序开发人员参考。

图书在版编目（CIP）数据

基于 Android Studio 的应用程序开发教程 / 李宁宁主编. — 北京：电子工业出版社，2016.8
计算机类本科规划教材
ISBN 978-7-121-29385-6

Ⅰ. ①基… Ⅱ. ①李… Ⅲ. ①移动终端－应用程序－程序设计－高等学校－教材 Ⅳ. ①TN929.53

中国版本图书馆 CIP 数据核字（2016）第 162037 号

策划编辑：凌　毅
责任编辑：凌　毅
印　　刷：北京盛通数码印刷有限公司
装　　订：北京盛通数码印刷有限公司
出版发行：电子工业出版社
　　　　　北京市海淀区万寿路 173 信箱　邮编：100036
开　　本：787×1 092　1/16　印张：18.5　字数：474 千字
版　　次：2016 年 8 月第 1 版
印　　次：2025 年 1 月第 11 次印刷
定　　价：42.80 元

凡所购买电子工业出版社图书有缺损问题，请向购买书店调换。若书店售缺，请与本社发行部联系，联系及邮购电话：(010)88254888，88258888。

质量投诉请发邮件至 zlts@phei.com.cn，盗版侵权举报请发邮件至 dbqq@phei.com.cn。

本书咨询联系方式：(010)88254528，lingyi@phei.com.cn。

前　　言

Android 是 Google 公司开发的基于 Linux 平台的开源手机操作系统。自诞生以来，经过不断的发展和完善，其功能日益强大，Android 应用程序开发需求量也在不断扩大。而且，由于 Android 采用 Java 语言作为编程基础，更是为 Java 开发人员敞开了大门。

目前，各大高校也感受到 Android 应用开发的市场需求以及互联网势不可挡的应用趋势，逐渐开设一些相关的课程。由于很多院校已经相继为计算机类专业的学生开设了 Java 语言课程，甚至有些学校已经将 Java 语言作为相关专业的第一门编程语言，因此 Android 应用程序开发也随之变得更加轻松和得心应手。本书主要从教学的角度全面介绍 Android Studio 应用开发的核心知识；案例的选取与设计，大多是在真实授课过程中总结和完成的，也是作者们智慧和实践的结晶。

本书共 9 章。

第 1 章 Android 平台与开发环境，开门见山地介绍了 Android 平台和开发环境的搭建，从而为 Android 应用程序开发奠定了基础，然后带领读者完成第一个 Android 应用程序的开发。

第 2 章 Android 应用程序构成分析，在第 1 章的应用程序的基础上，进行了程序深入剖析，使读者掌握 Android 应用程序开发的过程和程序结构，从而可以将第 1 章的程序进行改造和“装修”，变成读者“设计”的程序。

第 3 章 Android 生命周期与通信，讲解了 Android 的生命周期，读者可以由此入手分析各个组件的工作原理，并根据功能需要着手编程。另外，也可以通过 Intent 进行组件的整合，从而构成复杂而庞大的 Android 应用程序。

第 4 章和第 5 章围绕着界面展开了内容介绍。第 4 章介绍了基础的布局和控件，在此基础上，读者可以开发出基本的界面。本章以常用的登录和注册为例，从界面相关的基础知识到界面优化，实现了比较理想的界面效果，另外也介绍了几个高级控件，提高了编程难度的同时，也为 Android 应用程序开发奠定了一定的高度。第 5 章布局和控件进阶，引入了目前非常流行的 Fragment 结构，从整体上把握和串联了 Android 界面开发的内容，并通过比较复杂的项目框架，实现目前主流的应用程序效果。

第 6 章系统服务，其中包括服务组件、定时机制、广播组件及通知等，将 Android 应用开发中的系统服务进行整合。

第 7 章数据存储，是 Android 应用开发的重点。本章从最简单的简单存储，到文件存储，再到数据库存储，最后到 ContentProvider 组件，读者可以针对不同的应用场景，选择对应的数据存储方式。

第 8 章后台处理与网络通信，讲解了 Android 应用程序与服务器进行网络通信的原理和实现过程，为移动互联网应用程序开发奠定了基础。而且，本章从原始联网的几种方式延伸到 Volley 框架的使用，循序渐进地将理论以更方便简洁的方式进行实现。

第 9 章综合实例设计与分析，将以上章节的知识点进行整合，实现了一个综合案例。

书中的每一章均通过【项目导学】的形式，引入本章的核心知识点，从而完成【项目实现】；为了发挥读者的个人能动性，通常最后又进行了【项目延伸】，为读者提供更多的发挥空间。本书可作为高等学校计算机科学与技术、软件工程等专业的教材，也可供 Android Studio 应用程序开发人员参考。

本书凝聚了作者们多年的教学经验和总结，由李宁宁担任主编，郑俊生、张福艳、郭巧丽担任副主编。具体编写分工如下：第 1，4，5 章由郑俊生编写；第 2，6，7 章由张福艳编写；第 3，8，9 章由李宁宁编写，郭巧丽负责校稿和审稿。案例是经过大家统一讨论和设计而实现的。此外，参与本书编写和审稿的人员还有杨光、郑纯军、王凯、窦乔、王澜、高志君等。全书最后由李宁宁负责统稿和定稿。

本书配有电子课件、源程序等教学资源，读者可以登录华信教育资源网（www.hxedu.com.cn）免费下载。

由于时间和作者水平有限，书中难免有错误和不妥之处，恳请广大读者特别是同行专家们批评指正。您的任何意见和建议，都将是我们继续改进本书的动力。

作者

2016 年 7 月

目　　录

第 1 章　Android 平台与开发环境

Android 是一个优秀的开源手机平台，在智能手机市场的占有率排名第一，而且远超其他平台。Android 软件人才的需求也会越来越大，作为程序员或即将成为程序员的你们，马上加入 Android 应用开发阵营中来吧！通过本章的学习可以让读者对 Android 平台的发展、现状、基本框架有初步的了解，掌握安装、配置 Android 开发环境的步骤，理解 Android SDK 和 ADT（Android Developer Tools，Android 开发工具）的用途。通过创建第一个 Android 程序，进一步理解 Android 系统。在此基础上，读者可以尽情地开启 Android 编程之旅。

本章的学习目标
- 重点
  - （1）JDK 环境变量的配置
  - （2）Android Studio 使用
- 难点　Gradle 配置

【项目导学】

Android 平台开发环境的安装和配置是学习 Android 开发的第一步，环境配置完成后，读者可以创建第一个 Android 项目。开发过程中使用 Android Virtual Divice 虚拟机 AVD，虚拟机启动界面如图 1-1 所示，项目效果如图 1-2 所示。

图 1-1　启动界面效果

图 1-2　项目运行效果

1.1　Android 应用开发概述

随着 Android 系统和智能设备的迅猛发展，Android 已经成为全球范围内具有广泛影响力的操作系统。Android 系统已经不仅仅是一款手机的操作系统，它越来越广泛地被应用于平板电脑、可佩戴设备、电视、数码相机等设备上，Android 开发人才需求倍增，从长远上看，Android 软件人才的需求也会越来越大。

从 2007 年 11 月 5 日谷歌公司正式向外界展示了这款名为 Android 的操作系统至今，Android 已经经历了多个版本的更新，直到本书创作之初，最新的版本为 Android 6.0 **Marshmallow**，代号“棉花糖”。

从 Android 6.0 开始，Android 系统有了一个质的飞跃，本书将专注讲解 Android 6.0 及以上版本的开发。Android 的各个版本之间大部分 API 都是向下兼容的，对于一些少部分的 API，也提供了向下兼容包。

1.1.1 Android 发展史与现状

2003 年 10 月，Andy Rubin 等人创建了与 Android 系统同名的 Android 公司，并组建了 Android 开发团队，最初的 Android 系统是一款针对数码相机开发的智能操作系统，之后被 Google 公司收购，从此 Android 取得了长足的发展，迅速占领了智能手机的市场份额。

自 Android 系统首次发布至今，Android 经历了很多次版本更新，表 1-1 列出了Android 系统的不同版本的发布时间及对应的版本号。

表 1-1　Android 系统的版本号

Android 版本	代号
Android 1.1	
Android 1.5	Cupcake（纸杯蛋糕）
Android 1.6	Donut（炸面圈）
Android 2.0/2.1	Eclair（长松饼）
Android 2.2	Froyo（冻酸奶）
Android 2.3	Gingerbread（姜饼）
Android 3.0/3.1/3.2	Honeycomb（蜂巢）
Android 4.0	Ice Cream Sandwich（冰淇淋三明治）
Android 4.1	Jelly Bean（果冻豆）
Android 4.2	Jelly Bean（果冻豆）
Android 5.0	Lollipop（棒棒糖）
Android 6.0	Marshmallow（棉花糖）

从 Android 1.5 版本开始，Android 系统已经成为一个智能操作系统，Google 开始将 Android 系统的版本以甜品的名字命名。随着 Android 系统近年来的快速普及与发展，越来越多的厂商加入 Android 的阵营，根据 Gartner2015 年第四季的调查，Android 在智能手机市场的占有率为 80.7%，排名第 2 的苹果 iOS 为 17.7%。

因为 Android 系统发展迅速，版本众多，搭载 Android 系统各个版本的设备在现如今的市场上，并没有得到很好的统一，均有一定的占有率。图 1-3 是 Google 公司公布的 Android 各个版本的市场占有率，如图 1-3 所示。

从图 1-3 可知，在市面上占有率最高的为 Android 4.x，在构建 Android 应用时，采用新的版本和技术的同时，一定要考虑 Android 4.x 的兼容性问题。

Android 系统是基于 Linux 的智能操作系统，2007 年 11 月，Google 与 84 家硬件制造商、软件开发商及电信运营商组建开发手机联盟，共同研发改良 Android 系统。随后 Google 以 Apache 开源许可证的授权方式，发布了 Android 的源代码。也就是说，Android 系统是完全公开并且免费的，Android 系统的快速发展，也与它的公开免费有很大关系。

Version	Codename	API	Distribution
2.2	Froyo	8	0.2%
2.3.3-2.3.7	Gingerbread	10	3.8%
4.0.3-4.0.4	Ice Cream Sandwich	15	3.3%
4.1.x	Jelly Bean	16	11.0%
4.2.x		17	13.9%
4.3		18	4.1%
4.4	KitKat	19	37.8%
5.0	Lollipop	21	15.5%
5.1.		22	10.1%
6.0	Marshmallow	23	0.3%

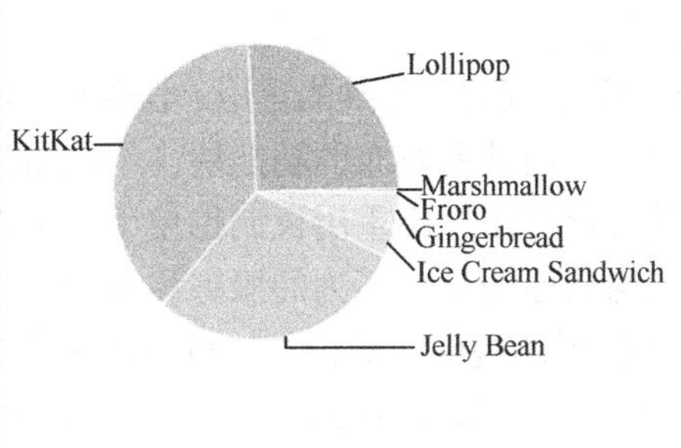

图 1-3　各版本市场占有率

1.1.2 Android 基本架构

Android 分为 5 个层，从高层到低层分别是应用程序层（Applications）、应用程序框架层（Application Framework）、系统运行库层（Libraries）、运行环境层（Android Runtime）和 Linux 核心层（Linux Kernel），如图 1-4 所示。

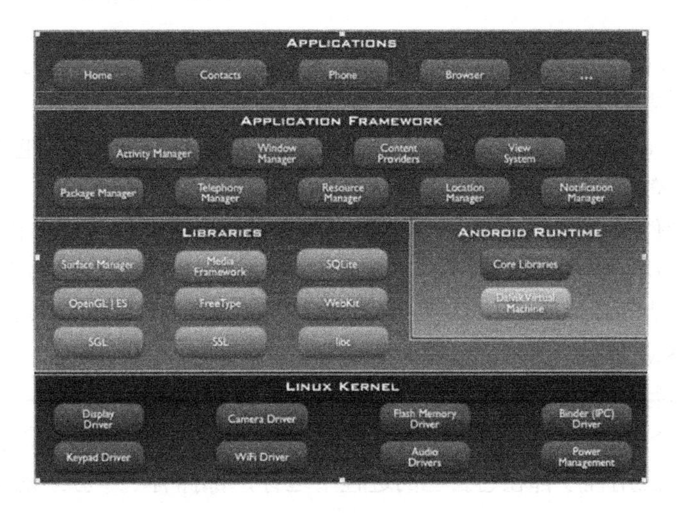

图 1-4　Android 基本架构

Applications、Application Framework 和 Android Runtime 的 Core Libraries 是 Java 程序，Android Runtime 的 Dalvik Virtual Machine 代码为运行 Java 程序而实现的虚拟机，Libraries 部分为 C/C++语言编写的程序库，Linux Kernel 部分为 Linux 内核和驱动。在 Application Framework 之下，由 C/C++的程序库组成，通过 JNI（Java Native Interface，Java 本地调用）完成从 Java 到 C 的调用。

1. 应用程序

所有的应用程序都是使用 Java 语言编写的，每一个应用程序由一个或者多个活动组成，活动必须以 Activity 类为超类，活动类似于操作系统上的进程，但是活动比操作系统的进程要更为灵活，与进程类似的是，活动可以在多种状态之间进行切换。

利用 Java 的跨平台性质，基于 Android 框架开发的应用程序可以不用编译运行于任何一台安装有 Android 系统的平台，这一点正是 Android 的精髓所在。

2．应用程序框架

应用程序的架构设计简化了组件的重用。任何一个应用程序都可以发布它的功能块，任何其他的应用程序都可以使用其所发布的功能块（不过得遵循框架的安全性限制），帮助程序员快速地开发程序，并且该应用程序重用机制也使用户可以方便地替换程序组件。

隐藏在每个应用后面的是一系列的服务和系统，其中包括：

- 丰富而又可扩展的视图（Views），可以用来构建应用程序，它包括列表（Lists）、网格（Grids）、文本框（Text Boxes）、按钮（Buttons），还有可嵌入的 Web 浏览器；
- 内容提供器（Content Providers），使得应用程序可以访问另一个应用程序的数据（如联系人数据库），或者共享它们自己的数据；
- 资源管理器（Resource Manager），提供非代码资源的访问，如本地字符串、图形和布局文件（Layout Files）；
- 通知管理器（Notification Manager），使得应用程序可以在状态栏中显示自定义的提示信息；
- 活动管理器（Activity Manager），用来管理应用程序生命周期并提供常用的导航回退功能。

3．系统运行库

（1）程序库

Android 包含一些 C/C++库，这些库能被 Android 系统中不同的组件使用。它们通过 Android 应用程序框架为开发者提供服务。

核心库主要包括基本的 C 库及多媒体库，以支持各种多媒体格式、位图和矢量字体、2D 和 3D 图形引擎、浏览器、数据库支持。

此外包括一个硬件抽象层，Android 并非所有的设备驱动都放在 Linux 内核里面，有一部分在用户空间实现。这么做的主要原因是可以避开 Linux 所遵循的 GPL 协议，一般情况下，如果要将 Android 移植到其他硬件去运行，只需要实现这部分代码即可，包括显示器驱动、声卡、相机、GPS、GSM 等。

（2）Android 运行库

Android 包括一个核心库，该核心库提供了 Java 编程语言核心库的大多数功能。

每一个 Android 应用程序都在它自己的进程中运行，都拥有一个独立的 Dalvik 虚拟机实例。

Dalvik 被设计成一个设备，可以同时高效地运行多个虚拟系统。

Dalvik 虚拟机执行（.dex）的是 Dalvik 可执行文件，该格式文件针对小内存使用做了优化。

同时虚拟机是基于寄存器的，所有的类都经由 Java 编译器编译，然后通过 SDK 中的“dx”工具转化成.dex 格式由虚拟机执行。

Dalvik 虚拟机依赖于 Linux 内核的一些功能，比如线程机制和底层内存管理机制。

4．运行时环境

Android 应用程序编写主要使用 Java 语言，而 Java 语言要想运行，需要一个虚拟机。

5．Linux 内核

Android 的核心系统服务依赖于 Linux 2.6 内核，如安全性、内存管理、进程管理、网络协议栈和驱动模型。

Linux 内核也同时作为硬件和软件栈之间的抽象层。另外，Linux 内核还对其做了部分修改，主要涉及以下两部分修改。

（1）Binder

IPC（Inter Process Communication）：提供有效的进程间通信，虽然 Linux 内核本身已经提供了这些功能，但 Android 系统很多服务都需要用到该功能，所以对进程间通信进行了重装封装。

（2）电源管理

为手持设备节省能耗。

Android 应用开发主要关注应用程序层的开发，使用 Java 语言编写 Android 应用，一般包含 3 个部分，如表 1-2 所示。

表 1-2　Java 语言编写 Android 应用的部分

部分	作用
Java 语言	Java 语法
Java 虚拟机	为了实现一次编译到处可以运行的原则，Java 在编译连接以后，不产生目标机器语言，而是采用了 Java bytecode 这种 Java 公用指令，需要一个虚拟机来执行该指令
库	提供一些常用的库

Android 是以 Linux 操作系统为核心，并针对手机进行了专门的优化，例如电源管理、进程调度等。Linux 提供了操作系统最基本的功能。

1.1.3　Android 组件

Android 系统中有著名的 4 大组件：Activity、Service、BroadcastReceiver、ContentProvider。一个商业的 Android 应用程序，通常由多个基本的组件联合组成。这 4 大组件在使用时候均需要在清单文件 AndroidManifest.xml 中进行注册，否则不予使用。本节将对这些组件进行简单的介绍，使读者对 Android 应用开发的内容有一个大致的认识，详细内容请参看本书 2.5 节。

1．活动（Activity）

Activity 是 Android 应用中最直接与用户接触的组件，它负责加载 View 组件，使其展现给用户，并保持与用户的交互。所有的 Activity 组件均需要继承 Activity 类，这是一个 Content 的间接子类，包装了一些 Activity 的基本特性。

View 组件是所有 UI 组件、容器组件的基类，也就是说，它可以是一个布局容器，也可以是一个布局容器内的基本 UI 组件。View 组件一般通过 XML 布局资源文件定义，同时 Android 系统也对这些 View 组件提供了对应的实现类。如果需要通过某个 Activity 把指定的 View 组件显示出来，调用 Activity 的 setContentView()方法即可，它具有多个重载方法，可以传递一个 XML 资源 ID 或者 View 对象。

例如：

```
LinearLayout layout=new LinearLayout(this);
setContentView(layout);
```

或者：

```
setContentView(R.layout.main);
```

Activity 为 Android 应用提供了一个用户界面，当一个 Activity 被开启之后，它具有自己的生命周期。Activity 类也对这些生命周期提供了对应的方法，如果需要对 Activity 各个不同的生命周期作出响应，可以重写这些生命周期方法实现。对于大多数商业应用而言，整个系统中包含了多个 Activity，在应用中逐步导航跳转开启这些 Activity 之后，会形成 Activity 的回退栈，当前显示并获得焦点的 Activity 位于这个回退栈的栈顶。

2．服务（Service）

Service 主要用于在后台完成一些无须向用户展示界面的功能实现。通常位于系统后台运行，它一般不需要与用户进行交互，因此 Service 组件没有用户界面展示给用户。Service 主要用于完成一些类似于下载文件、播放音乐等无须用户界面与用户进行交互的功能。

与 Activity 组件需要继承 Activity 类相似，Service 组件同样需要继承 Service 类，Service 类也是 Context 的间接子类，其中包装了一些 Service 的专有特性。一个 Service 被运行起来之后，它将具有自己独立的生命周期，Service 类中对其各个不同的生命周期提供了对应的方法，开发人员可以通过在 Service 中重写 Service 类中这些生命周期方法，来响应 Service 各个生命周期的功能实现。

3．广播接收器（BroadcastReceiver）

BroadcastReceiver 同样也是 Android 系统中的一个重要组件，BroadcastReceiver 代表了一个广播接收器，用于接收系统中其他组件发送的广播，并对其进行响应或是拦截广播的继续传播。

广播是一个系统级的消息，当系统环境发生改变时会发送一些广播供对应的程序进行接收响应，例如：接收到一条短信、开机、关机、插上充电器、插上耳机、充电完成等，均会发送一条广播供需要监听此类广播的应用进行响应。除了一些系统事件的广播，开发人员也可以自定义广播内容。但是大部分情况下，开发应用时主要用于接收系统广播并对其进行响应，很少需要发送自定义的广播。

使用 BroadcastReceiver 组件接收广播非常简单，只需要实现自己的 BroadcastReceiver 子类，并重写 onReceive()方法，就能完成 BroadcastReceiver。而这个 BroadcastReceiver 对什么广播感兴趣，则需要对其进行另行配置。

4．内容提供者（ContentProvider）

Android 系统作为一个智能操作系统，需要系统中运行的应用程序都必须是相互独立的，各自运行在自己的 Dalvik 虚拟机实例中。在正常情况下，Android 应用之间不能进行实时的数据交换，而考虑到有些应用的数据需要对外进行共享，Android 系统提供了一个标准的数据接口 ContentProvider，通过应用提供的 ContentProvider，可以在其他应用中对这个应用暴露出来的数据进行增、删、改、查。

为应用程序暴露数据接口非常简单，只需要继承 ContentProvider 类，并且实现 insert()、delete()、update()、query()等方法，使外部应用可对本应用的数据进行增、删、改、查。

5．意图（Intent）

虽然 Intent 并不是 Android 应用的组件，也无须专门在清单文件中配置，但是它对于 Android 应用的作用非常大。除了 ContentProvider 之外，其他组件的启动，均需要通过 Intent 进行指定。Intent 不仅可以明确指定一个 Android 组件进行启动，还可以提供一个标准的行为，再由 Android 系统配合意图过滤器来选定启动指定组件来完成任务。而 Intent 在开启组件的过程中，也可以进行各个组件间的数据传递。

1.2 开 发 环 境

1.2.1 JDK 安装与配置

JDK（Java Development Kit）是 Java 语言的软件开发工具包（SDK），主要用于移动设备、嵌入式设备上的 Java 应用程序。

1. JDK 下载与安装

首先下载 JDK，官方下载地址 http://www.oracle.com/technetwork/Java/Javase/downloads/index.html，选择自己电脑系统的对应版本即可，如图 1-5 所示。

Java SE Development Kit 8u77

You must accept the Oracle Binary Code License Agreement for Java SE to download this software.

Thank you for accepting the Oracle Binary Code License Agreement for Java SE; you may now download this software.

Product / File Description	File Size	Download
Linux ARM 32 Soft Float ABI	77.7 MB	jdk-8u77-linux-arm32-vfp-hflt.tar.gz
Linux ARM 64 Soft Float ABI	74.68 MB	jdk-8u77-linux-arm64-vfp-hflt.tar.gz
Linux x86	154.74 MB	jdk-8u77-linux-i586.rpm
Linux x86	174.92 MB	jdk-8u77-linux-i586.tar.gz
Linux x64	152.76 MB	jdk-8u77-linux-x64.rpm
Linux x64	172.96 MB	jdk-8u77-linux-x64.tar.gz
Mac OS X	227.27 MB	jdk-8u77-macosx-x64.dmg
Solaris SPARC 64-bit (SVR4 package)	139.77 MB	jdk-8u77-solaris-sparcv9.tar.Z
Solaris SPARC 64-bit	99.06 MB	jdk-8u77-solaris-sparcv9.tar.gz
Solaris x64 (SVR4 package)	140.01 MB	jdk-8u77-solaris-x64.tar.Z
Solaris x64	96.18 MB	jdk-8u77-solaris-x64.tar.gz
Windows x86	182.01 MB	jdk-8u77-windows-i586.exe
Windows x64	187.31 MB	jdk-8u77-windows-x64.exe

图 1-5　选择 JDK 版本

双击安装文件进行安装，并选择安装目录，如图 1-6 和图 1-7 所示。

图 1-6　JDK 安装欢迎界面

图 1-7　更改安装目录

2. 设置环境变量

首先打开“系统属性”→“高级”选项卡中的“环境变量”按钮，如图 1-8 所示。设置 JAVA_HOME 和 Path 环境变量，如图 1-9 所示。

1.2.2 Android Studio

1. 安装

Android Studio 是编写和调试 Android 应用的工具，安装过程如图 1-10～图 1-14 所示。其中，关于安装路径和 SDK 路径选择，如图 1-12 所示；内存选择推荐的 2GB，如图 1-13 所示。

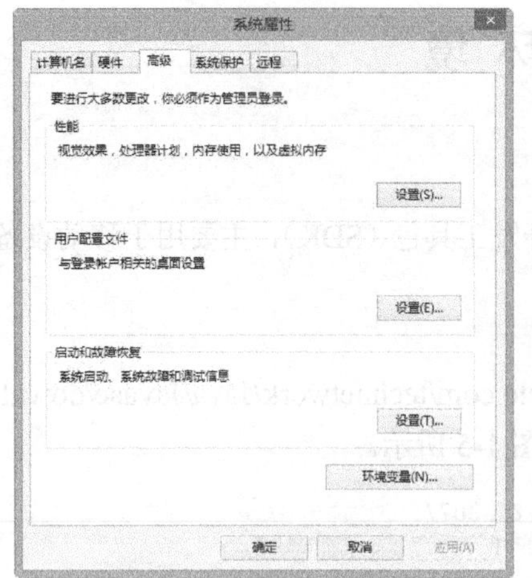

图 1-8　系统属性

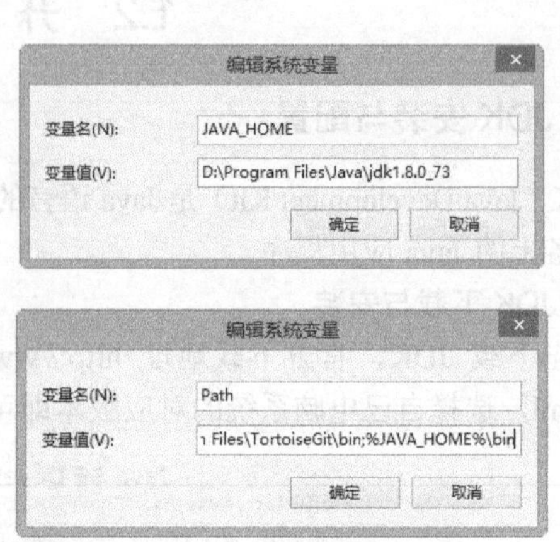

图 1-9　环境变量设置

图 1-10　Android Studio 欢迎界面

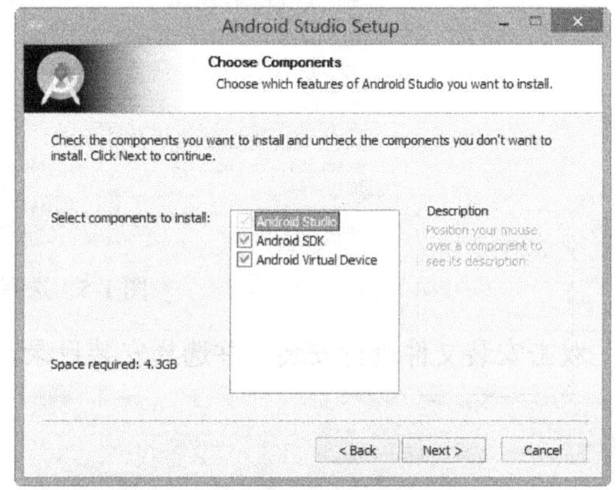

图 1-11　组件选择界面

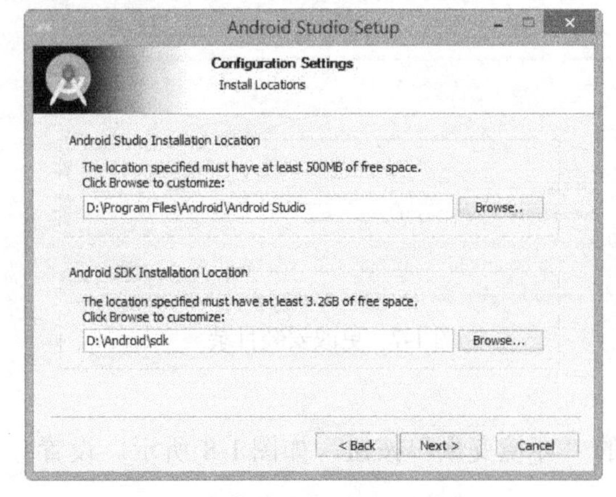

图 1-12　安装路径和 SDK 路径

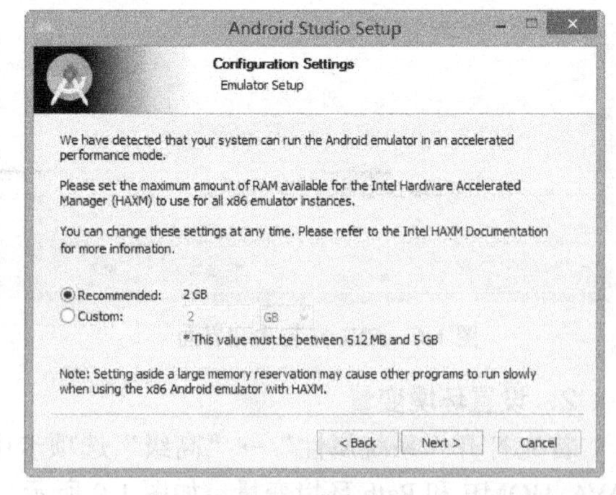

图 1-13　内存设置

2．AVD Manager

调试和运行 Android 项目可以使用 AVD。AVD 的全称为：Android Virtual Device，就是 Android 运行的虚拟设备，又称作 Android 的模拟器。

下面演示如何在 Android Studio 里创建一个 AVD。

图 1-14　安装完成

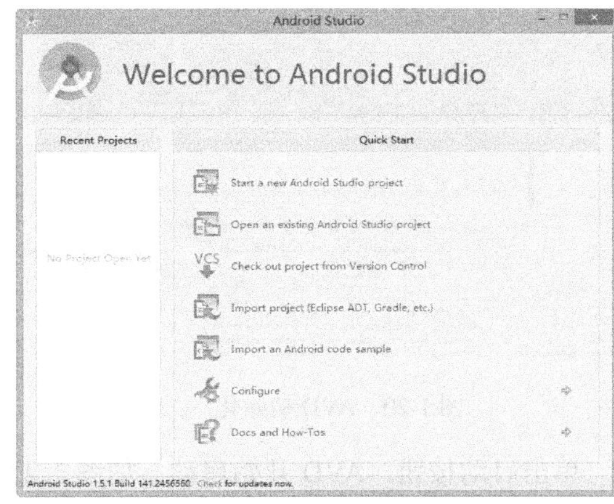

图 1-15　快速创建项目界面

首先打开 AVD 管理界面，单击“Create Virtual Device”按钮，如图 1-16 所示。然后在硬件选择窗口选择相应设备，如图 1-17 所示。在系统镜像窗口选择喜欢的镜像，如图 1-18 所示。最后输入 AVD 名称，如图 1-19 所示。

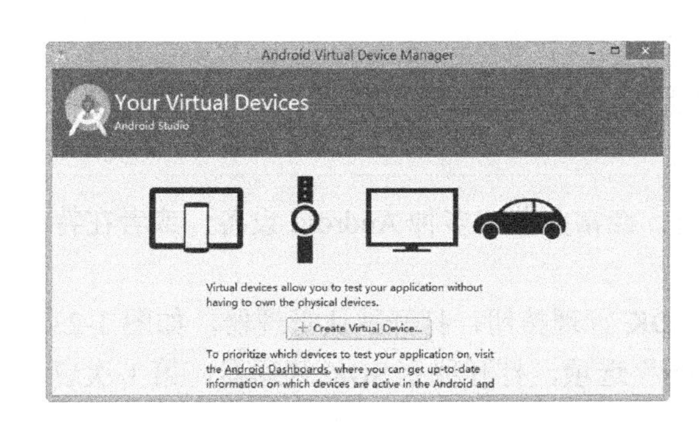

图 1-16　创建 AVD

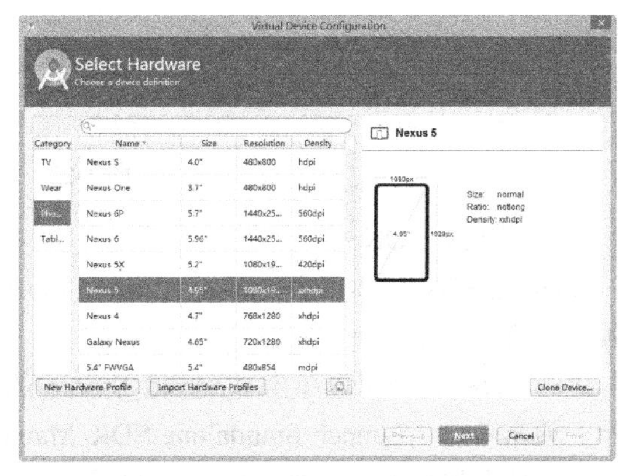

图 1-17　选择硬件设备

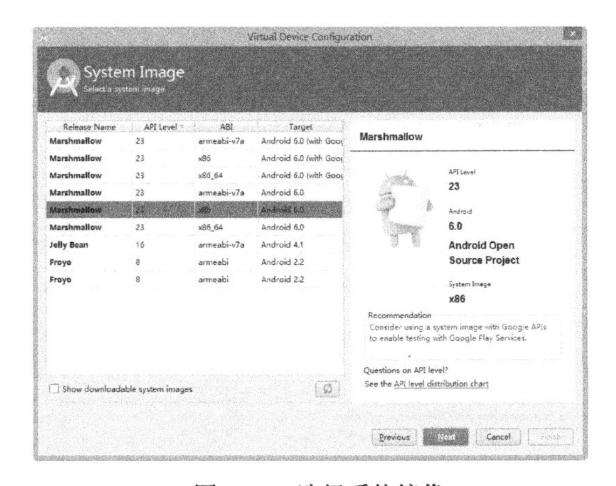

图 1-18　选择系统镜像

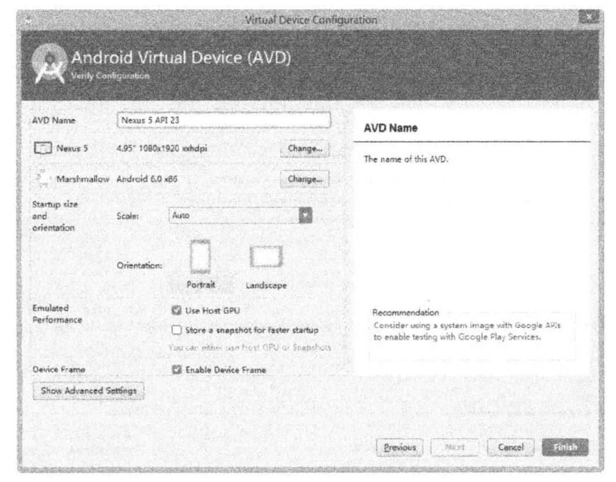

图 1-19　AVD 名称

单击“Finish”按钮，开始进行 AVD 初始化，如图 1-20 所示。创建成功后，可以在管理窗口看到刚刚创建的 AVD，如图 1-21 所示。可以根据不同的需求，创建不同的 AVD。

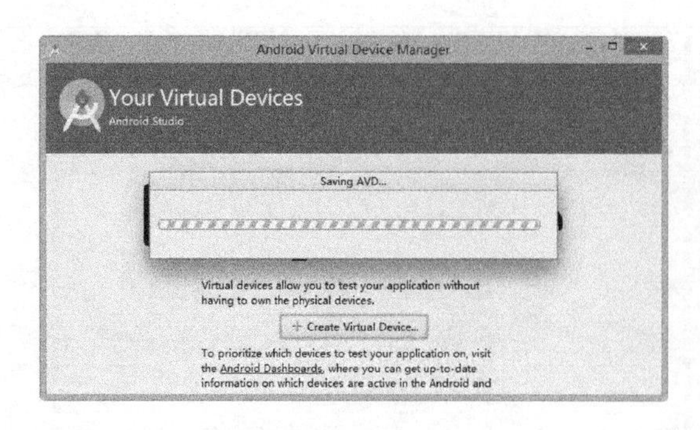

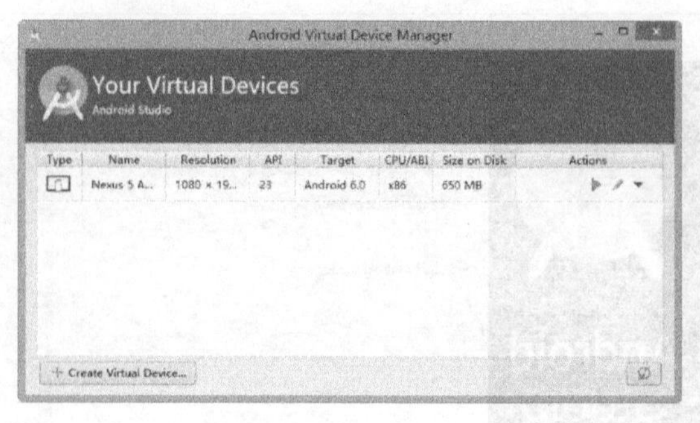

图 1-20　AVD 初始化　　　　图 1-21　AVD 管理

单击启动按钮，AVD 开始启动，如图 1-22 所示，虚拟机启动界面如图 1-1 所示。

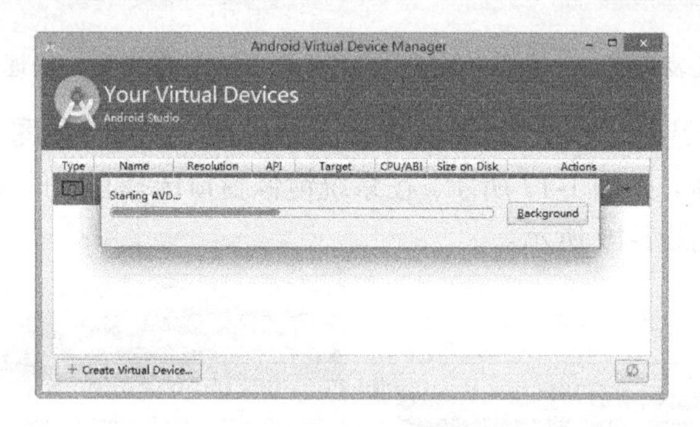

图 1-22　启动 AVD

3．Android SDK

Android SDK 版本众多，开发 Android 应用时，经常要兼容多种 Android 设备，或者在特定版本下进行调试。

进行 SDK 管理可以单击 Android Studio 的 SDK 管理按钮，打开默认管理器，如图 1-23 所示。通常单击“Launch Standalone SDK Manager”选项，打开独立 SDK 管理器，第 1 次启动时，需要联网加载库文件，如图 1-24 所示。

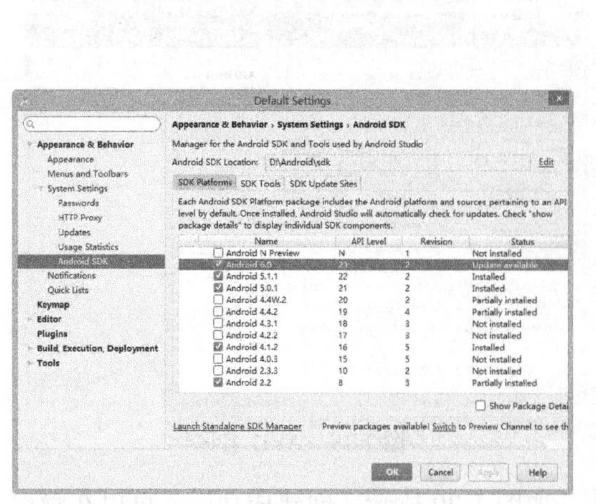

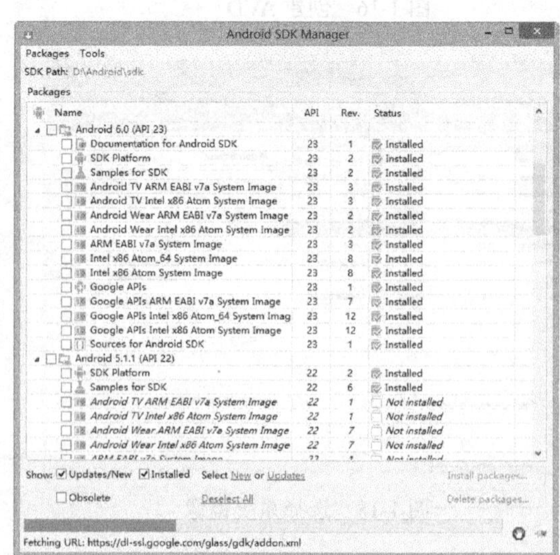

图 1-23　SDK 管理设置　　　　图 1-24　加载 SDK 库

在独立 SDK 管理器中，选择特定版本，单击“Install packages”按钮进行安装，如图 1-25 所示。安装完 SDK 后，可以在 SDK 安装目录的 platforms 目录中查看各 SDK 版本，如图 1-26 所示。

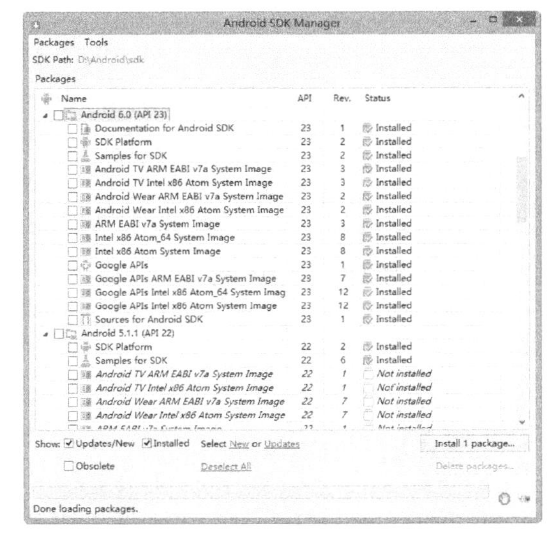

图 1-25 选择 SDK 版本

图 1-26 SDK 版本目录

1.2.3 Eclipse

Eclipse 的安装与 Android Studio 类似，下面进行简要介绍。

选择下载 Eclipse IDE for Java Developers，解压到指定的目录。双击目录中的 eclipse.exe，出现 Eclipse 集成开发环境的启动画面，如图 1-27 所示。

选择工作目录：G:\Android\workplace。建议勾选复选框，将工作目录设成默认工作目录，如图 1-28 所示。

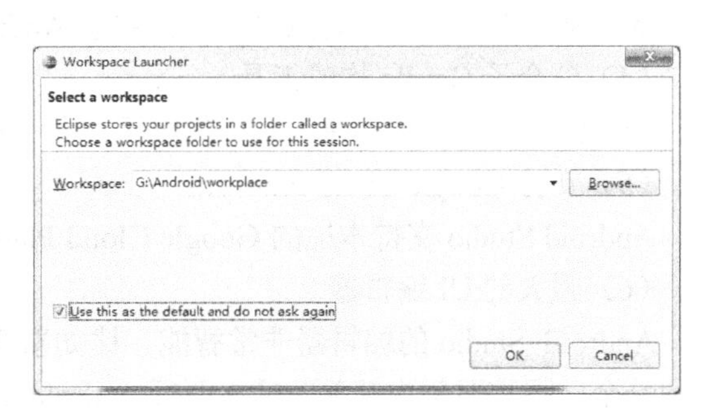

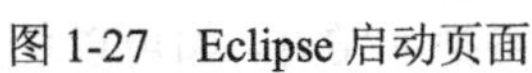
图 1-27 Eclipse 启动页面

图 1-28 选择工作目录

启动后初始界面如图 1-29 所示，项目结构如图 1-30 所示。

下载 ADT 插件，在“Add Repository”界面中输入 ADT 插件的下载地址，如图 1-31 所示。

设置 Android SDK 的保存路径：选择 Eclipse 菜单中的 Windows→Preferences 打开配置界面，输入 Android SDK 的保存路径，单击“Apply”按钮，如图 1-32 所示。

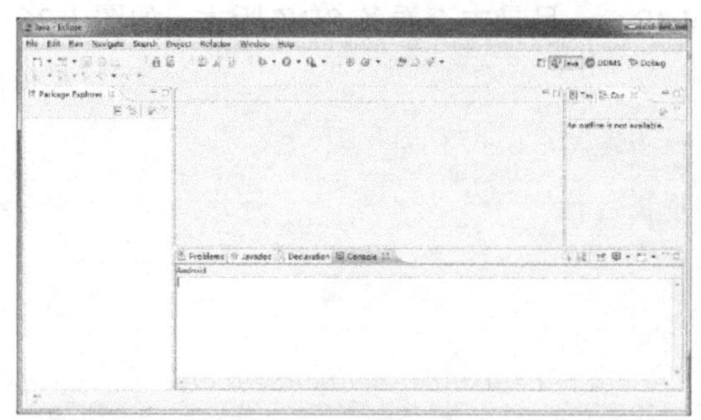

图 1-29　初始界面

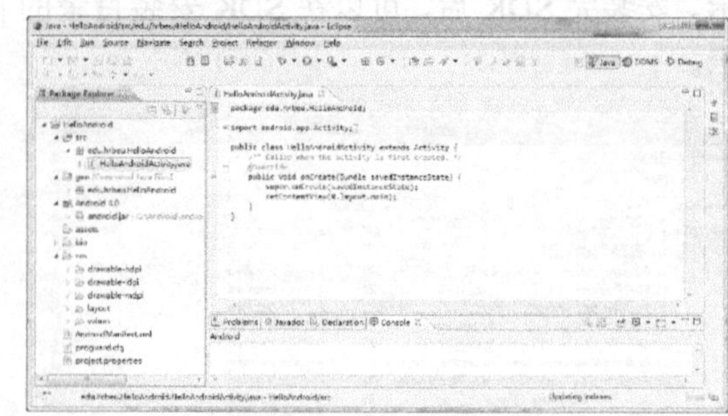

图 1-30　项目结构

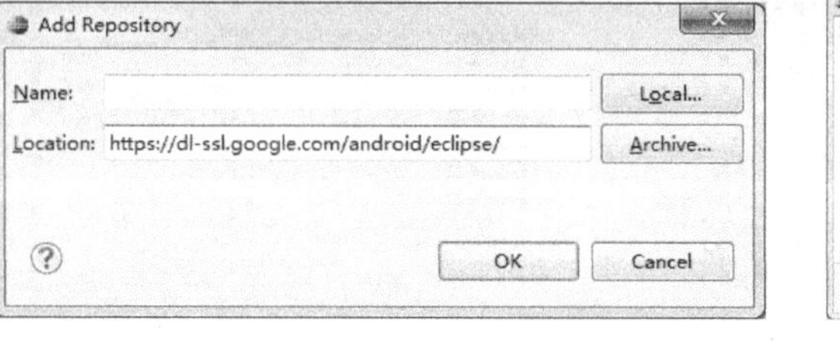

图 1-31　下载 ADT 插件

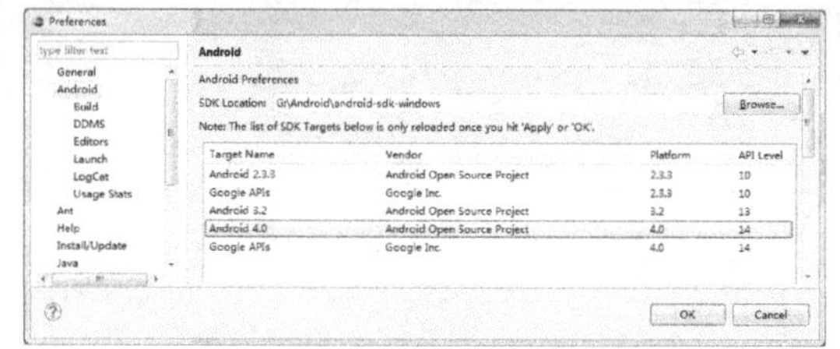

图 1-32　设置 SDK 保存路径

1.2.4　Android Studio 的优势

Android Studio 对比 Eclipse 的优势表现在以下几个方面。

（1）比 Eclipse 漂亮

Android Stuido 自带的 Darcula 主题的炫酷黑界面非常漂亮。

（2）比 Eclipse 速度快

包括启动速度、响应速度、内存占用等均领先于 Eclipse。

（3）提示、补全更加智能，更加人性化

提示补全对于开发来说意义重大，熟悉 Android Studio 以后效率提升明显。

（4）整合了 Gradle 构建工具

Gradle 是一个新的构建工具，集合了一些 Ant 和 Maven 的优点。

（5）支持 Google Cloud Platform

Android Studio 支持本地的 Google Cloud Platform，可以让开发者去运行服务器端的代码。

（6）强大的 UI 编辑器

Android Studio 的编辑器非常智能。比如新建一个控件，控件的 width 和 height 属性会自动地补全，不需要每次都手动输入两行 android:layout_width 和 android:layout_height。另外，定义颜色后会自动把颜色显示在旁边。还有其他很多小细节做得都非常好，如可以任意拖拽控件，明显提高了编辑 UI 的效率。

（7）更完善的插件系统

在 Android Studio 中可以像 Apple store 那样浏览所有的插件、直接搜索、下载并管理，用户体验很好。

（8）完美的整合版本控制软件

安装时就自带了如 GitHub，CVN 等流行的版本控制工具。

（9）Android Studio 由 Google 推出

Android Studio 是 Google 公司推出，专门为 Android“量身定做”的，作为 Android 开发人员，Android Studio 应该是首选工具。

1.2.5　Genymotion 模拟器

Android 原生的模拟器启动比较慢，操作起来也不流畅，还会出现莫名的问题。很多开发者选择直接使用 Android 手机来开发。但是每次连接手机也不是特别方便，而且有时需要在投影仪上演示程序。下面给读者介绍一款很好的 Android 模拟器——Genymotion。

- Genymotion 模拟器其实不是普通的模拟器，严格来说，Genymotion 是虚拟机，加载 App 的速度比较快，操作起来也很流畅。
- Genymotion 依赖于 VirtualBox。VirtualBox 是著名的开源虚拟机软件，轻巧、好用。Genymotion 调用了 VirtualBox 的接口，所以 Genymotion 要与 VirtualBox 一起使用。
- Genymotion 可作为 Eclipse、Android Studio 的插件使用，很方便。

下面介绍 Genymotion 模拟器的安装流程：

（1）从 Genymotion 官方网站注册，下载 genymotion-2.6.0-vbox 并安装。如果已安装 VirtualBox，则下载安装 Genymotion 独立版。

（2）打开 Android Studio，依次选择“File”→“Settings”选项。

（3）在打开的 Settings 界面里找到 Plugins 设置项，单击“Browse repositories”按钮，如图 1-33 所示。在搜索栏中输入“Genymotion”关键字，可以看到窗口右侧已经搜索到插件，单击“Install Plugins”按钮安装，如图 1-34 所示。

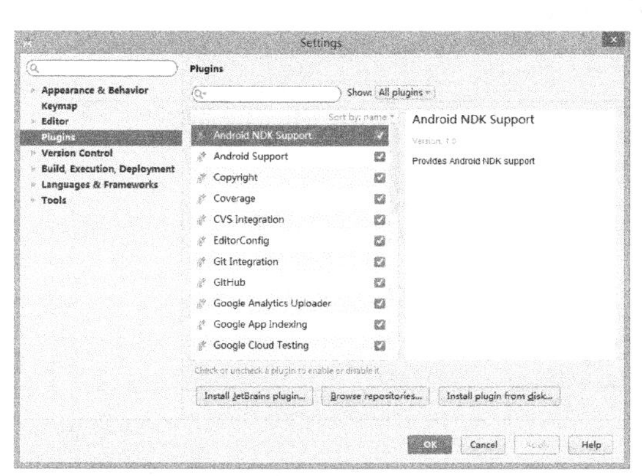
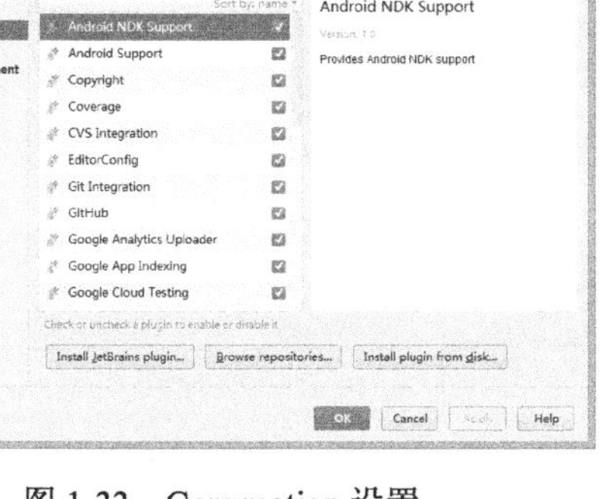

图 1-33　Genymotion 设置

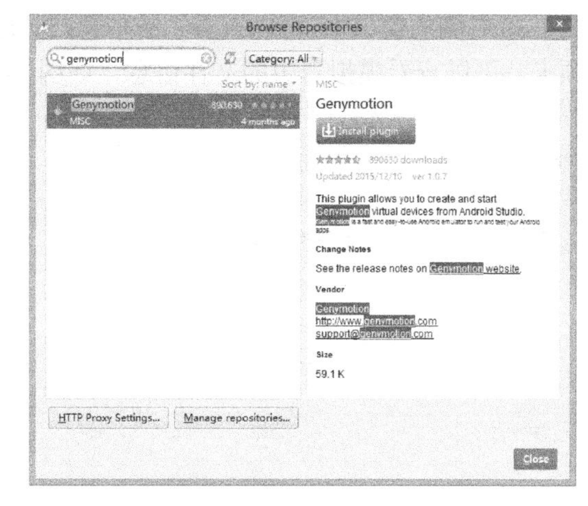

图 1-34　Browse Repositories 界面

安装后重新启动 Android Studio，可在工具栏看到 Genymotion 插件的图标，如图 1-35 所示。

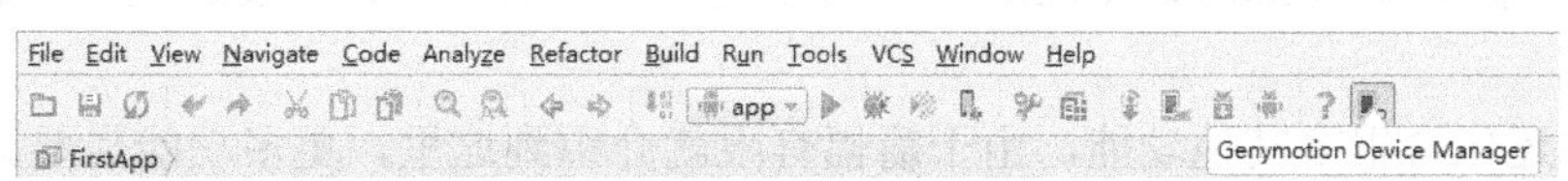

图 1-35　Genymotion 插件

初次打开需要设置 Genymotion 的安装目录，如图 1-36 所示。设置好目录，再次单击工具栏的图标，就可以进行模拟器的配置和启动了，如图 1-37 所示。

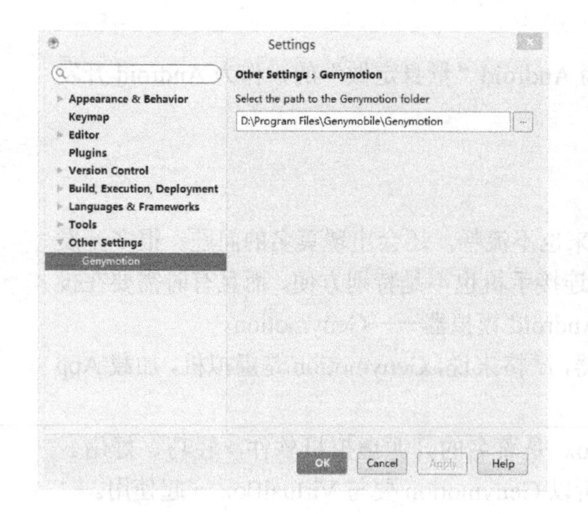

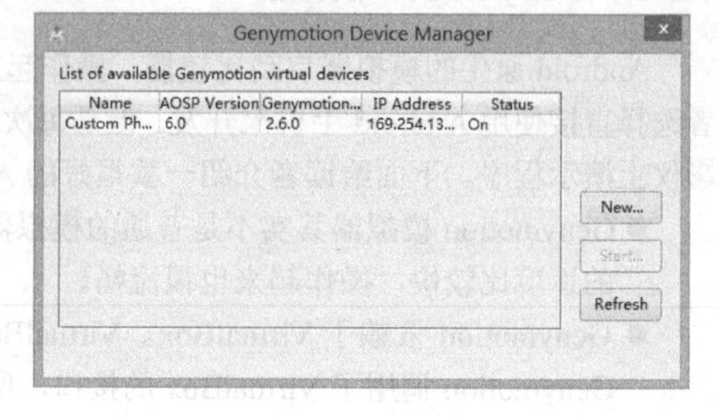

图 1-36　设置 Genymotion 路径　　　　图 1-37　Genymotion 管理器

1.2.6　DDMS

DDMS（Dalvik Debug Monitor Service）提供了一系列的调试服务，如后台日志监控、系统线程监控、虚拟机状态、堆信息监控、模拟器文件监控、模拟拨打电话、模拟发送短信和模拟发送 GPS 位置信息等辅助调试服务。

打开 DDMS，单击“Tools”→“Android”→“Android Device Monitor”命令，在弹出的对话框（见图 1-38）就可以看到 DDMS 了。也可以单击工具栏中的小图标来打开 DDMS。在图 1-38 右侧的窗口中，可以查看系统信息（System Information）。单击文件浏览（File Explorer）选项卡，可以查看模拟器中的文件信息，如图 1-39 所示。

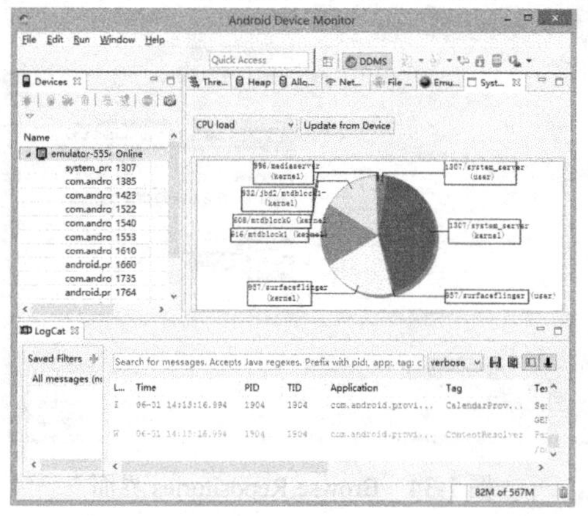

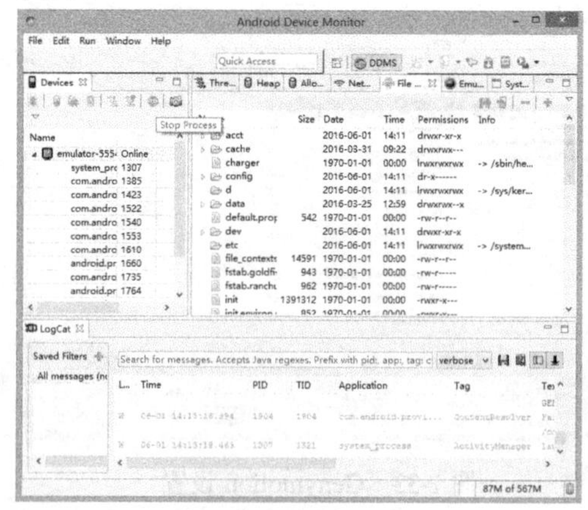

图 1-38　系统信息　　　　图 1-39　文件浏览

在模拟器控制窗口（Emulator Control）中可以给模拟器拨打电话和发送短信，如图 1-40～图 1-43 所示。

DDMS 中还包含很多其他功能，由于篇幅有限就介绍到这里，更多功能需要读者在实践中去慢慢摸索。

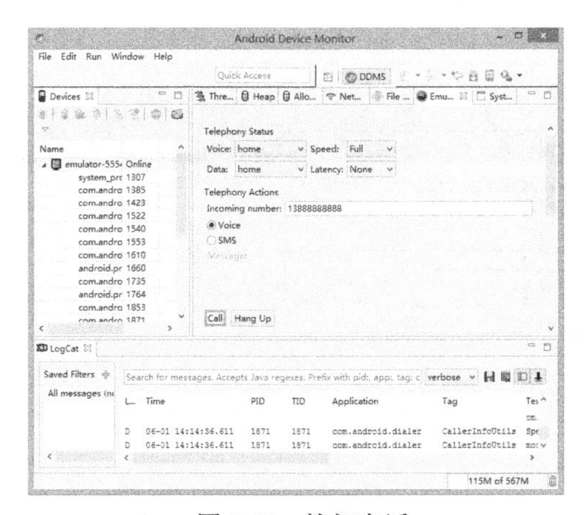

图 1-40　拨打电话

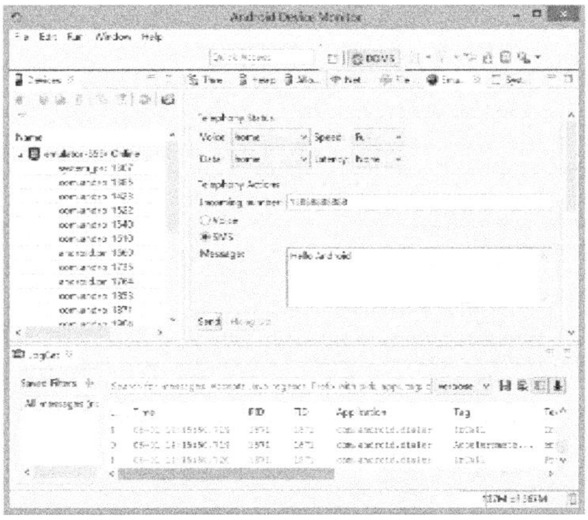

图 1-41　发送短信

图 1-42　模拟器来电

图 1-43　模拟器短信

1.3　第一个 Android 程序

1.3.1　创建项目

本节使用 Android Studio 创建第一个 Android 项目。首先打开 Android Studio，第一次启动会弹出快速创建项目窗口，如图 1-15 所示。也可以通过单击“File”→“Open”命令打开此窗口。

选择“Start a new Android Studio project”选项，打开创建项目向导，在弹出的窗口中选择项目路径，输入项目名称“FirstApp”，如图 1-44 所示。在项目配置窗口，指定公司域名，如“neusoft.edu.cn”，如图 1-45 所示。在目标设备选择窗口，选择“Phone and Tablet”，并设置最低 SDK 版本，如图 1-46 所示。

再添加 Activity 窗口，选择 Blank Activity，如图 1-47 所示。在后续项目中，可以根据需要选择不同的 Activity。在 Activity 设置窗口设置 Activity 名称、布局名称和标题，取消选择“Use a Fragment”复选框，如图 1-48 所示。单击“Finish”按钮后，初始化项目，如图 1-49 所示。

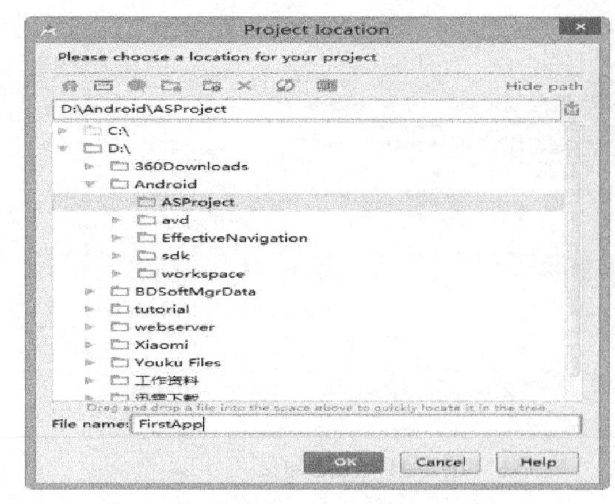

图 1-44　选择项目路径和项目名称

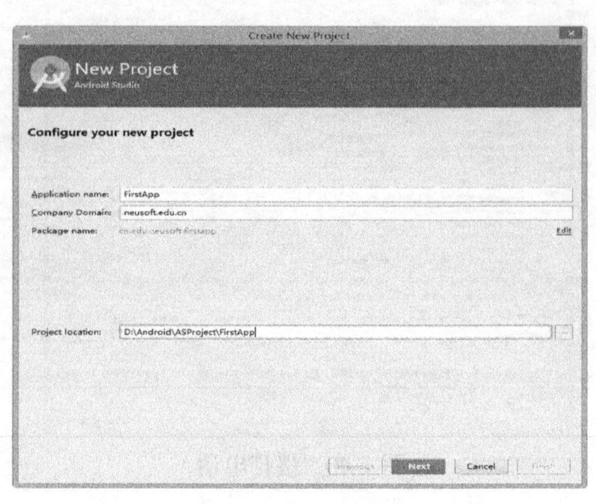

图 1-45　项目配置

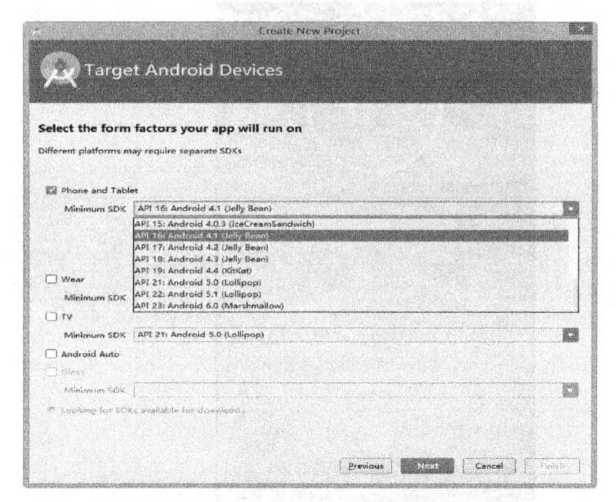

图 1-46　设置目标设备版本

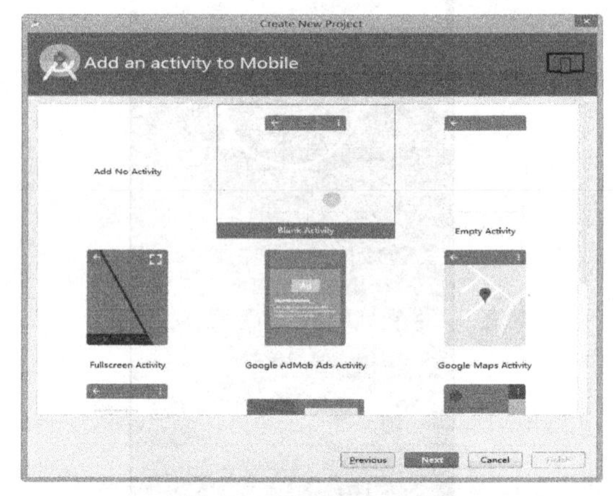

图 1-47　添加 Activity

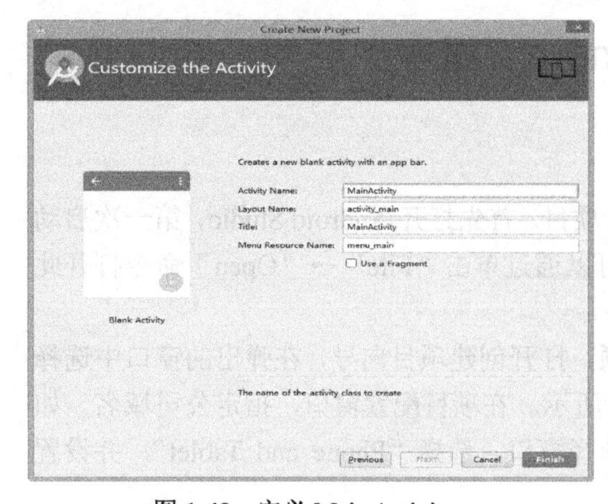

图 1-48　定义 Main Activity

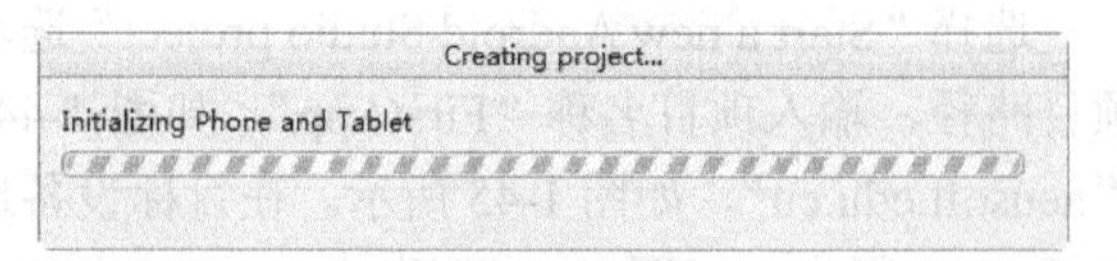

图 1-49　项目初始化

项目创建完成后，Android Studio 的窗口如图 1-50 所示。左侧是项目架构，右侧是代码，读者也可以根据需要进行定制。

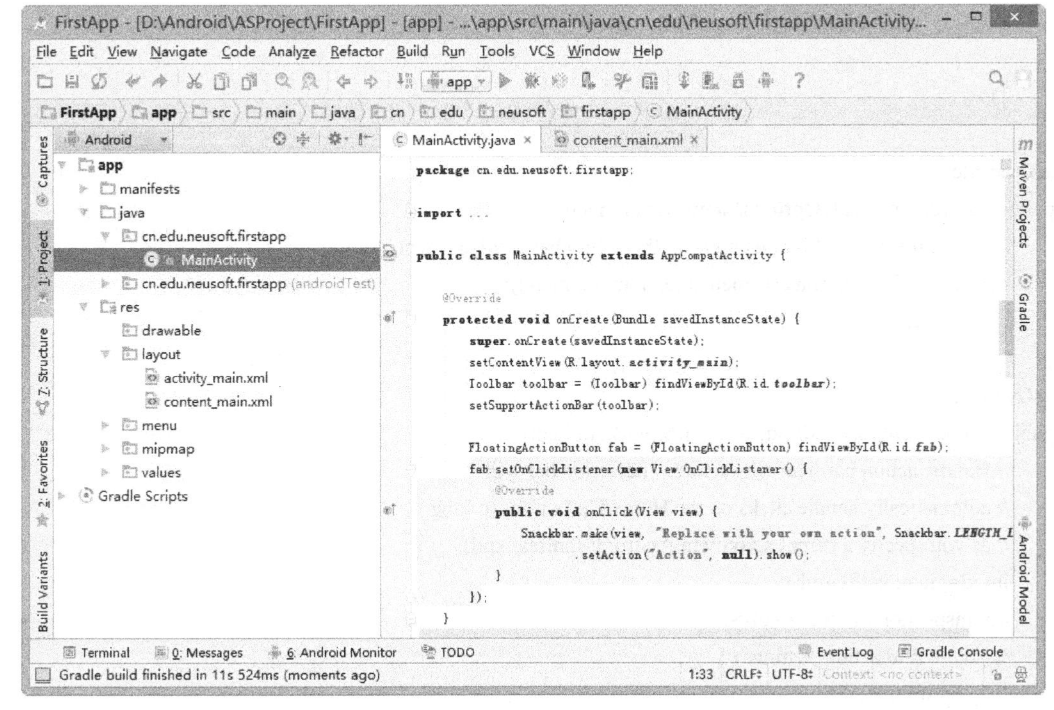

图 1-50　项目窗口

（1）MainActivity.Java

MainActivity 是项目的入口，继承 AppCompatActivity，主要包括 onCreate()函数、onCreateOptionsMenu()函数和 onOptionsItemSelected()函数，相关代码如下：

```
package cn.edu.neusoft.firstapp;
import Android.os.Bundle;
import Android.support.design.widget.FloatingActionButton;
import Android.support.design.widget.Snackbar;
import Android.support.v7.app.AppCompatActivity;
import Android.support.v7.widget.Toolbar;
import Android.view.View;
import Android.view.Menu;
import Android.view.MenuItem;
public class MainActivity extends AppCompatActivity {
    @Override
    protected void onCreate(Bundle savedInstanceState) {
        super.onCreate(savedInstanceState);
        setContentView(R.layout.activity_main);
        Toolbar toolbar = (Toolbar) findViewById(R.id.toolbar);
        setSupportActionBar(toolbar);
        FloatingActionButton fab = (FloatingActionButton) findViewById(R.id.fab);
        fab.setOnClickListener(new View.OnClickListener() {
            @Override
            public void onClick(View view) {
                Snackbar.make(view, "Replace with your own action", Snackbar.LENGTH_LONG)
```

```
                .setAction("Action", null).show();
            }
        });
    }
    @Override
    public boolean onCreateOptionsMenu(Menu menu) {
        // Inflate the menu; this adds items to the action bar if it is present.
        getMenuInflater().inflate(R.menu.menu_main, menu);
        return true;
    }
    @Override
    public boolean onOptionsItemSelected(MenuItem item) {
        // Handle action bar item clicks here. The action bar will
        // automatically handle clicks on the Home/Up button, so long
        // as you specify a parent activity in AndroidManifest.xml.
        int id = item.getItemId();
        //noinspection SimplifiableIfStatement
        if (id == R.id.action_settings) {
            return true;
        }
        return super.onOptionsItemSelected(item);
    }
}
```

onCreate()函数是在 Activity 初始化时调用的，通常情况下，我们需要在 onCreate()中调用 setContentView(int)函数填充屏幕的 UI，一般通过 findViewById(int)返回 XML 中定义的视图或组件的 ID。子类在重写 onCreate()方法时，必须调用父类的 onCreate()方法，即 super.onCreate()，否则会抛出异常。

需要特别注意的是，在 onCreate()函数里要配置一些必要的信息，但并不是所有的事情都能在这里做。一个 Activity 启动调用的第一个函数就是 onCreate，它主要负责 Activity 启动时一些必要的初始化工作，这个函数调用完后，这个 Activity 并不是已经启动了，或者是跳到前台了，而是还需要其他的大量工作。那么在一个 Activity 真正启动之前，任何相当耗时的动作都会导致 Activity 启动缓慢，特别是在 onCreate 里面耗时长的话可能导致极差的用户体验。

onCreateOptionsMenu 函数用于初始化菜单，其中 menu 参数就是即将要显示的 Menu 实例。

onOptionsItemSelected 函数用于菜单项被单击时调用，也就是菜单项的监听方法。

（2）activity_main.xml

activity_main.xml 是 MainActivity 的布局文件，主要的控件在 content_main.xml 中定义，<include layout="@layout/content_main" />。

```
<?xml version="1.0" encoding="utf-8"?>
<Android.support.design.widget.CoordinatorLayout
    xmlns:Android="http://schemas.Android.com/apk/res/Android"
    xmlns:app="http://schemas.Android.com/apk/res-auto"
    xmlns:tools="http://schemas.Android.com/tools"
    android:layout_width="match_parent"
```

```
    android:layout_height="match_parent"
    android:fitsSystemWindows="true"
    tools:context="cn.edu.neusoft.firstapp.MainActivity">
    <Android.support.design.widget.AppBarLayout
        android:layout_width="match_parent"
        android:layout_height="wrap_content"
        android:theme="@style/AppTheme.AppBarOverlay">
        <Android.support.v7.widget.Toolbar
            android:id="@+id/toolbar"
            android:layout_width="match_parent"
            android:layout_height="?attr/actionBarSize"
            android:background="?attr/colorPrimary"
            app:popupTheme="@style/AppTheme.PopupOverlay"/>
    </Android.support.design.widget.AppBarLayout>
    <include layout="@layout/content_main" />
    <Android.support.design.widget.FloatingActionButton
        android:id="@+id/fab"
        android:layout_width="wrap_content"
        android:layout_height="wrap_content"
        android:layout_gravity="bottom|end"
        android:layout_margin="@dimen/fab_margin"
        android:src="@android:drawable/ic_dialog_email" />
</Android.support.design.widget.CoordinatorLayout>
```

（3）content_main.xml

content_main.xml 定义了"Hello World!"TextView 控件。

```
<?xml version="1.0" encoding="utf-8"?>
<RelativeLayout xmlns:Android="http://schemas.Android.com/apk/res/Android"
    xmlns:app="http://schemas.Android.com/apk/res-auto"
    xmlns:tools="http://schemas.Android.com/tools"
    android:layout_width="match_parent"
    android:layout_height="match_parent"
    android:paddingBottom="@dimen/activity_vertical_margin"
    android:paddingLeft="@dimen/activity_horizontal_margin"
    android:paddingRight="@dimen/activity_horizontal_margin"
    android:paddingTop="@dimen/activity_vertical_margin"
    app:layout_behavior="@string/appbar_scrolling_view_behavior"
    tools:context="cn.edu.neusoft.firstapp.MainActivity"
    tools:showIn="@layout/activity_main">
    <TextView
        android:layout_width="wrap_content"
        android:layout_height="wrap_content"
        android:text="Hello World!" />
</RelativeLayout>
```

上述代码虽然看起来比较复杂，但均是在创建项目时自动生成的。

1.3.2 运行项目

启动 AVD 后，单击 Android Studio 的运行按钮，如图 1-51 所示，弹出设备选择器。这里选择上面创建的 AVD，若希望每次都使用相同设备运行该项目，勾选“Use same device for future launches”，如图 1-52 所示。运行效果如图 1-2 所示。

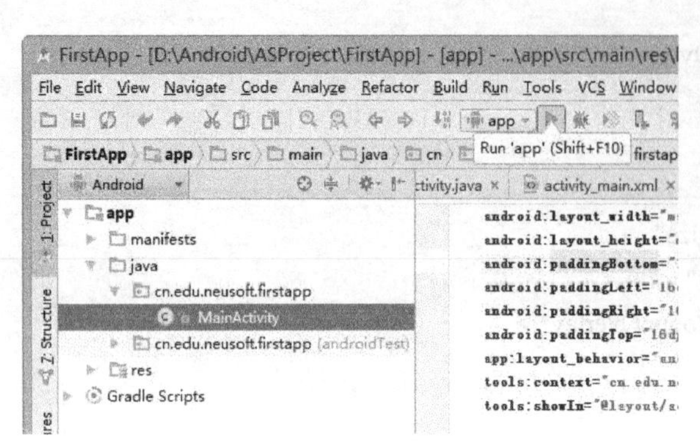

图 1-51 单击运行按钮

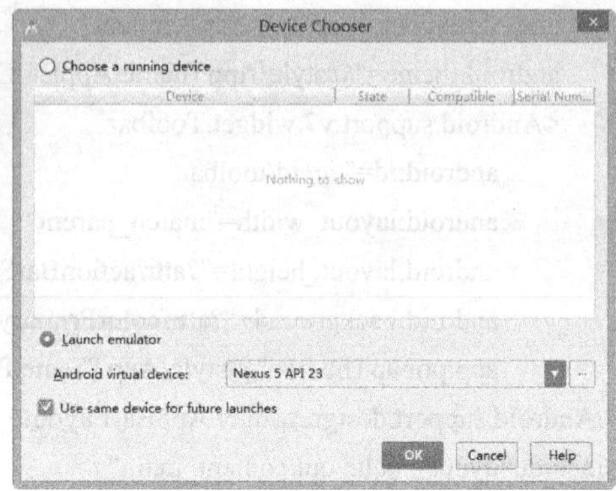

图 1-52 选择设备

1.3.3 项目分析

首先来看 manifests 目录下的 AndroidManifest.xml 文件：

```
<?xml version="1.0" encoding="utf-8"?>
<manifest xmlns:Android="http://schemas.Android.com/apk/res/Android"
    package="cn.edu.neusoft.firstapp">
    <application
        android:allowBackup="true"
        android:icon="@mipmap/ic_launcher"
        android:label="@string/app_name"
        android:supportsRtl="true"
        android:theme="@style/AppTheme">
        <activity
            android:name=".MainActivity"
            android:label="@string/app_name"
            android:theme="@style/AppTheme.NoActionBar">
            <intent-filter>
                <action android:name="Android.intent.action.MAIN" />
                <category android:name="Android.intent.category.LAUNCHER" />
            </intent-filter>
        </activity>
    </application>
</manifest>
```

从以上代码中，可以看出 Android 配置文件采用 XML 作为描述语言，每个 XML 标签都有不同的含义，大部分的配置参数都放在标签的属性中。下面按照以上配置文件样例中的先后顺序来学习 Android 配置文件中主要元素与标签的用法。

AndroidManifest.xml 配置文件的根元素，必须包含一个元素并且指定 xmlns:Android 和

package 属性。xlmns:Android 指定了 Android 的命名空间，默认情况下是“http://schemas.Android.com/apk/res/Android”；而 package 是标准的应用包名，也是一个应用进程的默认名称，本例中“cn.edu.neusoft.firstapp”就是一个标准的 Java 应用包名。为了避免命名空间的冲突，一般会以应用的域名来作为包名。

Activity 活动组件（即界面控制器组件）的声明标签，Android 应用中的每一个 Activity 都必须在 AndroidManifest.xml 配置文件中声明，否则系统将不识别也不执行该 Activity。标签中常用的属性有：Activity 对应类名 android:name，对应主题 android:theme 等，其他的属性用法可以参考 Android SDK 文档学习。另外，标签还可以包含用于消息过滤的元素，当然还有可用于存储预定义数据的元素。

本例中 MainActivity 作为项目的主 action 和 LAUNCHER，是整个程序的入口。MainActivity 调用 setContentView，加载布局文件进行显示。

【项目延伸】

项目中添加 Activity 时，可以选择不同类型的 Activity，如图 1-47 所示，在第一个 Android 程序中，使用的是 Blank Activity。Blank Activty 集成了诸如 Toolbar、Floating Bar 等控件。在实际项目开发中，如果不需要使用这些控件，或者准备自己手工添加，可以选择 Empty Activity。

【例 1-1】 下面创建 HelloAndroid 项目，使用 Empty Activity。

（1）新建项目：选择“Start a new Android Studio project”选项，打开创建项目向导，在弹出的窗口中选择项目路径，输入项目名称“HelloAndroid”，如图 1-53 所示。在添加 activity 窗口，选择 Empty Activity，如图 1-54 所示。

图 1-53　选择项目路径和项目名称

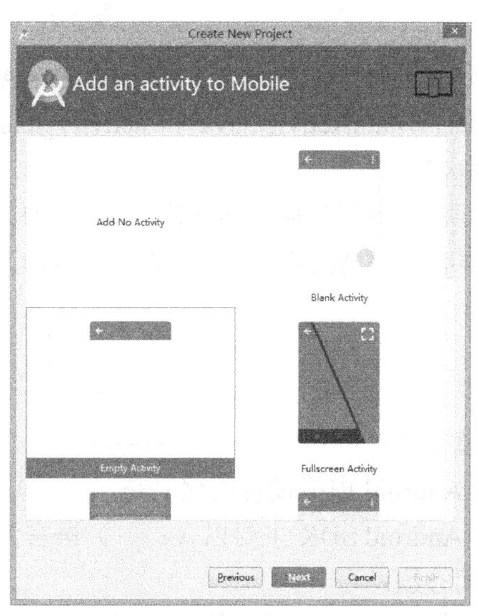

图 1-54　Empty Activity

（2）修改布局文件：在配置 Activity 窗口使用默认的 Main Activity 和 activity_main 的布局文件名称，如图 1-55 所示。创建项目后，项目窗口如图 1-56 所示。在 activity_main.xml 中修改显示文本 android:text="Hello Android!"，单击运行按钮，项目效果如图 1-57 所示。

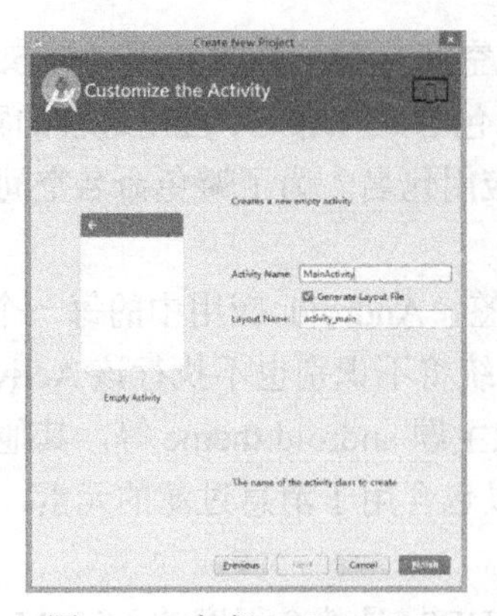

图 1-55　定义 MainActivity

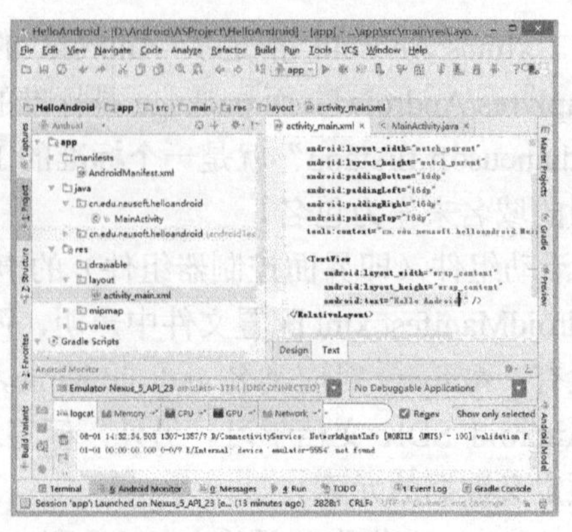

图 1-56　项目窗口

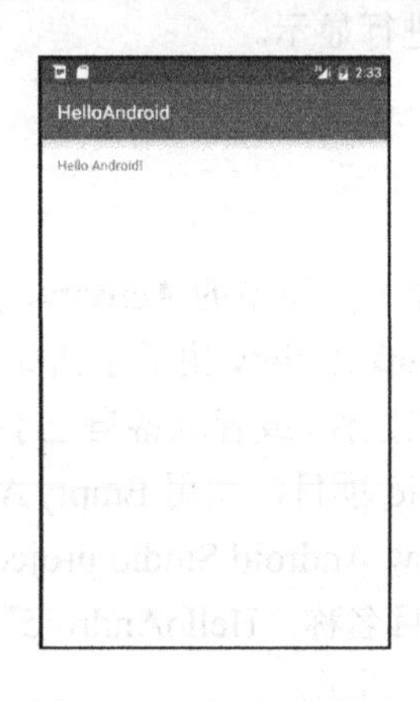

图 1-57　项目运行效果

（3）效果对比：对比 1.3 节中的 FirstApp 项目，HelloAndroid 项目没有了 Toolbar 和 FloatingBar，MainActivity.java 和 activity_main.xml 都比较简单，在后续项目中可以按需添加相关功能。

【说明】 本书在第 4 章和第 5 章主要介绍布局和控件，创建 Activity 时采用的是 Blank Activity，其他章节 Activity 采用的是 EmptyActivity。读者可以按照自己的习惯选择适合的 Activity。

习　题　1

1．填空题：

（1）Android 虚拟设备的缩写是（　　）。

（2）Android SDK 主要以（　　）语言为基础。

2．简答题：

（1）简述 Android 平台的基本框架结构，并说明各个层次的作用。

（2）简述 Eclipse 和 Android Studio 开发平台特性。

（3）简述 Android 平台开发环境搭建的步骤。

3．编程题：

（1）创建包含系统提供的不同类型 Activity 的应用。

（2）在上题中，尝试使用 Android 平台提供的各类控件。

第 2 章　Android 应用程序构成分析

在前面章节中，已经构建好 Android Studio 开发环境，并建立了第一个 Android 项目。打开该项目，读者发现其中已经包含了很多的目录和文件。在真正学习 Android 编程之前，必须要了解和掌握 Android 应用程序的目录结构、各文件功能；理解 Android 应用程序的基本运行过程；了解 Android 的组件及组件的功能。本章将对以上内容进行基础的介绍和剖析。

【项目导学】

Android 应用程序有着自己的结构框架，首先必须了解 Android 项目的构成与运行过程，然后才能按照项目构成，将资源文件和代码存放入对应的目录下，或者对各文件作出正确的修改以实现最终的运行效果，从而才能按照 Android 程序的运行过程，编写代码，实现正确的业务逻辑控制。第一个 Android 应用程序创建后，用户如何修改它，达到图 2-1 所示的效果，是本章的学习目的。

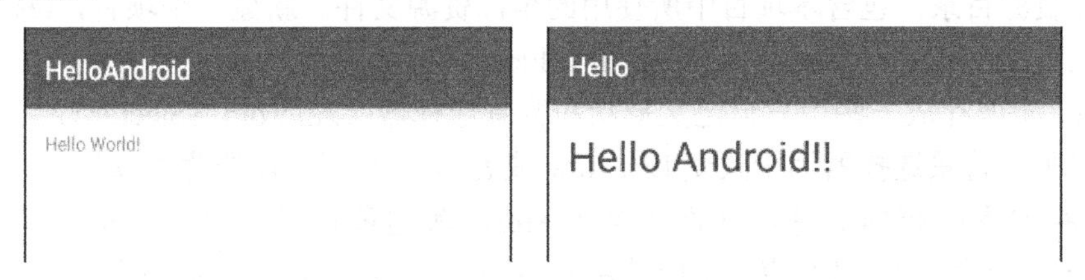

图 2-1　第一个 Android 程序的基本修改

2.1　目录结构分析

在创建 HelloAndroid 项目时，自动创建了该项目的目录结构，如图 2-2 所示。

下面将分别介绍图中的各级目录结构。

1．manifests 目录

该目录中的 AndroidManifest.xml 文件是项目的系统配置文件，或称为清单文件，位于项目的根目录下。每个 Android 程序都必须拥有该文件。它为 Android 系统提供了启动和运行该项目时所必需要了解的基本信息，有关内容将在 2.3 节中详细介绍。

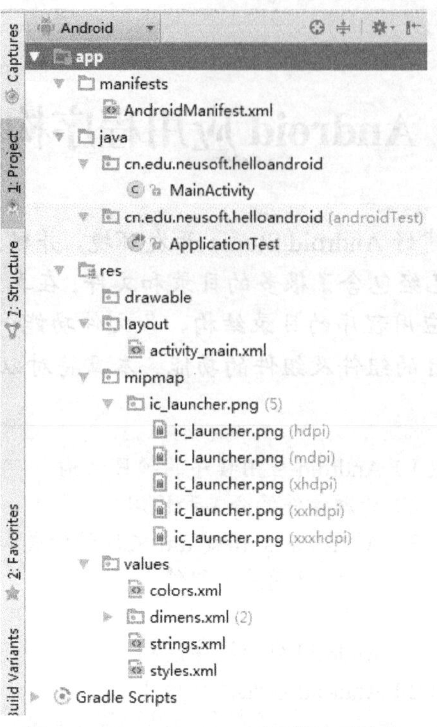

图 2-2　HelloAndroid 项目的目录结构

2．java 目录

该目录是源代码目录，所有用户自己添加的或者允许用户修改的 java 文件全部存放于该目录下。该目录下的 java 文件以用户所声明的包自动组织。如果在创建项目时，设定的包为 neusoft.edu.cn，那么自动建立的 MainActivity.java 文件就存放在该包内。程序开发人员可以根据需要，在 java 目录下添加包或者添加 java 文件。

3．res 目录

该目录是资源目录，包含本项目中所使用的全部资源文件。新建一个项目，res 目录下会有 4 类子目录：drawable、layout、mipmap 和 values。

drawable：主要存放一些用户自定义形状和背景选择器（Android Selector）。这些资源文件都是.xml 类型。背景选择器用于改变 ListView 或者 Button 等控件的背景颜色。

layout：存放界面布局文件，文件类型为.xml。新建项目时，已经在该目录下存放了 activity_main.xml 文件。与 Web 应用中所使用的 HTML 文件一样，Android 使用 XML 元素设定屏幕的布局。每个布局文件包含整个屏幕或部分屏幕的视图资源。

mipmap：包含一些应用程序可以用的原生图标文件(*.png、*.gif、*.jpg)，Google 公司强烈建议使用 mipmap 存放图片文件。把图片放到 mipmap 可以提高系统渲染图片的速度，提高图片质量，减轻 CPU 的压力。

values：存放 xml 类型的资源描述文件，默认包含颜色（colors.xml）、尺寸（dimens.xml）、字符串（string.xml）和样式（styles.xml）。

Android 对资源名称有约束，命名只能使用字母、数字、下画线（_）和点（.），而且不能以数字开头，否则编译会报错。

4. Gradle Scripts

使用 Android Studio 开发环境创建项目工程时，会在 Gradle Scripts 目录下面自动创建几个.gradle 文件，如图 2-3 所示。项目工程需要使用.gradle 文件来配置，是一个脚本化的工程构建，而非原先 ADT 中那种 Eclipse 的可视化构建。gradle 的依赖管理能力极其强大，几乎所有的开源项目都可以简单地通过一条 compile 指令完成依赖的配置。

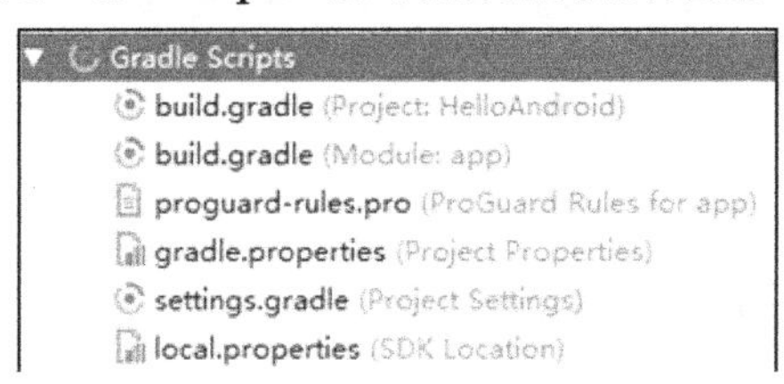

图 2-3 Gradle Scripts 目录结构

（1）build.gradle (Project: MyApplication)

这是 Android 项目根目录下的 build.gradle，此文件名是一个约定名字，gradle 将依赖它来构建项目。一个项目可以包括多个工程，gradle 可以构建多个工程，每个工程子目录都可以有 build.gradle 文件，如同 make 构建工具与 Makefile 文件的关系。

build.gradle(Project:HelloAndroid)文件内容如下：

```
// Top-level build file where you can add configuration options common to all sub-projects/modules.
buildscript {
    repositories {
        jcenter()
    }
    dependencies {
        classpath 'com.android.tools.build:gradle:1.3.0'
        // NOTE: Do not place your application dependencies here; they belong
        // in the individual module build.gradle files
    }
}
allprojects {
    repositories {
        jcenter()
    }
}
task clean(type: Delete) {
    delete rootProject.buildDir
}
```

buildscript：用于设置驱动构建过程的代码。

jcenter()：声明使用 maven 仓库。在旧版本中，此处为 mavenCentral()。

dependencies：声明使用了 Android Studio gradle 插件版本。一般升级 AS 或者导入从 Eclipse 中生成的项目时需要修改下面 gradle 版本。

allprojects：设置每一个 module 的构建过程。在此例中，设置了每一个 module 使用 maven 仓库依赖。

（2）build.gradle(Module:app)

该文件位于 Android 项目根目录下，app 是一个 gradle 工程，该文件用来描述如何构建 app 工程。gradle 可以支持构建多个工程，并设置工程之间的依赖关系。

build.gradle(Module:app)文件内容如下：

```
apply plugin: 'com.android.application'
android {
    compileSdkVersion 23
    buildToolsVersion "23.0.2"
    defaultConfig {
        applicationId "cn.edu.neusoft.helloandroid"
        minSdkVersion 21
        targetSdkVersion 23
        versionCode 1
        versionName "1.0"
    }
    buildTypes {
        release {
            minifyEnabled false
            proguardFiles getDefaultProguardFile('proguard-android.txt'), 'proguard-rules.pro'
        }
    }
}
dependencies {
    compile fileTree(dir: 'libs', include: ['*.jar'])
    testCompile 'junit:junit:4.12'
    compile 'com.android.support:appcompat-v7:23.1.1'
}
```

apply plugin: 'com.android.application'：表示使用 com.android.application 插件。Gradle 以 module（模块）方式管理项目，在 Gradle 构建的 Gradle project 中通常包含 application module（com.android.application）与 library module（com.android.library）两种 module。“com.android. application”标识是一个 android application module，“com.android.library”标识是一个 android library module。

android：配置所有 android 构建过程需要的参数。

compileSdkVersion：用于编译的 SDK 版本。

buildToolsVersion：用于 Gradle 编译项目的工具版本。

defaultConfig：Android 项目默认设置。

- applicationId：应用程序包名。
- minSdkVersion：最低支持 Android 版本。
- targetSdkVersion：目标版本，实际上应为测试环境下测试机的 Android 版本。
- versionCode：版本号。
- versionName：版本名称。

buildTypes：编译类型，默认有 release 和 debug 两种类型。可以在此处添加自己的 buildTypes。

- minifyEnabled：是否使用混淆。在旧版本中为 runProguard，新版本之所以换名称，是因为新版本支持去掉没使用到的资源文件，而 runProguard 这个名称已不合适了。
- proguardFiles：使用的混淆文件，可以使用多个混淆文件。此例中，使用了 SDK 中的 proguard-android.txt 文件以及当前 module 目录下的 proguard-rules.pro 文件。
- dependencies：用于配置引用的依赖。
- compile fileTree(dir: 'libs', include: ['*.jar'])：引用当前 module 目录下的 libs 文件夹中的所有.jar 文件。
- compile 'com.android.support:appcompat-v7:23.1.1'：引用 23.1.1 版本的 appcompat-v7（也就是常用的 v7 Library 项目）。

（3）settings.gradle 文件

这个文件也是 gradle 约定命名的，默认只有一行代码 include ':app'，表示当前工程只有一个模块，app 是目录名，同时也作为工程名。当有多个工程的时候，可以在此添加。

2.2 Android 应用程序结构解析

Android 应用程序主要由资源文件和代码文件两部分构成。资源文件以 XML 格式描述；代码文件主要为 Java 文件，用于实现业务逻辑。下面通过 HelloAndroid 项目为例，解析 Android 应用程序结构。

2.2.1 资源文件

1. 资源描述文件（values 目录中文件）

（1）colors.xml

该文件用于定义颜色常量，默认生成的 HelloAndroid 项目的 colors.xml 文件内容如下：

```
<?xml version="1.0" encoding="utf-8"?>
    <resources>
        <color name="colorPrimary">#3F51B5</color>
        <color name="colorPrimaryDark">#303F9F</color>
        <color name="colorAccent">#FF4081</color>
    </resources>
```

<color>：定义颜色资源的标签。

<color name="colorPrimary">#3F51B5</color>：定义颜色常量，颜色资源名称为“colorPrimary”，颜色值为 3F51B5。

在 Android 系统中，颜色值可以有#RGB、#RRGGBB、#ARGB 和#AARRGGBB 这 4 种数据格式。每一种数据形式都为十六进制，必须以“#”开头。其中，R 代表红色值，G 代表绿色值，B 代表蓝色值，A 代表透明度。

（2）dimens.xml

该文件用于定义布局常量。默认生成的 dimens.xml 文件内容如下：

```
<resources>
    <!-- Default screen margins, per the Android Design guidelines. -->
    <dimen name="activity_horizontal_margin">16dp</dimen>
    <dimen name="activity_vertical_margin">16dp</dimen>
```

```
</resources>
```

<dimen>：定义尺寸资源的标签。

<dimen name="activity_horizontal_margin">16dp</dimen>：尺寸资源名称为“activity_horizontal_ margin”，值为16dp。

项目中可以使用尺寸资源定义布局或控件的边界、高度和尺寸大小。尺寸单位可以为px（像素）、in（英寸）、mm（毫米）、pt（磅）、dip（与密度无关的像素）和sp（与刻度无关的比例像素）。最常用的尺寸单位为dip和sp。

dip（device independent pixels，设备独立像素）：与屏幕密度无关，不同设备有不同的显示效果。一般为了支持WVGA、HVGA和QVGA，推荐使用该单位。屏幕密度为160（每英寸160个像素点）时，1dip=1dx。当屏幕密度变大时，dip与dx的关系为：dip(value)=(int)(px(value)/1.5 + 0.5)。如果不使用dip单位，则布局元素显示偏小。dp同dip。

sp（scaled pixels，与刻度无关的比例像素）：主要处理字体的大小。与dp类似，但是可以根据用户的字体大小首选项进行缩放。

（3）strings.xml

该文件用于定义和存储项目中的字符串资源，默认生成的HelloAndroid项目的strings.xml文件内容如下：

```
<resources>
    <string name="app_name">HelloAndroid</string>
</resources>
```

<resources>：定义资源的标签。

<string name="app_name">HelloAndroid</string>：声明了一个字符串资源，字符串的名称为“app_name”，字符串的内容为“HelloAndroid”。

有很多应用程序，比如微信，当手机语言设置为中文时，微信内部显示为中文。而系统语言设置成英文时，微信的内容实现也变成了英文。让程序适应不同语言环境，适配多种语言，这就称作语言的国际化。Android中之所以将字符串设定为资源，目的就是为了方便实现国际化。

2. 界面布局文件（res目录中文件）

Android中采用XML文件进行界面布局，可将布局界面的代码和业务逻辑控制的Java代码分离开来，使应用程序的结构更加简单清晰。

建立HelloAndroid时，已经创建了activity_main.xml文件，该文件代码如下：

```
<?xml version="1.0" encoding="utf-8"?>
<RelativeLayout
    xmlns:android="http://schemas.android.com/apk/res/android"
    xmlns:tools="http://schemas.android.com/tools"
    android:layout_width="match_parent"
    android:layout_height="match_parent"
    android:paddingLeft="@dimen/activity_horizontal_margin"
    android:paddingRight="@dimen/activity_horizontal_margin"
    android:paddingTop="@dimen/activity_vertical_margin"
    android:paddingBottom="@dimen/activity_vertical_margin"
    tools:context=".MainActivity">
```

```
    <TextView android:text="Hello World!"
        android:layout_width="wrap_content"
        android:layout_height="wrap_content" />
</RelativeLayout>
```

<?xml version="1.0" encoding="utf-8"?>：声明了 XML 的版本号和编码方式。

<RelativeLayout>：声明本界面采用的布局为 RelativeLayout 相对布局。该标签下定义了诸如 layout_width、layout_height 和 paddingLeft 等常用属性，相关内容将在本书 4.4 节中详细介绍。

布局标签下还包括一个<TextView>的标签，说明在布局中添加了一个文本控件 TextView，用于显示“Hello World!”文字信息。

此处特别说明一点：语句 android:paddingLeft="@dimen/activity_horizontal_margin"中使用了资源的引用。在资源中对另一种资源引用时，一般引用格式为@type/name。其中，@表示对资源的引用；type 表示被引用的资源类型，name 表示资源名称。资源引用还有另外一种格式@+type/name。两种格式的区别是：前者是已经在 R 文件中注册的资源，后者是现在新增加的资源，+表示要在 R 文件中添加对该资源的注册。

3. R.java 文件

Android 项目包含一个重要的文件 R.java。项目中所有的资源都有一个唯一的 ID 标识，而且必须在该文件中注册。该文件自动生成，自动维护，程序开发人员不能对其修改，否则可能造成程序错误。

使用 Android Studio 环境建立的工程，其 R.java 文件存放的路径如图 2-4 所示。

打开 R.java 文件，读者会发现该文件内容很长，可以将各部分展开的内容一一收起（单击编辑区域左侧显示的“–”），如图 2-5 所示。

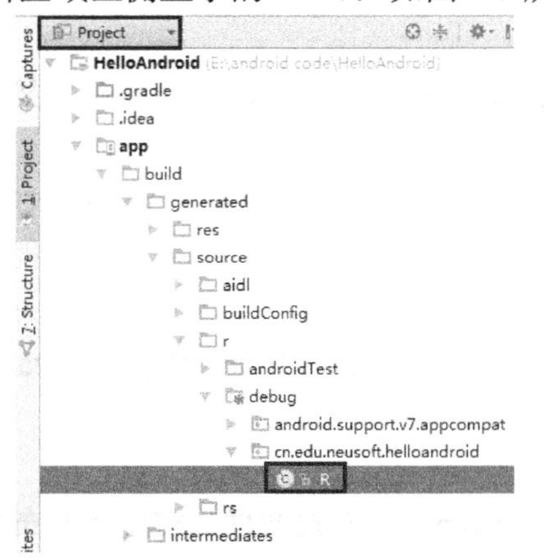

图 2-4　R.java 文件的存放路径

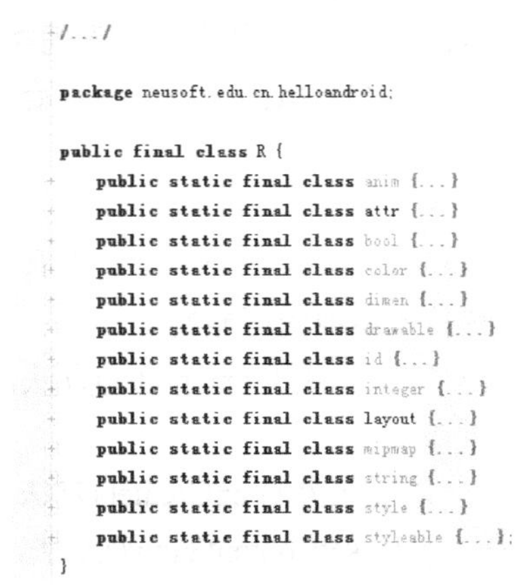

图 2-5　R.java 文件的基本结构

R.java 文件中默认生成了若干个静态内部类。每个静态内部类分别对应着一种资源，如 layout 静态内部类对应 layout 目录中的界面文件，mipmap 静态内部类对应 mipmap 目录中的图片文件。大部分的静态内部类是灰色显示的，表明相关资源尚未在程序中引用。

每个静态内部类中的静态常量分别定义一条资源标识符。将 R.java 中的 layout 静态类展开，只截取其中的部分内容，如图 2-6 所示。语句“public static final int activity_main= 0x7f040019;”中，activity_main 对应 layout 目录下的 activity_main.xml 布局文件，该文件的资源 ID 编号为 0x7f040019。

```
public static final int abc_search_view=0x7f040017;
public static final int abc_select_dialog_material=0x7f040018;
public static final int activity_main=0x7f040019;
public static final int notification_media_action=0x7f04001a;
public static final int notification_media_cancel_action=0x7f04001b;
```

图 2-6 layout 静态类

2.2.2 代码文件

打开 HelloAndroid 项目的 src 目录下的 MainActivity.java 文件，查看代码，如图 2-7 所示。

```
1   package cn.edu.neusoft.helloandroid;
2
3   import android.support.v7.app.AppCompatActivity;
4   import android.os.Bundle;
5
6   public class MainActivity extends AppCompatActivity {
7
8       @Override
9       protected void onCreate(Bundle savedInstanceState) {
10          super.onCreate(savedInstanceState);
11          setContentView(R.layout.activity_main);
12      }
13  }
```

图 2-7 MainActivity.java 代码

第 1 行：声明本 java 文件存放的包名。

第 3～4 行：引入本文件中使用到的类。

第 6 行：定义 MainActivity 类的开始，本类继承于 AppCompatActivity 类，而这个父类是在第 3 行中引入的类。

第 8 行：表明它下面所定义的方法 onCreate()是重载父类的方法。出现@override 时，编译器可以自动检测该方法是否在父类中有定义，如果没有定义则会报错，因此可以一定程度上避免方法名称输入错误的可能性。

第 9～12 行：重载了 onCreate()方法，该方法需要传入一个名称为 savedInstanceState 的 Bundle 类型的参数。

第 10 行：调用父类的 onCreate()方法。

第 11 行：调用 setContentView()方法，加载 activity_main.xml 布局文件，实现界面布局的显示。该方法中的参数 R.layout.activity_main，表示在代码中引用资源文件。代码中引用资源文件的格式为 R.type.name，其中，R 表示 R.java 文件；type 表示资源的类型，即在 R.java 中定义的内部静态类；name 表示资源的名称。

2.3 AndroidManifest.xml 文件

AndroidManifest.xml 文件，位于整个项目的根目录下，是 Android 应用程序中重要的清单文件。它包含了应用程序运行前 Android 系统必须了解的重要信息，主要内容如下：

① 应用程序包名称；

② 应用程序申请的自身所需要的权限；

③ 应用程序中包含的组件。

当新创建一个应用项目时，系统会自动生成该项目的 AndroidManifest.xml 文件。如新建的项目为 HelloAndroid，包名为 cn.edu.neusoft.helloandroid，那么 AndroidManifest.xml 文件的内容如下：

```
<?xml version="1.0" encoding="utf-8"?>
<manifest xmlns:android="http://schemas.android.com/apk/res/android"
    package="cn.edu.neusoft.helloandroid" >
    <application
        android:allowBackup="true"
        android:icon="@mipmap/ic_launcher"
        android:label="@string/app_name"
        android:supportsRtl="true"
        android:theme="@style/AppTheme" >
        <activity android:name=".MainActivity" >
            <intent-filter>
                <action android:name="android.intent.action.MAIN" />
                <category android:name="android.intent.category.LAUNCHER" />
            </intent-filter>
        </activity>
    </application>
</manifest>
```

AndroidManifest.xml 文件为 XML 格式，开头都会出现“<?xml version="1.0" encoding="utf-8"?>”文件序言信息。

<manifest>标签定义了 manifest 是 AndroidManifest.xml 的根元素，其他的标签都定义在该元素下面。默认情况，该节点声明了 xmlns:android 和 package 两个属性。属性 xmlns:android 定义了 Android 的命名空间，这样使得 Android 中各种标准属性能在文件中使用。属性 package 定义了应用程序的包名称。该节点还有两个可选属性：android:versionCode 和 android:versionName。属性 android:versionCode 定义应用程序的版本号，版本号是一个整数值，值越大，版本越新，但仅在应用程序内部使用。属性 android:versionName 定义应用程序的版本名称，仅限于为用户提供一个版本信息，一般使用流水号。如：

```
android:versionCode="1"
android:versionName="1.0"
```

manifest 标签下，仅能包含一个 application 元素。只要在 package 中实现的 Activity、Service、BroadcastReceiver 和 ContentProvide 这 4 大组件信息都需要在 application 元素下声明。声明包括各自的实现类、各种能被处理的数据和启动位置等信息。

application 元素的属性解释如下。

android:allowBackup="true"设置允许备份文件。

android:icon="@ mipmap/ic_launcher"定义了应用程序的图标，@ mipmap/ic_launcher 是一种资源引用方式，标志着图标是存放在/res/mipmap 目录下的资源文件，资源文件的名称为

ic_launcher。

android:supportsRtl="true"设置应用程序可以支持 RTL 布局。此属性只有在 API 17 之后才生效。

android:theme="@style/AppTheme" >设置应用程序的主题是 AppTheme。

新创建一个应用程序，并且默认在应用中创建 MainActivity 类时，application 元素下会默认包含一个 activity 子元素。activity 元素是对 Activity 组件的声明。属性 android:name 定义了该 Activity 的名称。该名称可以是包含着包名的完整的类名，如 android:name="cn.edu.neusoft.helloandroid.MainActivity"；也可以省略包名，简化为 android:name=".Main Activity"。

在<activity>标签下，可以定义 0 个或多个<intent-filter>标签，该标签用于设定 Intent 过滤条件，可与其他组件的通信，实现本 Activity 隐式启动，在这里不详细讨论。

<activity> 标签下的 <action android:name="android.intent.action.MAIN" 和 <category android:name="android.intent.category.LAUNCHER" />，用于声明本 Activity 是应用程序启动后首先被执行的 Activity。由于第一个被执行的 Activity 只有一个，因此无论应用程序中有多少个 Activity，只有一个 Activity 能这样声明。

如果用户在应用程序中又创建了一个 Activity，则必须在 AndroidManifest.xml 文件的<application>标签下添加该 Activity 的信息，否则应用程序执行时根本无法启动该 Activity。例如新建了 SecondActivity，则必须添加代码如下：

```
<activity android:name=".SecondActivity"/>
```

Service 组件采用<service>标签。如果在应用程序中新建了一个服务类 MyService，必须在<application>标签下添加代码如下：

```
<service android:name=".MyService"/>
```

BroadcastReceiver 组件采用<receiver>标签。如果在应用程序中新建了一个广播接收类 MybroadcastReceiver，必须在<application>标签下添加代码如下：

```
<receiver android:name=".MyBroadcastReceiver">
    <intent-filter>
        <action android:name="cn.edu.neusoft.manifestdemo.mybroadcastreceiver"/>
        <category/>
    </intent-filter>
</receiver>
```

ContentProvider 组件采用<provider>标签。如果在应用程序中新建了一个 ContentProvider 类 MyContentProvider，必须在<application>标签下添加代码如下：

```
<provider
android:authorities="cn.edu.neusoft.manifestdemo.mycontentprovider"
android:name=".MyContentProvider"/>
```

Android 系统限定网络系统资源的使用，当应用程序要求访问网络、SD 卡、WiFi、蓝牙、短信、通讯录等系统资源时，必须向 Android 系统申请相关权限。申请权限的方式为：在 AndroidManifest.xml 文件的<manifest>标签下添加<uses-permission>标签。读取短信权限的示例代码如下：

```
<uses-permission android:name="android.permission.READ_SMS"/>
```

表 2-1 中列出了 Android 系统中部分常用的权限。

表 2-1　MediaPlayer 常用方法

权限	描述
android.permission.ACCESS_COARSE_LOCATION	允许一个程序访问 Cell ID 或 WiFi 来获取粗略的位置
android.permission.ACCESS_FINE_LOCATION	允许一个程序访问精确位置（如 GPS）
android.permission.ACCESS_NETWORK_STATE	允许程序访问有关的网络信息
android.permission.ACCESS_SURFACE_FLINGER	允许程序使用 SurfaceFlinger 底层特性
android.permission.ACCESS_WIFI_STATE	允许程序访问 WiFi 网络状态信息
android.permission.BATTERY_STATS	允许程序更新手机电池统计信息
android.permission.BLUETOOTH	允许程序连接到已配对的蓝牙设备
android.permission.BLUETOOTH_ADMIN	允许程序发现和配对蓝牙设备
android.permission.CAMERA	请求访问使用照相设备
android.permission.CHANGE_NETWORK_STATE	允许程序改变网络连接状态
android.permission.CHANGE_WIFI_STATE	允许程序改变 WiFi 连接状态
android.permission.DELETE_CACHE_FILES	允许程序删除缓存文件
android.permission.DELETE_PACKAGES	允许一个程序删除包
android.permission.INSTALL_PACKAGES	允许一个程序安装 packages
android.permission.INTERNET	允许程序打开网络
android.permission.READ_CALENDAR	允许程序读取用户日历数据
android.permission.READ_LOGS	允许程序读取底层系统日志文件
android.permission.READ_PHONE_STATE	允许读取电话的状态
android.permission.READ_SMS	允许程序读取短信息
android.permission.SEND_SMS	允许程序发送 SMS 短信
android.permission.RECEIVE_SMS	允许程序接收短信息
android.permission.WRITE_SMS	允许程序写短信
android.permission.RECORD_AUDIO	允许程序录制音频
android.permission.SET_TIME	允许应用设置系统时间
android.permission.WRITE_EXTERNAL_STORAGE	允许应用写用户的外部存储器
android.permission.READ_CONTACTS	允许程序读取用户联系人数据
android.permission.WRITE_CONTACTS	允许程序写入用户联系人数据
android.permission.REBOOT	请求能够重新启动设备

AndroidManifest.xml 的比较完整的示例代码如下：

```
<?xml version="1.0" encoding="utf-8"?>
<manifest xmlns:android="http://schemas.android.com/apk/res/android"
    package="cn.edu.neusoft.manifestdemo" >
    <uses-permission android:name="android.permission.READ_SMS"/>
    <application
        android:allowBackup="true"
        android:icon="@drawable/java_coffee"
        android:label="@string/app_name"
```

```
        android:supportsRtl="true"
        android:theme="@style/AppTheme" >
        <activity android:name=".MainActivity" >
            <intent-filter>
                <action android:name="android.intent.action.MAIN" />
                <category android:name="android.intent.category.LAUNCHER" />
            </intent-filter>
        </activity>
        <activity android:name=".SecondActivity"/>
        <receiver android:name=".MyBroadcastReceiver">
            <intent-filter>
                <action android:name=" cn.edu.neusoft.manifestdemo.mybroadcastreceiver"/>
                <category/>
            </intent-filter>
        </receiver>
        <provider    android:authorities=" cn.edu.neusoft.manifestdemo.mycontentprovider"
            android:name=".MyContentProvider"/>
        <service android:name=".MyService"/>
    </application>
</manifest>
```

2.4 应用程序运行分析

2.4.1 AndroidManifest.xml 修改

本节仍以 HelloAndroid 项目为例，对 Android 应用程序的启动过程和各资源的使用进行简单的介绍与分析。

Android 系统启动程序之前，首先查看该程序的 AndroidManifest.xml 文件，查找一个“主 Activity”，即程序启动时默认执行的第一个 Activity。这个 Activity 的节点中声明了<intent-filter>标签，<intent-filter>标签中主要包括<action>和<category>两个子标签。<action>标签中的 android:name 属性值必须为"android.intent.action.MAIN"，<category>标签中的 android:name 属性值必须为"android.intent.category.LAUNCHER"，这两者表示该 Activity 是 Android 程序的入口点，作用如同 Java 程序中的 main()方法一样：

```
<activity android:name=".MainActivity" >
    <intent-filter>
        <action android:name="android.intent.action.MAIN" />
        <category android:name="android.intent.category.LAUNCHER" />
    </intent-filter>
</activity>
```

确定了“主 Activity”之后，启动该 Activity，并执行它的 onCreate()方法。Activity 的生命周期从 onCreate()方法开始，该方法的功能一般是进行布局文件的加载、Activity 的初始化等。自此应用程序启动完毕。

```
protected void onCreate(Bundle savedInstanceState) {
```

```
        super.onCreate(savedInstanceState);
        setContentView(R.layout.activity_main);//加载布局文件
}
```

了解 Android 程序的基本构成和启动过程之后，下面以示例的方式继续介绍如何进行基本的项目修改。

【例2-1】 更换应用程序的图标和标题。程序运行前后图标的对比如图 2-8 所示，而标题在运行前后的对比如图 2-9 所示。

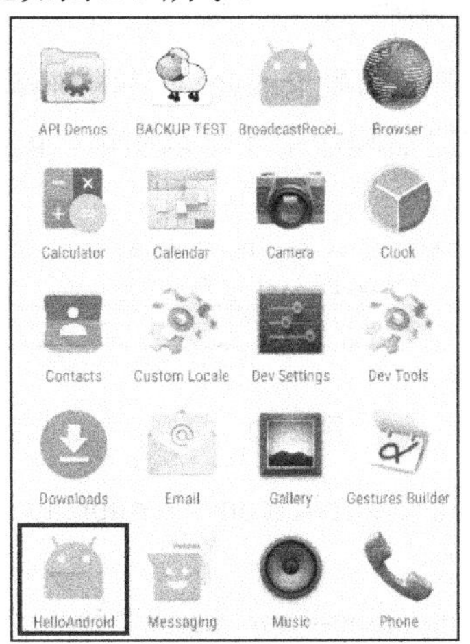

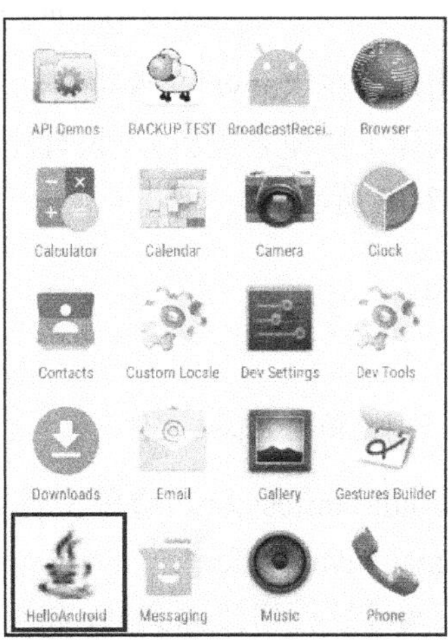

图 2-8　图标在运行前后的对比

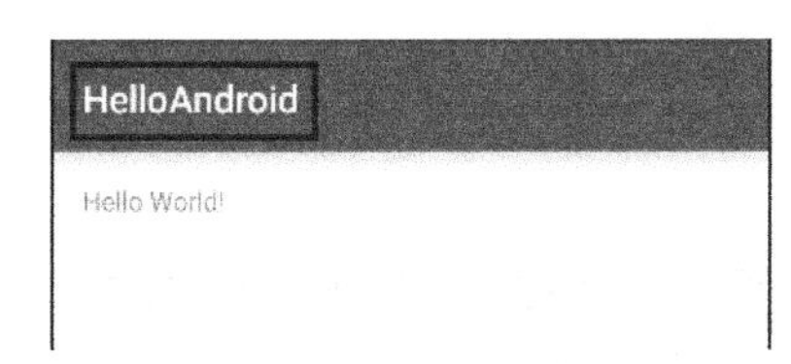

图 2-9　标题在运行前后的对比

分析　打开 AndroidManifest.xml 清单文件，application 节点定义了如下属性：

```
<application
        android:allowBackup="true"
        android:icon="@mipmap/ic_launcher "
        android:label="@string/app_name"
        android:supportsRtl="true"
        android:theme="@style/AppTheme" >
```

android:icon 用于定义应用的图标，属性值"@mipmap/ic_launcher "中的@表示引用了 mipmap 目录下的图片资源文件 ic_launcher，只要将 ic_launcher 的引用改为其他图片的引用，即可更换图标。

android:label 用于定义应用的标题，属性值"@string/app_name"中的@表示引用了字符串资源，资源名称为 app_name，只要修改该字符串的定义，即可改变应用的标题。

实现步骤如下：

（1）复制一个图片文件（如 java_coffee.png）到/res/mipmap 目录下。复制之前和复制之后 mipmap 的目录内容对比如图 2-10 所示。

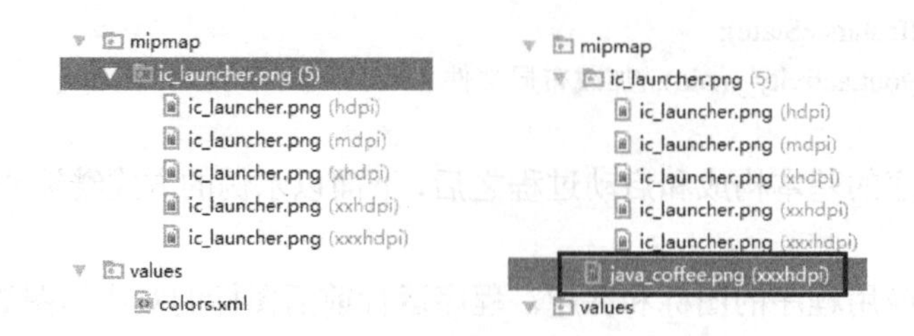

图 2-10　mipmap 目录结构

复制之后，该图片会在 R.java 文件中自动注册（如果 R.java 文件的内容没有变化，只是说明尚未更新，可编译工程使之更新），只有注册之后程序中才可以引用。R.java 文件的前后对比如图 2-11 和图 2-12 所示。

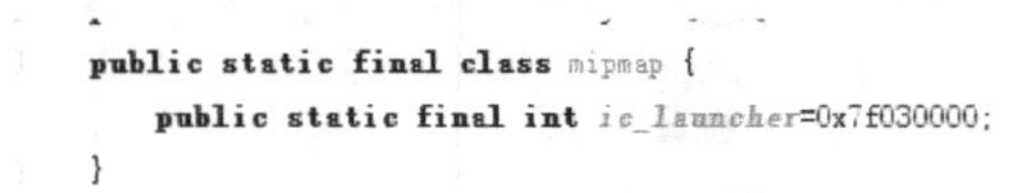

```
public static final class mipmap {
    public static final int ic_launcher=0x7f030000;
}
```

图 2-11　复制文件之前的 R.java 文件

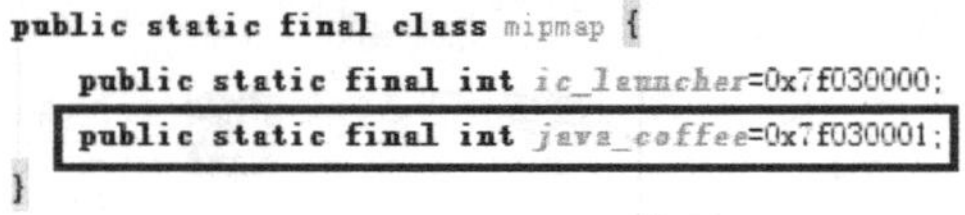

```
public static final class mipmap {
    public static final int ic_launcher=0x7f030000;
    public static final int java_coffee=0x7f030001;
}
```

图 2-12　复制文件之后的 R.java 文件

（2）修改 AndroidManifest.xml 清单文件：将 android:icon="@mipmap/ic_launcher"改为 android:icon="@mipmap/java_coffee"。

（3）修改 strings.xml 字符串资源文件：将<string name="app_name">**HelloAndroid**</string>改为<string name="app_name">**Hello**</string>。

（4）运行项目，查看效果。

2.4.2　资源文件修改

【例 2-2】修改界面显示内容：将界面上显示的“Hello World!”修改为“Hello Android!!”，同时修改文字的颜色、字号等内容。修改前后的运行结果如图 2-13 所示。

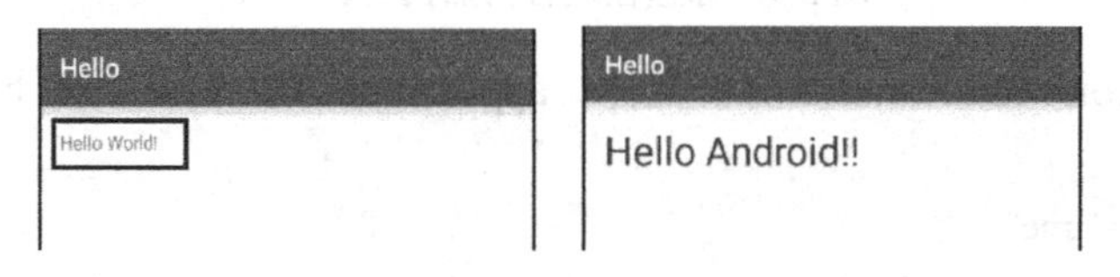

图 2-13　修改前后的运行结果

分析　修改界面显示内容，就需要修改 activity_main.xml 布局文件。该文件定义了一个 TextView 控件，它的属性 android:text 定义了文本内容。控件代码如下：

```
<TextView
    android:text="Hello World!"
    android:layout_width="wrap_content"
    android:layout_height="wrap_content" />
```

只需要将 android:text="Hello World!"改为 android:text="Hello Android!!"即可修改显示内容，而颜色和字号可以通过设置属性 textColor 和 textSize 实现。

修改之后的代码如下：

```
<TextView
    android:text="Hello Android!!"
```

```
    android:textColor="#0xff0000"
    android:textSize="30sp"
    android:layout_width="wrap_content"
    android:layout_height="wrap_content" />
```

2.4.3 语言国际化

【例 2-3】 实现语言的国际化：当手机的语言设置项改为“简体中文”时，HelloAndroid 项目全部改为中文显示。运行效果如图 2-14 所示。

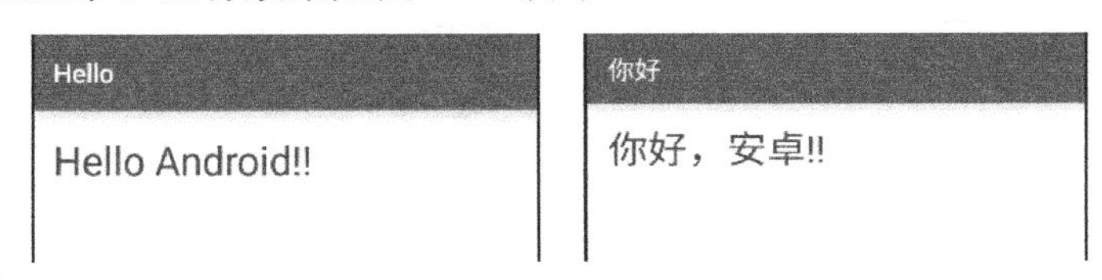

图 2-14 运行效果图

分析 在 Android 工程的 res 目录下，通过定义特殊的目录名称就可以实现多语言支持。目录名称为“values-配置选项”，如 values-zh-rCN 简体汉语、values-zh-rTW 繁体、values-jp 日语等。

配置选项包括语言代号和地区代号。例如，表示中文和中国的配置选项是 zh-rCN；表示英文和美国的配置选项是 en-rUS。zh 和 en 分别表示中文和英文；CN 和 US 分别表示中国和美国；其中的 r 是必需的。

在每个目录里放置一个 strings.xml，strings.xml 里是各种语言字符串。如果涉及参数配置类，相关的 xml 文件夹名称后面也要加上配置选项。这样 Android 系统语言切换后，应用程序也会跟随实现语言切换。

实现步骤如下：

（1）添加字符串资源：为了实现语言国际化，必须将界面上显示的信息全部都定义为字符串资源，因此修改 strings.xml，新定义一个字符串资源 show_info。

```
<resources>
    <string name="app_name">Hello</string>
    <string name="show_info">Hello Android!!</string>
</resources>
```

（2）修改布局文件 activity_main.xml：前面的示例中，TextView 显示的内容并不是引用字符串资源，而是直接将文字信息定义在属性中。此时，则必须引用字符串资源 show_info，因此将 android:text 的属性值改为"@string/show_info"。

（3）在 res 下添加一个新的目录，目录名为“values-zh-rCN”。

将工程显示由 Android 改为 Project，具体如图 2-15 所示。

复制 values 目录到 res 中，在复制时，弹出一个提示对话框，如图 2-16 所示。将名称改为“values-zh-rCN”，其中的 zh-rCN 代表中文简体。

之后，可以在 res 目录下查看到新建的目录，如图 2-17 所示。

（4）修改 strings.xml(zh-rCN)内容。

```
<resources>
    <string name="app_name">你好</string>
    <string name="show_info">你好，安卓!!</string>
</resources>
```

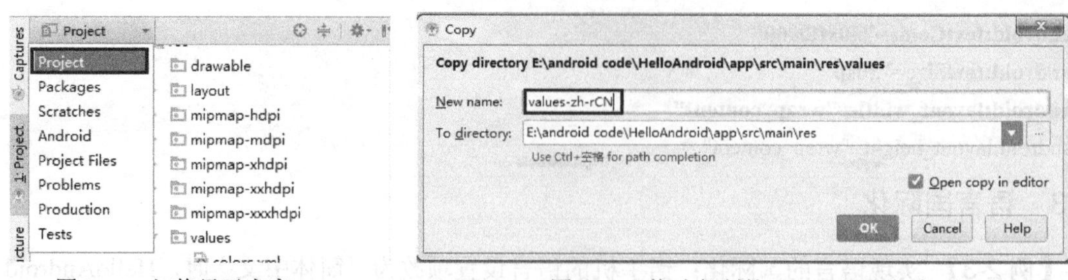

图 2-15　切换显示内容　　　　图 2-16　修改复制的 values 目录名称

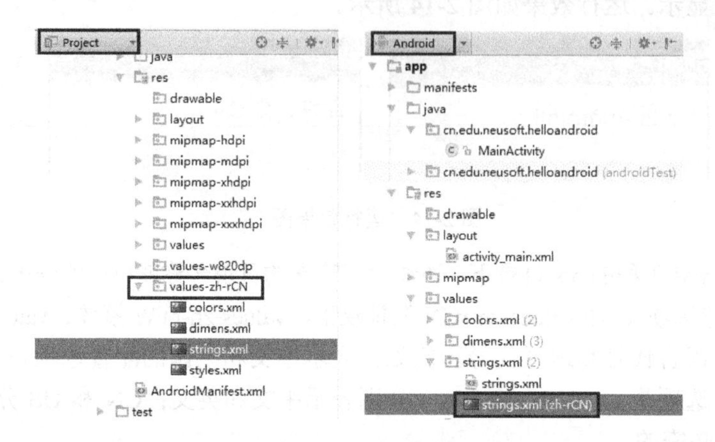

图 2-17　显示新的目录

（5）将模拟器的“语言输入”设置由“美国英语”改为“中国简体”。修改完毕后，再次查看运行结果。

2.5　Android 的基本组件

Android 应用程序由组件构成，组件是可被调用的基本功能模块，Android 系统可利用组件解决代码复用问题，降低应用程序的开发难度和规模。

新购买的 Android 手机上都已经预装了很多常用的软件，如短信、通讯录、电话、时钟、照相机等，这些功能就是一个个独立的 Android 组件，并且 Android 系统已经将上述组件提供给程序开发人员，开发人员只需要通过 Intent 启动即可（后面章节中有关于 Intent 的详细介绍）。程序开发人员开发程序时，可能经常需要这些功能。例如，开发一款订餐软件，实现用户选择好菜品时可以打电话给店家订餐的功能。此时，程序开发人员可以选择调用系统已经提供的拨打电话功能的组件，也可以选择自己开发组件实现相应的功能。毫无疑问，当然会选择使用第一种方案。

Android 程序拥有 4 大基本组件，分别是 Activity，BroadcastReceiver（广播接收器），Service（服务）和 Content Provider（内容提供者）。并不是每个程序都必须包含这些组件，但一般都由上面的一个或多个组件构成，并且涉及的组件信息必须在 AndroidManifest.xml 文件中声明。

2.5.1　Activity

Activity，一般称之为“活动”。Activity 是应用程序的显示层，一个 Activity 创建一个窗口。

新创建应用程序时，默认在/res/layout 目录下创建了布局文件 activity_main.xml。并且同时在 java 源代码目录下，默认创建了 MainActivity 类，工程结构如图 2-18 所示。

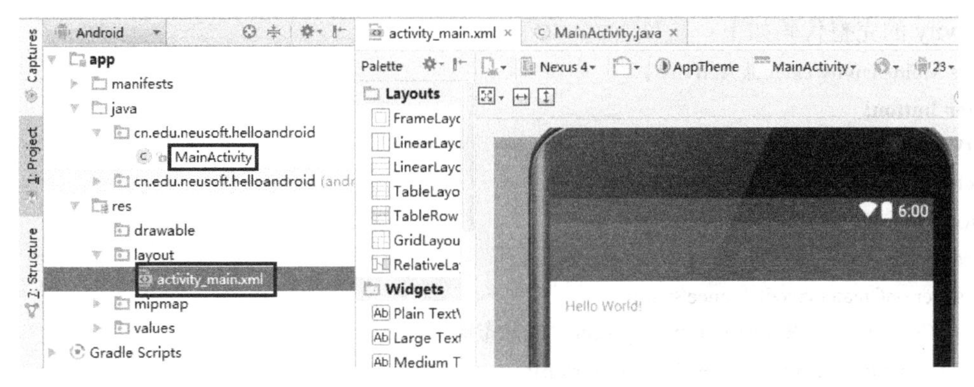

图 2-18　工程结构

MainActivity 类继承于 Activity 类，MainActivity 类的代码如下：

```
public class MainActivity extends Activity {
@Override
    protected void onCreate(Bundle savedInstanceState) {
        super.onCreate(savedInstanceState);
        setContentView(R.layout.activity_main);
    }
}
```

通过代码可以发现，正是在 Activity 的方法中调用了 setContentView(View)方法，将可视界面信息放到该窗口上进行呈现。

除了呈现给用户一个可视的用户界面，Activity 同时也要为用户提供和应用程序交互的功能，使程序响应用户的操作。

下面的示例程序展示了 Activity 和用户的交互。

【例 2-4】 在布局文件 activity_main.xml 中添加 3 个控件：一个控件是编辑框 EditText，用户可以输入信息；一个控件是文本框 TextView，用于显示信息；一个控件是 Button，用户单击 Button 时，可以将编辑框输入的信息显示在 TextView 中。实现步骤如下：

（1）在 activity_main.xml 中添加控件：以拖拽的方式将控件分别拖拽到界面中，新的布局结构如图 2-19 所示。

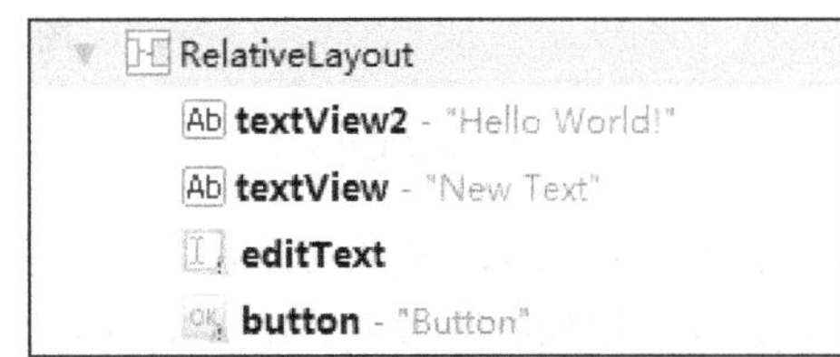

图 2-19　布局结构

（2）在 MainActivity 中添加代码。

首先，声明与控件相关的属性变量：目的是在代码中通过这些变量实现对界面控件的操控。Android 系统中已经定义了许多控件类，如 Button，TextView，EditText 等，因此声明控件变量时，变量的类型必须与控件类一致。

然后，在 MainActivity 的 onCreate()方法中，初始化控件变量，绑定变量和控件：调用 findViewById(id)方法，通过控件的 ID 编号，引用界面上的控件。

最后，添加 Button 的 OnClickListener 监听器，实现 OnClickListener 接口的 onClick()方法：用户单击 Button 时，会触发该监听事件，从而调用该监听器的 onClick()方法。在 onClick()方法中，调用 EditText 的 getText()方法，获取用户输入信息，调用 TextView 的 setText()显示用户信息，即可实现用户与应用程序的交互。

Activity 的完整代码如下：

```
public class MainActivity extends Activity {
    Button button;
    TextView textView;
    EditText editText;//首先，声明属相变量
    @Override
    protected void onCreate(Bundle savedInstanceState) {
        super.onCreate(savedInstanceState);
        setContentView(R.layout.activity_main);//加载布局
        button=(Button)findViewById(R.id.button);
        textView=(TextView)findViewById(R.id.textView);
        editText=(EditText)findViewById(R.id.editText);//绑定控件
        button.setOnClickListener(new View.OnClickListener() {//设置监听器
            @Override
            public void onClick(View v) {
            String text=editText.getText().toString();//获取用户输入信息
            textView.setText(text);//将输入信息
            }
        });
    }
}
```

（3）运行项目，查看结果，如图 2-20 所示。

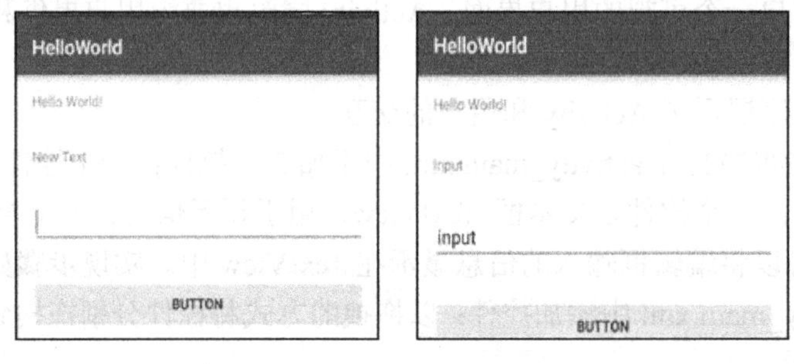

图 2-20　运行效果图

2.5.2　BroadcastReceiver

BroadcastReceiver 是 Android 系统中用于接收并响应广播消息的组件。大部分的广播消息由系统产生，比如时区改变、电池电量低、语言选项改变等。此外，应用程序同样也可以产生并发送广播消息，通知本应用的其他组件某个事件已经发生或某些数据已经运算完毕等，从而实现组件间的通信。

BroadcastReceiver 的工作原理类似于读者所熟识的电台广播。电台是广播的源头，一个区域里可以同时存在多个电台，每个电台的信号频段不同。某位听众只需要将收音机的接收频段设置与某电台信号频段相同，则可接收该电台的信号。Android 系统中，每个广播消息都携带特定的动作信息，只要在 BroadcastReceiver 中也注册相同的动作信息，该 BroadcastReceiver 只可以接收到携带相同动作的广播消息。

BroadcastReceiver 不包含任何用户界面，但可以通过启动 Activity 或者 Notification 通知用

户接收到重要消息。Notification 能够通过多种方法提示用户，包括闪动背景灯、振动设备、发出声音，或者在状态栏上放置一个持久的图标等。

2.5.3　Service

由于手机屏幕和硬件资源的限制，通常只允许一个应用程序处于活动状态，呈现用户界面，与用户交互信息，其他的应用则全部处于非活动状态。但是在很多实际应用中，即使不显示用户界面，也需要程序的长期运行，比如 MP3 播放器。用户在 MP3 用户界面中操作，选择 MP3 播放后，通常习惯退出该界面，继续使用手机其他的应用，比如听音乐的同时上网、聊微信等。为了满足上述用户需求，Android 系统提供了 Service 组件，必须在 Service 组件中实现音乐播放功能。

Service 是 Android 系统的服务组件，适用于开发没有用户界面，但是需要长时间在后台运行的功能。这些功能通常包括音乐的播放、网络数据的获得、耗时的运算等。

Service 一般由 Activity 组件启动，但是却不依赖于 Activity。Service 拥有自己的生命周期，及时启动它的 Activity 销毁，Service 依然能够继续运行，直到自己的生命周期结束。

2.5.4　ContentProvider

ContentProvider 组件是 Android 系统提供的一种跨应用的数据共享机制。应用程序可以通过 ContentProvider 访问其他应用程序的私有数据。这些私有数据可以存储在文件中、数据库中。提供这些数据的应用程序，需要实现 ContentProvider 提供的一组标准方法。使用这些数据的应用程序，需要通过 ContentResolver 对象来调用标准的方法。

Android 系统提供了一些内置的 ContentProvider，能为用户程序提供一些重要的数据信息，比如短信信息、联系人信息、通话记录信息等。程序设计人员能够利用以上 ContentProvider，方便实现自定义的应用程序功能。程序设计人员也可以根据需要自定义 ContentProvider。

【项目延伸】

学习本章内容之后，读者可以尝试对项目进行修改，实现以下基本内容：

（1）显示个人信息，包括：照片、专业、姓名、学号等基本信息。

（2）尽量美化界面。

参考示例效果如图 2-21 所示。

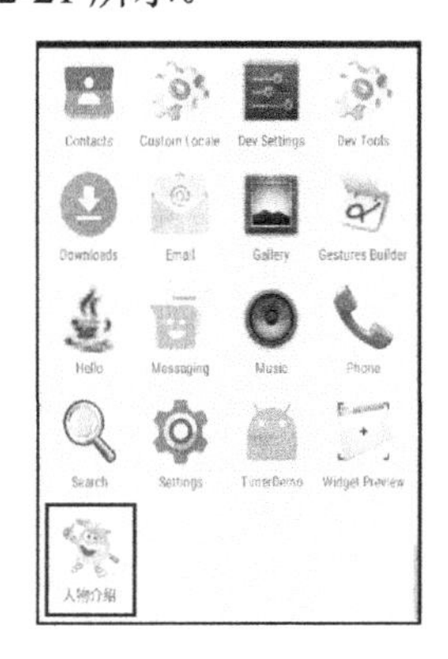

图 2-21　布局结构

习　题　2

简答题：

（1）简述 Android 项目中各目录结构及其功能。

（2）简述 Android 项目中各资源文件的功能。

（3）简述 AndroidManifest.xml 文件的功能。

（4）简述 Android 各组件的作用与应用场合。

第 3 章　Android 生命周期与通信

生命周期，顾名思义，即是从开始到结束的过程，应用于 Android 应用程序的组件中，从而为其赋予生命。开发人员可以根据 Android 各组件生命的起始，设置它应完成的使命。最常见的模式：在生命开始，进行界面初始化工作；在生命即将结束，进行资源释放和销毁等工作。本章以 Activity 组件为例，说明 Android 系统如何管理程序组件的生命周期。读者理解了 Android 组件的生命周期以后，才可以更好地在 Android 系统中加入指定的功能进行开发。

在实际应用开发过程中，一个应用程序通常不止包含一个组件。那么组件与组件之间如何进行通信和协同工作呢？通过本章的学习，读者也可以了解到 Android 系统的组件通信机制——Intent，通过该机制，进行组件之间的跳转和数据传递，完成各个组件之间的完美配合，构成一个完整的 Android 应用程序。

本章的学习目标

- 重点
  - （1）Android 的生命周期中各状态的变化关系
  - （2）Activity 回调函数的作用
  - （3）LogCat 使用
  - （4）Intent 概念及使用
- 难点
  - （1）Activity 回调函数的作用
  - （2）Intent 概念及使用

【项目导学】

读者打开手机中的常用软件就会发现，大多数应用都具有启动页。其实该启动页虽然简单，但是都是经过精挑细选来表达自己的设计和品牌的。例如，微信的启动画面表达的是“每个人都是孤独的”。本章的项目将带领读者完成启动页的开发过程，我们可以将充满情感或故事的启动页放于应用程序启动之前，同时启动页也给应用程序提供了充分的时间进行系统资源加载和准备。如图 3-1 所示为本项目的启动页功能运行效果。

图 3-1　启动页运行效果

想要完成该案例，读者只需要对 Intent 进行合理的启动，当然只有掌握了回调函数的知识，才能了解 Intent 该在何处进行使用。

3.1 生命周期

和计算机的操作系统类似，Android 系统是一个多任务（Multi-Task）的操作系统，用户可以在听音乐的同时，也可以进行其他操作，如上网、玩游戏、聊微信等，但是在同一个时间只能有一个活动的应用程序对用户可见。由于手机内存有限，每次多执行一个应用程序，就会多消耗一部分系统可用的内存，运行的程序越多内存消耗就越大，系统运行就越慢，甚至不稳定，导致用户体验越来越糟糕。为了解决这个问题，提高手机内存的利用率，Android 系统主动管理资源，完成对系统资源的调度工作。

3.1.1 概述

在 Android 系统中，每个应用程序可以理解为一个独立的进程。默认情况下，每个程序都是通过它们自己的进程运行的，每一个进程都是 Dalvik（Dalvik 是 Google 公司自己设计的用于 Android 平台的 Java 虚拟机）的一个单独的实例。每个应用程序的内存和进程管理都是由运行时专门进行处理的。应用程序进程从创建到结束的过程就是应用程序的生命周期。Android 应用程序的生命周期有一个非常重要、但是又很少见的特性：应用程序进程的生命周期不是由进程自身控制的，而是由 Android 系统决定的。影响应用程序生命周期的主要因素包括：该进程对于用户的重要性，以及当前系统中剩余内存的多少。对于开发者而言，不正确地使用系统组件可能会导致应用程序在运行过程中被意外地终止。

Android 中的生命周期，其实是体现一个应用程序运行起来以后的状态。因此，需要了解进程和线程的概念。

1. 进程

在 Android 系统中，进程可以理解成应用程序的具体运行实现。当用户同时开启多个应用程序，势必会造成大量资源的占用，从而造成了“系统慢”的用户反馈。为了避免发生这种问题，Android 操作系统需要考虑到，当系统资源紧张的情况出现，操作系统应该做些什么来避免不良的用户体验？实际上，其目标就是要让用户感觉不到这种资源紧张。因此，Android 系统需要关闭那些不常用或者对用户体验没有直接影响的进程。至于到底要关闭哪个进程，需要根据系统中的进程运行状态而定。

根据运行于进程内的组件和组件的状态，把进程划分为 5 种不同重要程度的等级。等级低的进程会被优先淘汰，从而释放系统资源。在 Android 系统中，进程的优先级取决于所有组件中优先级最高的部分。下面根据优先级由高到低进行介绍。

（1）前台进程

顾名思义，前台进程就是目前显示在屏幕上正和用户交互的进程。通常，在系统中前台进程数量很少，而这种进程对用户体验的影响最大，只有系统的内存稀少到不足以维持和用户的基本交互时才会销毁前台进程。因此，这种进程的重要性是最高的。

（2）可见进程

可见进程是指可以被用户看见，只是目前不是最上层界面（最上层界面在前台进程里面）。可见进程比前台进程重要性低，但是在交互方面影响还是很大的，因为用户随时可能将它切换为前台进程，所以系统不会轻易销毁它。

（3）服务进程

一个包含已启动服务的进程就是服务进程。它对用户不可见，但是保证了一些重要的事件被监听或者维持着某些状态，比如网络数据传输、后台音乐播放。因此，除非不能保证前台进程或可见进程所必需的资源，否则不能强行清除服务进程。

（4）后台进程

这里的后台进程不是一般意义上的后台进程，而是指不包含任何已经启动的服务，而且没有任何用户可见的 Activity 的进程。例如，某个被完全遮挡的应用程序便属于后台进程。通常，用户暂时没有和这个进程交互的愿望，所以这里后台进程有点“待销毁”的意思。在 Android 系统中存在较多的后台进程，系统资源紧张时，优先考虑销毁这些后台进程。

（5）空进程

空进程是指不包含任何活跃组件的进程。这类进程的作用就是高速缓存，当有新进程创建的时候，这个空进程可以加快进程创建速度，当系统内存不足的时候，首先销毁空进程。

2．线程

一个进程中，可以有一个或多个线程。默认情况下，进程中所有组件都在 UI 线程中进行初始化，保证整个程序是单线程的。但是如果对于特殊操作，如网络连接、下载等占用时间的操作，开发人员需要创建独立的线程，以免阻塞 UI 线程操作。

3.1.2 Activity 生命周期的方法

所有 Android 组件都具有自己的生命周期，本节以 Activity 组件为例，对其生命周期进行介绍。

Android 操作系统跟踪所有运行的 Activity 对象，将这些对象统一放进一个 Activity 栈中，如图 3-2 所示。当一个新的 Activity 启动时，处于栈顶的 Activity 将暂停，而这个新的 Activity 将被放入栈顶；当用户按下返回键时，当前 Activity 出栈，而前一个恢复为当前运行的 Activity。栈中保存的其实是对象，其中的 Activity 永远不会重排，只会进行压入或弹出操作。

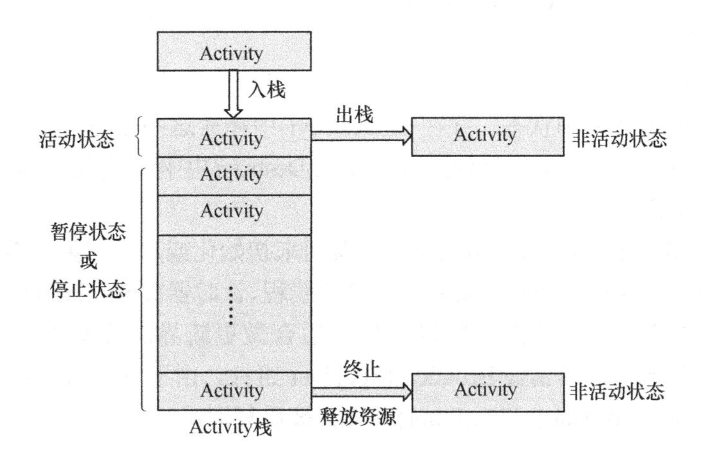

图 3-2　Activity 栈

通过上面的描述不难看出，一个 Activity 从启动到销毁，会经历多种状态，而且状态之间会进行转化。这些状态主要包括：①活动状态；②非活动状态；③暂停状态；④停止状态。随着 Activity 状态的不断变化，Android 系统会调用不同的事件回调函数，开发人员在回调函数中添加代码，就可以在 Activity 状态变化时完成适当的工作。例如，开发人员通常在 onCreate()函数中，完成相关的初始化工作。这些回调方法的状态变化如图 3-3 所示。

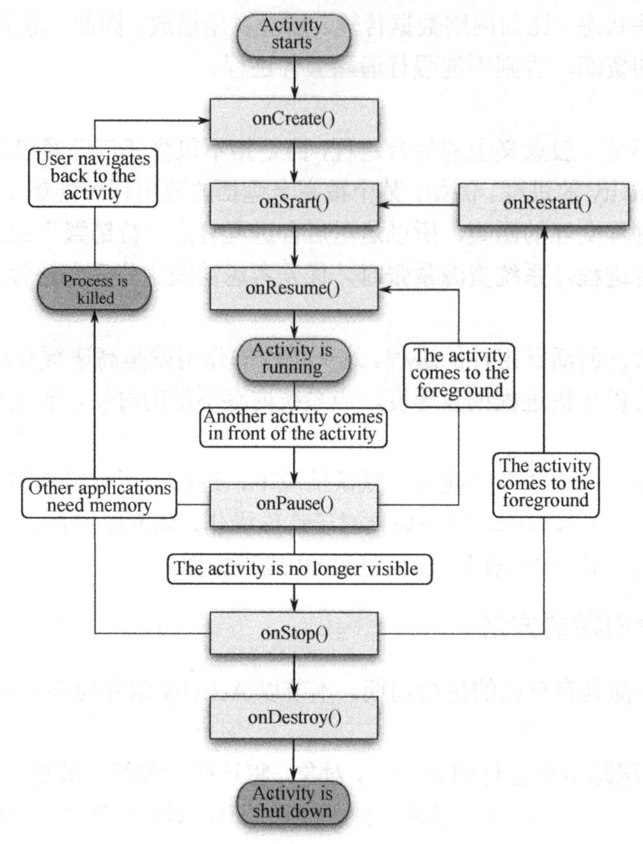

图 3-3　一个 Activity 的生命周期

从图 3-3 中可以看出，Activity 生命周期包含了 3 层循环。

（1）全生命周期

从 onCreate()开始到 onDestroy()结束。一般情况下，开发人员会在 onCreate()中初始化 Activity 所能使用的全局资源和状态，并在 onDestroy()中释放这些资源。例如，Activity 中使用后台线程，则可以在 onCreate()中创建线程，在 onDestroy()中停止并销毁线程。

（2）可视生命周期

从 onStart()开始到 onStop()结束。onStart()一般用来初始化或启动与更新界面相关的资源，onStop()一般用来暂停或停止一切与更新界面相关的线程、计时器或 Service 等，因为在 onStop()执行时，界面已经处于不可见状态，所以此处不适合做更新界面等操作。另外，onStart()和 onStop()也经常被用来注册和销毁 BroadcastReceiver 组件。由于 Activity 经常在可见和不可见的状态进行转换，所以 onStart()和 onStop()经常会被反复调用。

（3）前台生命周期

从 onResume()开始到 onPause()结束。当前阶段，界面是处于屏幕最顶层，并且与用户进行交互。由于 Activity 会频繁地在前台和非前台的状态进行切换，因此 onResume()和 onPause()也会被反复调用，例如设备休眠或弹出对话框，均会导致状态的切换，因此在 onResume()和 onPause()中应该尽量完成一些轻量级的工作，避免每次切换时都需要用户等待。

表 3-1 将图 3-3 中的各回调函数进行详细说明和介绍。

表 3-1　生命周期的方法

方法	描述	下一个
onCreate()	在 Activity 第一次启动时调用，可以在该方法中初始化数据、设置静态变量、创建客户视图、绑定控件数据等。该方法入参为一个捆绑包含了之前状态的对象。随后总是调用 onStart 方法	onStart()
onRestart()	Activity 已经停止之后会被调用，仅仅发生在之前启动过的 Activity 上。随后总是调用 onStart 方法	onStart()
onStart()	当 Activity 对用户可见时调用，随后有可能执行两个方法：如果当前 Activity 展现到前端，用户获取输入焦点，则调用 onResume 方法；如果对其进行隐藏，则调用 onStop 方法	onResume()或 onStop()
onResume()	在 Activity 启动并与用户进行交互时调用，此时 Activity 处于栈的顶部。随后总是调用 onPause 方法	onPause()
onPause()	在用户打算启动其他 Activity 时调用，该方法典型的工作为：提交未保存的数据，停止动画，以及停止其他一切消耗 CPU 的操作。不管应用响应速度是否快，这些都是必须要做的工作，因为下一个 Activity 将不能恢复，直到这个方法返回为止	onResume()或 onStop()
onStop()	当 Activity 对用户不可见的情况下调用，可能是发生在 Activity 正在销毁或者其他 Activity 恢复将其覆盖的情况。如果 Activity 再次回到前台与用户交互，则调用 onRestart 方法；如果关闭 Activity，则调用 onDestroy 方法	onRestart() 或 onDestroy()
onDestory()	在 Activity 销毁前调用	无

除了上述的 Activity 生命周期事件回调函数外，还有 onRestoreInstantceState()和 onSaveInstanceState()两个函数经常会被使用，用于保存和恢复 Activity 的界面临时信息，如用户在界面中输入的数据或选择的内容等，而 onPause()一般被用来保存界面的持久信息。虽然这两个函数不属于 Activity 生命周期的回调函数，但 onSaveInstanceState()在 Activity 被暂时停止时会被调用，而暂停的 Activity 被恢复时，也会调用 onRestoreInstantceState()。

3.1.3　LogCat

在 Android 程序开发中，出现错误（Bug）是每个开发人员必有的经历。通常，开发环境可以检测到语法错误，根据提示，比较容易修改。但运行时的错误，分析和定位通常就没有那么简单了，尤其是代码量较大、结构比较复杂的应用程序，仅凭直觉很难达到理想的效果。因此，Android 提供了 LogCat 工具，帮助开发人员进行错误分析。

LogCat 是用来获取系统日志信息的工具，集成于 Android 开发环境中。在 Android Studio 中，通过执行“Tools”→“Android”→“Android Device Monitor”命令打开图 3-4 所示窗口。该窗口下方为 LogCat 和 Console 控制台，开发人员可以选择需要追踪的工程，查看详细的调试信息。

下面通过案例演示 LogCat 工具的使用，以及借助于 Log 类如何进行程序调试。

【例 3-1】 为了监测生命周期中各回调函数的调用情况，在 LogCat 中进行打印输出。

实现步骤如下：

（1）新建项目：项目名称为 ActivityLifeDemo。

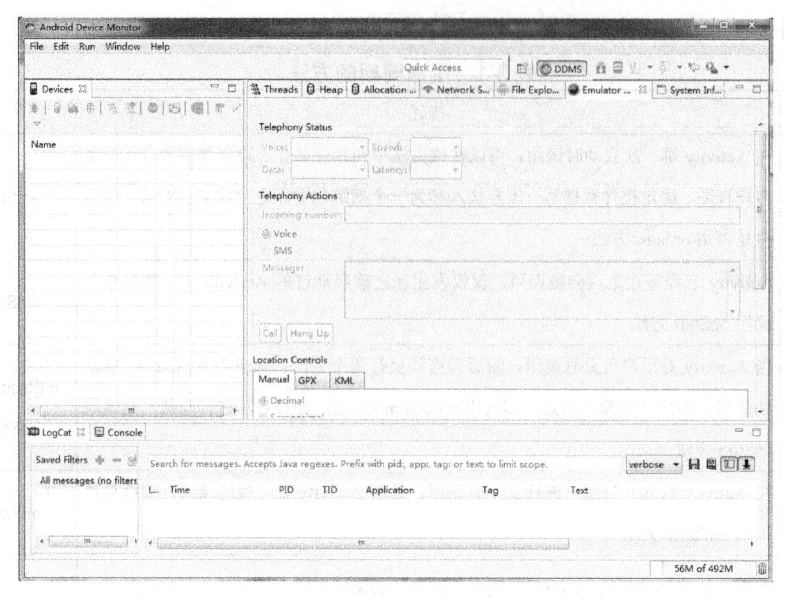

图 3-4　Android Device Monitor 窗口

（2）找到 Activity 类（默认为 MainActivity）：查看代码，内容如下（已有 onCreate 回调函数）：

```
@Override
protected void onCreate(Bundle savedInstanceState) {
    super.onCreate(savedInstanceState);
    setContentView(R.layout.activity_main);
}
```

（3）重构回调函数：模仿上述代码，完成其他回调函数。借助于 Android Studio 工具，执行“Code”→“Generate”→“Override Methods…”命令，选取需要重载的函数（见图 3-5）。最后单击“OK”按钮，则在上述的类中自动生成相关代码：

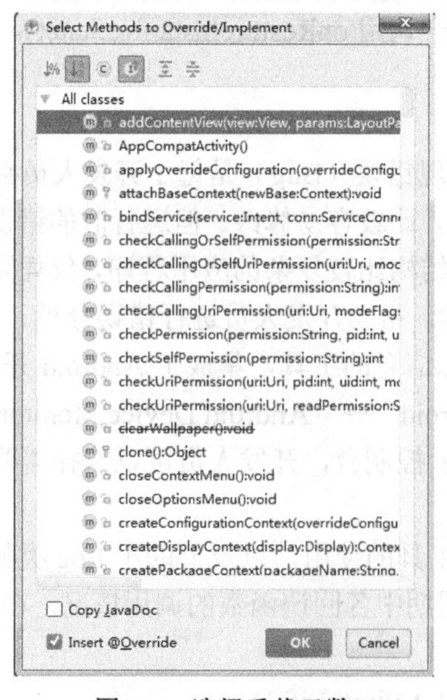

图 3-5　选择重载函数

```
@Override
protected void onDestroy() {
    super.onDestroy();
}
@Override
protected void onStart() {
    super.onStart();
}
@Override
protected void onStop() {
    super.onStop();
}
@Override
protected void onRestart() {
    super.onRestart();
}
@Override
protected void onResume() {
    super.onResume();
}
@Override
protected void onPause() {
    super.onPause();
}
@Override
protected void onRestoreInstanceState(Bundle savedInstanceState) {
    super.onRestoreInstanceState(savedInstanceState);
}

@Override
protected void onSaveInstanceState(Bundle outState) {
    super.onSaveInstanceState(outState);
}
```

（4）运行项目：此时程序运行，不会有任何特别的效果，因为以上的回调函数里没有任何实质的内容。

（5）代码中增加日志输出信息：为了验证每个回调函数是否被调用，开发人员可以在回调函数里增加打印信息。在上述的各个回调函数中，依次加入下面的方法，其含义和 Java 的 System.out.println()类似，只是该打印效果在 LogCat 中可以通过更丰富的形式进行输出。

```
Log.i(TAG,"--(1)OnCreate");
Log.i(TAG, "-- (2)onStart");
Log.i(TAG,"-- (3)onRestoreInstanceState");
Log.i(TAG, "-- (4)onResume");
Log.i(TAG, "-- (5)onSaveInstanceState");
Log.i(TAG, "-- (6)onRestart");
```

```
Log.i(TAG, "-- (7)onPause");
Log.i(TAG, "-- (8)onStop");
Log.i(TAG, "-- (9)onDestroy");
```

其中，TAG 是该类中的一个常量，用于以后的日志信息过滤。定义如下：

```
private static String TAG="ACTIVITYLIFE ";
```

（6）运行项目，查看运行效果，如图 3-6 所示。需要注意，此次项目的运行结果不是在模拟器上，而是在 LogCat 的输出信息。而 LogCat 下的信息，是否有些混乱呢？

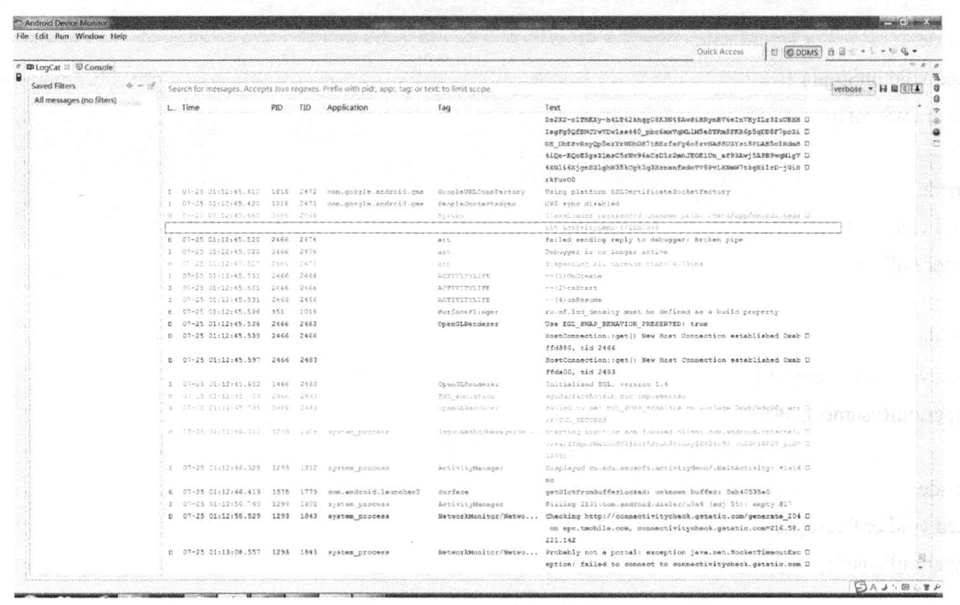

图 3-6 LogCat 输出信息

（7）信息过滤：LogCat 监测的是当前模拟器的所有日志输出，由于其中的信息错综复杂，而开发人员通常只关注其开发的应用程序的日志输出，也就是图 3-6 的运行结果，因此需要进行信息过滤和筛选。在左上角的“+”号和“-”号，分别是添加和删除过滤器。用户可以根据日志信息的标签（Tag）、产生日志的进程编号（Pid）或信息等级（Level），对显示的日志内容进行过滤。单击图 3-6 左侧的绿色“+”号，出现如图 3-7 所示的对话框，也就是通过本例中的 TAG 值即可。

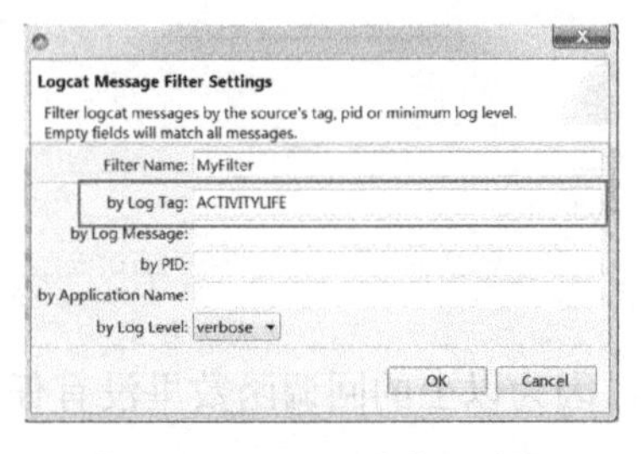

图 3-7 LogCat 过滤器设置

（8）查看结果：通过分析输出结果，进行生命周期的认识，如图 3-8 所示。

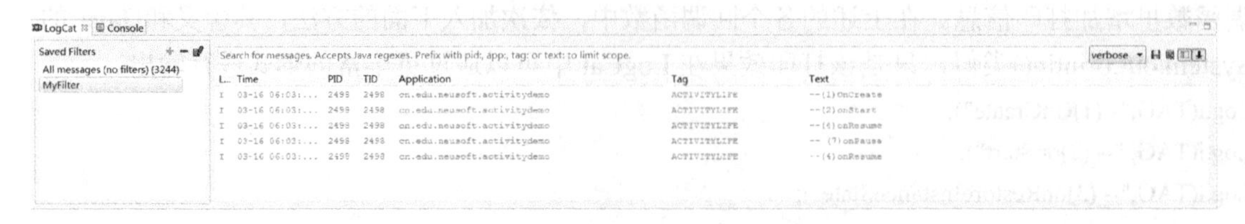

图 3-8 LogCat 运行效果

【说明】 也可以通过传统的 System.out.println()进行信息打印，过滤日志的时候，需要将

LogTag 的内容换成 System.out 即可。

LogCat 的右上方的单词表示几种不同类型的日志信息，单词含义如下：Verbose——详细信息；Debug——调试信息；Info——通知信息；Warn——警告信息；Error——错误信息。不同类型日志信息的级别是不同的，级别最高的是错误信息，其次是警告信息，然后是通知和调试信息，最低的是详细信息。在 LogCat 中，开发人员可以通过字母图标选择显示的信息类型，级别高于选择类型的信息会在 LogCat 中显示，但级别低于选定的信息则会被忽略。因此，当程序运行出现错误时，可以尝试选择错误信息，检查其中的日志输出，看看是否对开发人员有所帮助。

LogCat 的功能是由 Android 的类 android.util.Log 决定的，在 Java 程序中，日志输出的使用方法包括以下几种：Log.v()，Log.d()，Log.i()，Log.w()，Log.e()，分别对应上述的 5 种不同类型的日志，其中字母代表日志类别单词的首字母。

3.2 Android 组件间的通信

在实际的 App 软件中，几乎每个应用都涉及页面跳转的操作，诸如通讯录的联系人列表→联系人详细信息等。这些跳转都是借助于 Android 的 Intent 实现的。Intent 是一种消息传递机制，用于 Android 的核心组件（Activity，BroadcastReceiver，Service）通信和数据交换。它不仅可以在同一个应用程序内部的不同组件之间进行通信，也可以在不同应用程序的组件之间传递信息。因此，由于 Intent 的存在，使得 Android 系统中相互独立的组件不再是一个个独立的孤岛，而成为可以互相通信的集合。

3.2.1 Intent 对象

Intent，中文意思是“意图，意向”，可以理解为，应用程序要启动另一个组件就需要用到 Intent。Intent 负责对应用中一次操作的动作、涉及的数据、附加数据进行描述，Android 则根据此 Intent 的描述，负责找到对应的组件，将 Intent 传递给调用的组件，并完成组件的调用。由于 Intent 可以方便地启动 Activity 和 Service 组件，也可以在 Android 系统上发布广播消息，从而将系统中互相独立的组件连接成可以互相通信的整体。本章的案例都是针对两个 Activity 进行通信的。根据 Activity 的启动方式，Intent 支持显式启动和隐式启动。

1．显式启动

形式如下：

```
Intent intent = new Intent(MainActivity.this, SubActivity.class); //定义一个 Intent
startActivity(intent); //启动 Activity
```

以上示例代码的作用是从 MainActivity 这个 Activity 类跳转到 SubActivity 中。Intent 构造函数中的两个参数分别代表当前组件和目标组件，然后通过 startXXX()方法启动该 Intent 对象，即可实现两个组件之间的跳转。由于在参数中明确指定了组件，所以这种启动方式称作显式启动。这种启动方式代码简单，易于理解。

2．隐式启动

形式如下：

```
Intent intent=new Intent(Intent.ACTION_VIEW,Uri.parse("content://com.android.contacts/contacts"));
startActivity(intent);
```

以上示例是使用了 Intent 的另一个构造函数，它没有明确指定需要启动的组件，而是由 Android 系统决定。至于 Android 系统应该如何选择组件作为要启动的对象呢？在程序运行时解析 Intent，根据一定的规则对 Intent 和组件进行匹配，匹配的组件可以是程序本身的组件，也可以是 Android 系统内置的组件，甚至是第三方应用程序中的组件。上述示例代码的功能是打开了系统中的通讯录界面，其中 Uri 代表统一资源标识符，是 Uniform Resource Identifier 的简称。

这种启动方式虽然稍微有些复杂，但是它的好处是不必与某个具体的组件耦合，降低了 Android 系统中组件之间的耦合度，有利于组件分离，并允许替换应用程序中的元素，强调了 Android 组件的可复用性。

当隐式启动和显式启动同时存在时，隐式启动会被忽略。

下面详细介绍 Intent 的匹配机制。

3.2.2 Intent 过滤器

当通过显式启动方式来进行组件启动时，系统会根据指定的参数，直接启动目标组件。当隐式启动时，Android 系统则需要通过某种匹配机制来寻找目标组件。这种匹配机制就是依赖于 Android 系统中的 Intent 过滤器（Intent Filters）来实现的。如图 3-9 所示。

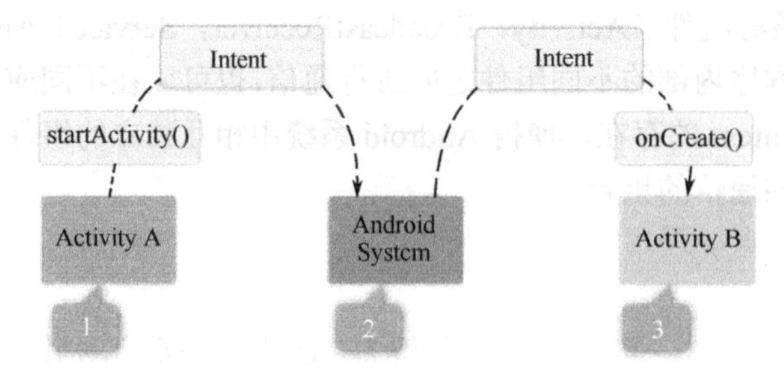

图 3-9 Intent 隐式启动

Intent 过滤器是根据 Intent 中的动作（action）、类别（category）和数据（data）内容，对目标组件进行匹配和筛选的机制。当 Intent 匹配到一个过滤器上，系统就会启动对应的组件并传递相应的 Intent 对象；如果匹配出多个过滤器，系统会弹出对话框，由用户进行选择。

通过上述的描述说明，Intent 过滤器需要依附于 Android 的组件上，其格式内容如下（Android Manifest 文件）：

```
<activity android:name="ShareActivity">
    <!-- This activity handles "SEND" actions with text data -->
    <intent-filter>
        <action android:name="android.intent.action.SEND"/>
        <category android:name="android.intent.category.DEFAULT"/>
        <data android:mimeType="text/plain"/>
    </intent-filter>
    <!-- This activity also handles "SEND" and "SEND_MULTIPLE" with media data -->
    <intent-filter>
        <action android:name="android.intent.action.SEND"/>
```

```
        <action android:name="android.intent.action.SEND_MULTIPLE"/>
        <category android:name="android.intent.category.DEFAULT"/>
        <data android:mimeType="application/vnd.google.panorama360+jpg"/>
        <data android:mimeType="image/*"/>
        <data android:mimeType="video/*"/>
    </intent-filter>
</activity>
```

上述代码定义了两个 Intent 过滤器。Intent 过滤器由<intent-filter>进行定义，嵌入到对应的组件中（例如本例中的 activity）。在每个<intent-filter>中，可以定义以下 3 种标签。

1．<action>

通过 android:name 属性指定组件能响应的动作，用字符串表示。表 3-2 列举了几种常用的动作，随后的示例我们便是以 ACTION_VIEW 为例的。

表 3-2　常见 Action 常量及说明

Action 常量	说明
ACTION_VIEW	最常用的动作，对以 Uri 方式传递过来的数据，根据协议部分以最佳方式启动。例如，geo:latitude,longtitude 将打开地图应用程序并显示指定的纬度和经度
ACTION_MAIN	应用程序入口
ACTION_CALL	打开电话应用程序并将 Uri 中的数据部分作为电话号码
ACTION_DIAL	打开电话应用程序并显示 Uri 中的数据部分作为电话号码
ACTION_SEND	启动一个可以发送数据的 Activity
ACTION_EDIT	打开一个 Activity，对所提供的数据进行编辑操作
ACTION_PICK	从列表中选择某项，并返回所选的数据
ACTION_CHOOSE	显示一个 Activity 选择器

【说明】 以上常量对应的值，通常是 android.intent.action.XXX 的形式。例如，示例中的 android.intent.action.SEND，其实就是 ACTION_SEND。

2．<data>

通过一个或多个属性来指定响应的 scheme，host，port，path 和 MIME type 等值。接受的是一个 Uri 对象，形式如下：

```
content://com.android.contacts/contacts/1
```

其中，content 是 scheme 部分，com.android.contacts 是 host 部分，/contacts/1 是 path 部分。例子中主要定义了 MIME type 属性，用于声明该组件所能匹配的 Intent 的 Type 属性。

3．<category>

通过 android:name 属性指定组件能响应的服务方式，用字符串表示。每个过滤器可以定义多个<category>标签。为了能够响应隐式启动，必须定义一个 CATEGORY_DEFAULT。因为 startActivity() 和 startActivityForResult() 方法只对具有该标签的过滤器进行解析，否则隐式启动将永远无法启动对应的组件。表 3-3 列举了几种常用的动作，随后的示例我们便是以 CATEGORY_DEFAULT 为例的。

表 3-3　常见 Category 常量及说明

Category 常量	说明
CATEGORY_DEFAULT	Android 系统中默认的执行方式，按照普通 Activity 的执行方式执行
CATEGORY_HOME	设置该组件随系统启动而运行
CATEGORY_PREFERENCE	设置该组件为参数面板
CATEGORY_LAUNCHER	设置该组件为在当前应用程序启动器中优先级最高的 Activity，通常和入口 ACTION_MAIN 配合使用
CATEGORY_BROWSABLE	设置该组件可以使用浏览器启动
CATEGORY_TAB	设置该组件为 TabActivity 的 Tab 页
CATEGORY_INFO	用于提供包信息

【说明】 以上常量对应的值，通常是 android.intent.category.XXX 的形式。例如，示例中的 android.intent.category.DEFAULT，其实就是 CATEGORY_DEFAULT。

【例 3-2】 在项目 ActivityIntentDemo 中的主界面里，有两个按钮，单击后，分别进入 SubActivity1 和 SubActivity2 中，效果如图 3-10 所示。

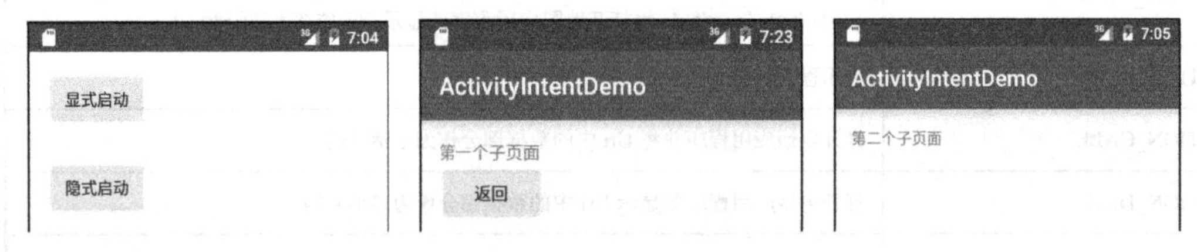

图 3-10　运行效果图

实现步骤如下：

（1）新建项目 ActivityIntentDemo，并在该项目下增加两个 Activity 类。操作界面如图 3-11 所示，同时也会自动生成相关的布局文件。

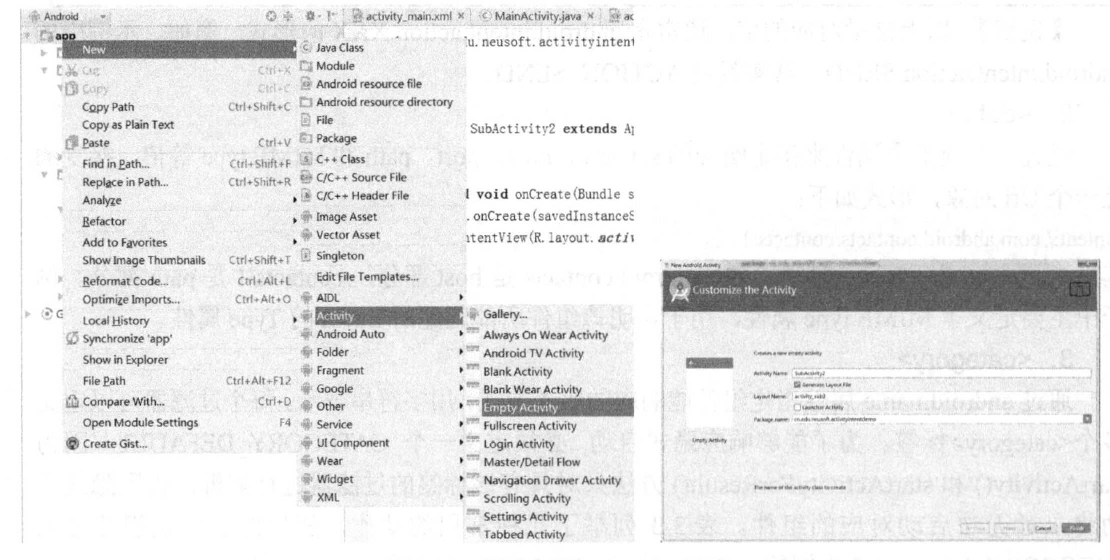

图 3-11　项目中增加 Activity 子类

因此，该项目中存在如图 3-12 所示的目录结构。其中，MainActivity 管理 activity_main.xml

布局文件；SubActivity1 管理 activity_sub1.xml 布局文件；SubActivity2 管理 activity_sub2.xml 布局文件。

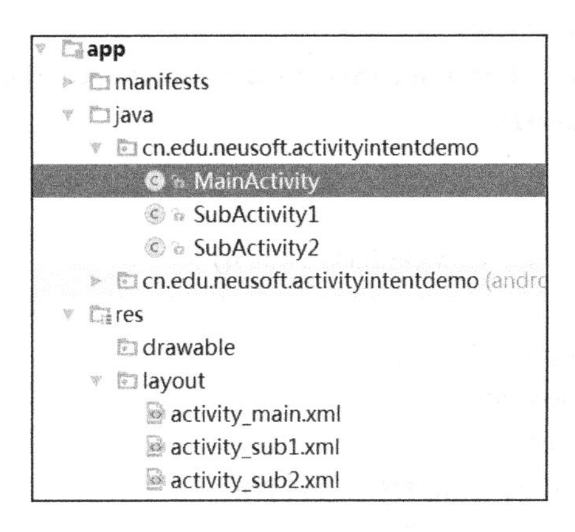

图 3-12　项目结构

（2）activity_main 布局文件：增加两个按钮，并为其设置 id 值分别为 button1 和 button2。布局文件中增加按钮的代码如下：

```
<Button
    android:layout_width="wrap_content"
    android:layout_height="wrap_content"
    android:text="显式启动"
    android:id="@+id/button1"
    android:layout_alignParentTop="true"
    android:layout_alignParentStart="true" />
<Button
    android:layout_width="wrap_content"
    android:layout_height="wrap_content"
    android:text="隐式启动"
    android:id="@+id/button2"
    android:layout_below="@+id/button1"
    android:layout_alignParentStart="true"
    android:layout_marginTop="27dp" />
```

（3）Activity 类：在对应的 MainActivity 类中完成以下代码：

```
public class MainActivity extends Activity {
    private Button button1,button2;
    @Override
    protected void onCreate(Bundle savedInstanceState) {
        super.onCreate(savedInstanceState);
        setContentView(R.layout.activity_main);
        //映射 activity_main.xml 中的 id=button1 按钮
        button1=(Button)findViewById(R.id.button1);
        //映射 activity_main.xml 中的 id=button2 按钮
        button2=(Button)findViewById(R.id.button2);
        //为两个按钮增加单击事件监听
```

```
        button1.setOnClickListener(new View.OnClickListener() {
            @Override
            public void onClick(View v) {
                Intent intent1=new Intent(MainActivity.this,SubActivity1.class);
                startActivity(intent1);
            }
        });
        button2.setOnClickListener(new View.OnClickListener() {
            @Override
            public void onClick(View v) {
                Intent intent2=new Intent();
                 //设置 Action 响应方式
                intent2.setAction(Intent.ACTION_VIEW);
               //Data 内容：scheme://host 形式
                intent2.setData(Uri.parse("intentdemo://cn.edu.neusoft"));
                startActivity(intent2);
            }
        });
    }
}
```

上述代码主要是将布局文件中的两个按钮通过 findViewById 方法进行获取，然后对其增加单击事件监听，从而保证单击按钮后实现各自的 Intent 对象调用。显然，id 为 button1 的按钮启动了 SubActivity1 界面。而 button2 的启动对象，需要通过 Manifest 文件中的过滤器进行匹配。

（4）增加过滤器：在 Android Manifest 文件中，对新建的两个 Activity 类代码进行调整。其中，SubActivity2 类的过滤器定义如下：

```
<activity android:name=".SubActivity1" >
</activity>
<activity android:name=".SubActivity2" >
    <intent-filter>
        <action android:name="android.intent.action.VIEW"/>
        <category android:name="android.intent.category.DEFAULT"></category>
        <data android:scheme="intentdemo" android:host="cn.edu.neusoft"></data>
    </intent-filter>
</activity>
```

在<intent-filter>标签中，通过 action、category、data 三个标签对 SubActivity2 类进行过滤器定义：android:name="android.intent.action.VIEW"表示将通过 ACTION_VIEW 的方式进行动作响应，即通过 Uri 的内容进行解析；android:name="android.intent.category.DEFAULT"表示隐式启动可以找到该组件；<data android:scheme="intentdemo" android:host="cn.edu.neusoft">则是 Uri 中的内容，根据 scheme://host/path 的结构进行分解，则为 intentdemo://cn.edu.neusoft。

（5）调整两个布局文件的内容：第一个子页面的布局文件（activity_sub1.xml）中增加 TextView 和 Button 的代码，内容如下：

```
<TextView
```

```
    android:layout_width="wrap_content"
    android:layout_height="wrap_content"
    android:text="第一个子页面"
    android:id="@+id/textView"
    android:layout_alignParentTop="true"
    android:layout_alignParentStart="true" />
<Button
    android:layout_width="wrap_content"
    android:layout_height="wrap_content"
    android:text="返回"
    android:id="@+id/button"
    android:layout_below="@+id/textView"
    android:layout_alignParentStart="true" />
```

第二个子页面（activity_sub2.xml）中，增加 TextView 的内容即可：

```
<TextView
    android:layout_width="wrap_content"
    android:layout_height="wrap_content"
    android:text="第二个子页面"
    android:id="@+id/textView2"
    android:layout_alignParentTop="true"
    android:layout_alignParentStart="true" />
```

（6）运行项目，查看结果：以上代码完成后，启动模拟器运行，可以实现图 3-10 的跳转效果。

3.2.3 Intent 传递数据

Intent 在实现两个组件之间跳转的同时，经常也需要传递数据，也就是在 Intent 对象上附加 Bundle 对象的数据。在 MainActivity 中执行如下代码：

```
Bundle bundle = new Bundle();
bundle.putString("data", "test");
Intent intent = new Intent(MainActivity.this, SubActivity.class);
intent.putExtras(bundle);
startActivity(intent);
```

在 SubActivity 中，获取 Intent 中的数据“data”，代码如下：

```
Bundle bundle = this.getIntent().getExtras();
String result = bundle.getString("data");
```

以上代码就实现了 Activity 之间的数据传递。

3.2.4 获取 Activity 返回值

在上述的代码上，通过 startActivity 方法启动其他界面以后，两个 Activity 之间便失去了联系。但是，在一些情况下，启动的 Activity（父 Activity）希望能够获得被启动 Activity（子 Activity）的返回结果。具体的实施步骤如下：

① 父 Activity 通过 startActivityForResult 方法启动 Intent 对象；

② 子 Activity 通过 setResult 方法设置返回结果；

③ 父 Activity 通过 onActivityResult 方法获取子 Activity 返回的结果，并进行处理。

【例 3-3】 修改例 3-2：显示启动第一个子页面后，在第一个子页面中随机生成一个随机数，单击“返回”按钮后，将该随机数显示在第一个页面中。运行效果如图 3-13 所示。

图 3-13 运行效果图

实现步骤如下：

（1）修改启动方法（startActivity→startActivityForResult），将 MainActivity 类中的显式启动按钮监听事件修改：

```
button1.setOnClickListener(new View.OnClickListener() {
    @Override
    public void onClick(View v) {
        Intent intent1=new Intent(MainActivity.this,SubActivity1.class);
        //此处的第二个参数用在（3）步中的 requestCode 参数上
        startActivityForResult(intent1,1);
    }
});
```

（2）通过 setResult 方法设置返回结果：在第一个界面对应的 Activity 类中增加返回按钮的事件监听：

```
Button btn=(Button)findViewById(R.id.button);
btn.setOnClickListener(new View.OnClickListener() {
    @Override
    public void onClick(View v) {
        //1.生成随机数
        Random rand =new Random();
        int r=rand.nextInt(100);
        //2.准备 Bundle 对象传递 Intent 数据
        Bundle bundle=new Bundle();
        bundle.putInt("random",r);
        Intent intent3=new Intent();
        intent3.putExtras(bundle);
        //3.设置返回结果 intent3,并且其中包含传递的参数
        setResult(RESULT_OK, intent3);
```

```
        finish();//关闭当前页面
    }
});
```

上述代码准备了一个0～99的随机数，然后将其装入Bundle对象中，在返回跳转时将该Bundle对象传递到父Activity中。setResult方法将返回到父Activity中，并传递resultCode值和Intent对象（其中封装了返回结果Bundle对象）。

（3）父Activity通过onActivityResult方法获取子Activity返回的结果，并进行处理。在MainActivity类中重载onActivityResult方法，根据返回的requestCode和resultCode确定Intent对象data的内容来自于何处。此处的requestCode值和startActivityForResult方法的requestCode参数一致；resultCode值和setResult方法中的resultCode参数内容一致；data中则可以获取对应的内容。代码如下：

```
@Override
protected void onActivityResult(int requestCode, int resultCode, Intent data) {
    if(requestCode==1)
    {
        if(resultCode==RESULT_OK)
        {
            Bundle random=data.getExtras();
            Toast.makeText(MainActivity.this,random.getInt("random")+"",Toast.LENGTH_LONG).show();
        }
    }
}
```

上述代码中，使用Toast显示随机数。

（4）运行项目。

【案例延伸】 尝试在第二个页面中增加返回按钮，并准备内容（诸如开发人员的名字），在父Activity中显示。

3.3 项目实现——启动页

App启动页的应用非常广泛，诸如微信、淘宝、滴滴出行等常见的应用都使用了该技术。关于启动页的设计，目前仍存在一些争议。本节从一个开发者的角度来介绍Android应用启动页的实现。其实所谓启动页，就是两个界面进行跳转：其中第一个页面设置一个定时器，计时时间到，进入第二个页面。

【效果要求】 应用程序启动后，在启动页停留3s，跳转到应用程序主页面。

实现步骤如下：

（1）新建项目StartPageDemo，选择Empty Activity，并将Activity Name输入“SplashScreen”，如图3-14所示，然后单击“Finish”按钮。

（2）在上述过程中，生成activity_splash_screen.xml布局文件。内容修改如下：

```
<RelativeLayout xmlns:android="http://schemas.android.com/apk/res/android"
    xmlns:tools="http://schemas.android.com/tools" android:layout_width="match_parent"
    android:layout_height="match_parent"
    tools:context=".SplashScreenActivity">
```

```
    <ImageView
        android:layout_width="fill_parent"
        android:layout_height="fill_parent"
        android:id="@+id/imageView"
        android:src="@drawable/jimi1"
        android:layout_alignParentTop="true"
        android:layout_alignParentStart="true" />
</RelativeLayout>
```

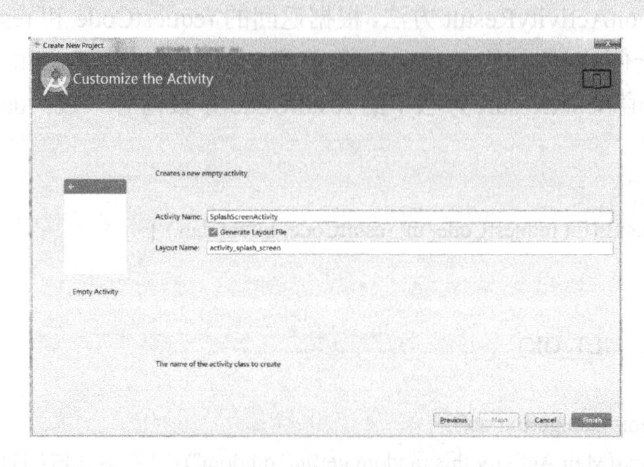

图 3-14 新建 Activity 类

其中，ImageView 是用来存放图片的控件。上述代码描述了该控件的宽度、高度、ID、src 图片源及对齐方式。其中，src 属性表示的是当前控件加载了 drawable 文件夹下的 jimi1 图片。因此，需要在 drawable 文件夹下复制一张 jimi1 命名的图片（后缀无所谓）。

（3）准备启动后进入的主页：在该项目中新建 Activity 类，名字为默认的 MainActivity 即可，其对应的布局文件为 activity_main.xml，默认里面没有控件。为了彰显个性，读者可以在其中自行设计界面效果。

（4）在 onCreate 方法中加入以下代码：

```
new Handler().postDelayed(new Runnable() {
    @Override
    public void run() {
        Intent mainIntent = new Intent(SplashScreenActivity.this, MainActivity.class);
        startActivity(mainIntent);
        finish();
    }
}, 3000);
```

在上述代码中，通过 postDelayed 方法调用一个新定义的 Runnable 对象，该调用在 3000ms 以后生效，因此相当于实现一个定时器效果。而新定义的 Runnable 对象则实现了页面的跳转，进入 MainActivity 中。

【项目延伸】

可以在该项目的基础上进行以下尝试：

（1）增加动画效果；

（2）去掉启动页面的标题效果，效果如图 3-15 所示。

图 3-15　启动页效果改进

习　题　3

1．选择题：

（1）下述不是 Activity 回调函数的是（　　）

A．OnCreate()　　B．OnStart()　　C．OnDelete()　　D．OnResume()

（2）在 Java 程序中，日志输出的使用方法包括以下几种：Log.v()，Log.d()，Log.i()，Log.w()，Log.e()，其中 Log.e()代表输出（　　）

A．警告　　B．调试　　C．注释　　D．错误

（3）在 Activity 组件之间通信时，使用（　　）进行参数传递。

A．LogCat　　B．Bundle　　C．String　　D．layout

（4）Android 系统中通过（　　）进行两个组件之间的通信。

A．Activity　　B．Intent　　C．Service　　D．LogCat

（5）在 Android 系统中，（　　）进程的优先级是最高的。

A．后台　　B．前台　　C．服务　　D．可见

2．填空题：

（1）当隐式启动和显式启动同时存在时，（　　）启动会被忽略。

（2）Android 操作系统跟踪所有运行的 Activity 对象，将这些对象统一放进一个 Activity 的（　　）中。

3．简答题：

（1）列举出 Activity 5 个事件回调函数，并分别说明其作用。

（2）通过 Intent，启动的 Activity（父 Activity）希望能够获得被启动 Activity（子 Activity）的返回结果，简述实现步骤。

4．编程题：

（1）将例 3-1 中的 Log.i 语句的 i 改成 v，d，w，e，然后在 LogCat 中通过新建的 LogCat 过滤器查看效果。

（2）将例 3-2 中的第一个子页面的返回按钮，增加单击事件处理，返回主页面。

第4章　布局和控件

用户在启动一个Android应用时，第一个关注的就是界面。界面主要包括布局和控件。优秀的界面设计会吸引用户的注意力，增加用户对应用的黏性。用户界面是应用程序开发的重要组成部分，决定了应用程序是否美观、易用，能否留住用户，从某种程度上决定了应用程序是否具有生命力。

通过本章的学习可以让读者熟悉Android用户界面的基本开发方法，了解在Android界面开发中常见的布局和控件的使用方法。本章主要通过登录和注册实例，掌握界面的常用布局和基本控件，然后使用Shape和Selector进行布局和控件的优化，最后介绍TextInputLayout、ListView、RecycleView及CardView等高级控件的使用方式，使读者可以轻松地构建美观、易用的界面。

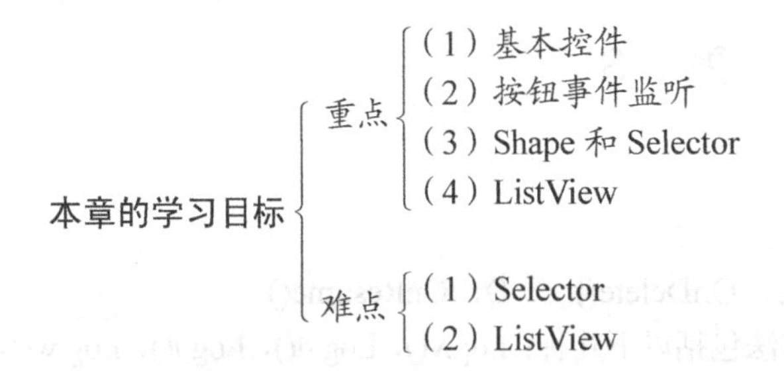

【项目导学】

Android布局和控件是Android的人机交互接口，本章主要讲解构成Android界面的常用控件及常用布局。图4-1为简单的登录界面，图4-2为进行了布局优化的登录界面，图4-3是非常常用的ListView，图4-4为比较热门的RecycleView效果。学习本章内容后，可以直接构建本书综合项目的登录、注册、列表、详情等布局。

图4-1　简单登录界面

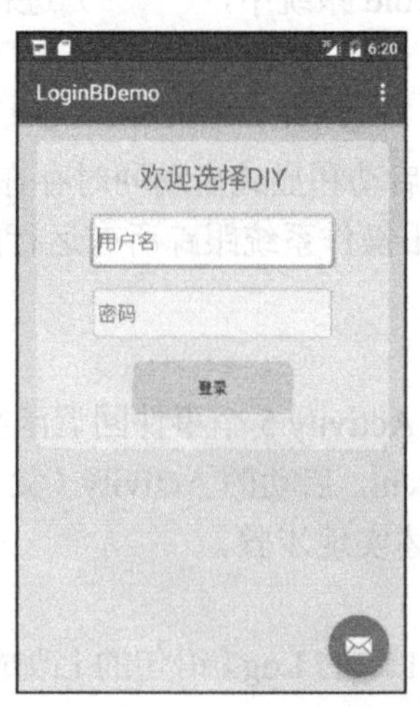

图4-2　登录布局优化

图 4-3　ListView

图 4-4　RecycleView 和 CardView

4.1　基础控件

在 Android 中，最常用的控件主要包括 TextView 控件、EditView 控件和 Button 控件。下面对其分别进行介绍。

4.1.1　TextView 控件

TextView 类继承自 View 类，TextView 控件的功能是向用户显示文本的内容，但不允许编辑，而其子类 EditText 允许用户进行编辑。

创建 TextView 控件最常用的方法就是在 Layout 文件中定义，下面的代码定义了一个文本内容为“欢迎选择 DIY”，宽度和高度都是内容的宽和高。

```
<TextView
    android:layout_width="wrap_content"
    android:layout_height="wrap_content"
    android:text="欢迎选择 DIY" />
```

TextView 常用属性见表 4-1。

表 4-1　TextView 常用属性

属性名称	描述
android:autoLink	设置当文本为 URL 链接/email/电话号码/map 时，文本显示是否为可单击的链接。可选值(none/web/email/phone/map/all)
android:autoText	如果设置，将自动执行输入值的拼写纠正。此处无效果，在显示输入法并输入时起作用
android:gravity	设置文本位置，若设置成“center”，文本将居中显示
android:linksClickable	设置链接是否单击链接，即使设置了 autoLink
android:maxLength	限制显示的文本长度，超出部分不显示
android:lines	设置文本的行数，设置两行就显示两行，即使第二行没有数据
android:maxLines	设置文本的最大显示行数，与 width 或 layout_width 结合使用，超出部分自动换行，超出行数将不显示

续表

属性名称	描述
android:minLines	设置文本的最小行数，与 lines 类似
android:lineSpacingExtra	设置行间距
android:lineSpacingMultiplier	设置行间距的倍数，如“1.2”
android:text	设置显示文本
android:textColor	设置文本颜色
android:textColorLink	文字链接的颜色
android:textSize	设置文字大小，推荐度量单位“sp”，如“15sp”
android:textStyle	设置字形[bold(粗体) 0, italic(斜体) 1, bolditalic(又粗又斜) 2]，可以设置一个或多个，用“|”隔开
android:height	设置文本区域的高度，支持度量单位：px(像素)/dp/sp/in/mm(毫米)
android:maxHeight	设置文本区域的最大高度
android:minHeight	设置文本区域的最小高度
android:width	设置文本区域的宽度，支持度量单位：px(像素)/dp/sp/in/mm(毫米)
android:maxWidth	设置文本区域的最大宽度
android:minWidth	设置文本区域的最小宽度

4.1.2 EditText 控件

EditText 和 TextView 的功能基本类似，它们之间的主要区别在于 EditText 提供了可编辑的文本框。比如，要实现一个登录界面，需要用户输入账号、密码等信息，然后获得用户输入的内容，把它交给服务器来判断。下面的代码定义了一个提示内容为“用户名”，id 为 username 的控件：

```
<EditText
    android:id="@+id/username"
    android:layout_width="match_parent"
    android:layout_height="wrap_content"
    android:hint="用户名"/>
```

EditText 的常用属性见表 4-2。

表 4-2 EditText 常用属性

属性名称	描述
android:editable	设置是否可编辑。仍然可以获取光标，但是无法输入
android:hint	Text 为空时显示的文字提示信息，可通过 textColorHint 设置提示信息的颜色
android:imeOptions	设置软键盘的 Enter 键。有如下值可设置：normal，actionUnspecified，actionNone，actionGo，actionSearch，actionSend，actionNext，actionDone，flagNoExtractUi，flagNoAccessoryAction，flagNoEnterAction。可用“|”设置多个。这里仅设置显示图标之用
android:imeActionId	设置 IME 动作 ID，在 onEditorAction 中捕获判断进行逻辑操作
android:imeActionLabel	设置 IME 动作标签。但是不能保证一定会使用，可能在输入法扩展时有用

续表

属性名称	描述
android:numeric	如果被设置，该 TextView 有一个数字输入法。有如下值设置：integer 正整数、signed 带符号整数、decimal 带小数点浮点数
android:password	以小点“.”显示文本
android:phoneNumber	设置为电话号码的输入方式
android:singleLine	设置单行显示。如果和 layout_width 一起使用，当文本不能全部显示时，后面用“…”来表示。如： android:text="test_ singleLine " android:singleLine="true" android:layout_width="20dp" 将只显示“t…”。如果不设置 singleLine 或者设置为 false，文本将自动换行

4.1.3 Button 控件及监听事件

Button 继承了 TextView。它的功能就是提供一个按钮，该按钮可以供用户单击，当用户对按钮进行操作时，触发相应事件。

所谓事件，就是用户与界面交互时所触发的操作，如鼠标的单击、双击、长按等。在 Android 中，这些事件都将被传送到用来专门处理事件的事件处理器。在 Java 程序中，实现与用户交互功能的控件都需要通过事件进行处理，需要指定控件所用的事件监听器。同理，Android 也需要设置事件监听器。

下面通过一个示例程序来处理 Button 的事件。

单击 Button，执行相关操作，如显示用户输入的用户名和密码，如图 4-5 所示。

图 4-5　loginButton 监听效果

在 Android 中需要设置 Button 的监听事件，首先在 Main Activty.Java 中添加三个控件变量。

```
private Button logindemo;
private EditText username;
private EditText password;
```

按钮的监听主要有 4 种方法。

（1）内部定义 1

在 loginButton 的 setOnClickLister 方法中直接定义事件，先使用 getText 方法获取用户名和密码，然后使用 Toast 进行消息的推送。

```
loginButton = (Button)findViewById(R.id.login_button);
usernameET = (EditText)findViewById(R.id.username);
passwordET = (EditText)findViewById(R.id.password);
loginButton.setOnClickListener(new Button.OnClickListener() {
    @Override
    public void onClick(View v) {
        String msg = "您输入的用户名是"+usernameET.getText()+",密码是"+passwordET.getText();
        Toast.makeText(LoginActivity.this,msg,Toast.LENGTH_SHORT).show();
```

```
    }
});
```

上面的示例中使用了 Toast 进行了信息的显示。Toast 是 Android 提供的“快显讯息”类，它的用途很多，使用起来非常简单。例如，当退出应用程序时，可以用它显示用户“需要更新”，或者在输入框中输入文本时，可以提示用户“最多输入 20 个字符”等。

Toast 中有两个关于 Toast 显示时间长短的常量，如表 4-3 所示。

表 4-3　Toast 常量

常量名称	含义
int　LENGTH_LONG	持续显示视图或文本提示较长时间，该时间长度可定制
int　LENGTH_SHORT	持续显示视图或文本提示较短时间，该时间长度可定制。该值为默认值

（2）内部定义 2

与第 1 种方式略有区别，在 loginButton 的 setOnClickLister 方法中使用 listener，而 listener 是在后面定义的 OnClickListener 类型的对象。

```
loginButton.setOnClickListener(listener);
Button.OnClickListener listener = new Button.OnClickListener(){//创建监听对象
    public void onClick(View v){
        String msg = "您输入的用户名是"+usernameET.getText()+",密码是"+passwordET.getText();
        Toast.makeText(LoginActivity.this,msg,Toast.LENGTH_SHORT).show();
    }
};
```

（3）接口方式

在类的声明中加入 implements View.OnClickListener，然后使用 loginButton.setOnClick Listener(this)进行监听，最后定义 onClick 方法进行监听事件的处理。此种方法适合 Activity 中有多个控件需要监听的情景，根据传入的 View 的 ID 进行不同控件事件的监听。

```
public class LoginActivity extends AppCompatActivity implements View.OnClickListener{}
loginButton.setOnClickListener(this);
public void onClick(View v){
    switch(v.getId()){
        case R.id.login_button:
        String msg = "您输入的用户名是"+usernameET.getText()+",密码是"+passwordET.getText();
        Toast.makeText(LoginActivity.this,msg,Toast.LENGTH_SHORT).show();
        break;
    }
}
```

（4）android:onClick

直接在按钮的布局代码中添加 onClick 属性，然后在 Activity 中定义相应方法即可。

```
<Button
    android:id="@+id/login_button"
    android:layout_width="wrap_content"
    android:layout_height="wrap_content"
    android:text="登录"
    android:onClick="onLoginClick"/>
```

```
public void onLoginClick(View v){
    String msg = "您输入的用户名是"+usernameET.getText()+",密码是"+passwordET.getText();
    Toast.makeText(LoginActivity.this,msg,Toast.LENGTH_SHORT).show();
}
```

4.1.4 登录实例

【例 4-1】 以登录界面为例，构建 LoginDemo 应用，效果如图 4-1 所示。

实现步骤如下：

（1）创建新项目：项目名称 LoginDemo，公司域名 neusoft.edu.cn，如图 4-6 所示。Activity 的配置如图 4-7 所示。

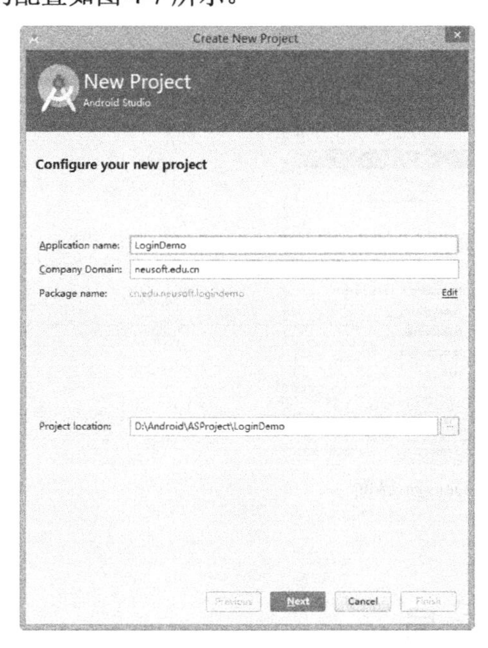

图 4-6　创建 LoginDemo

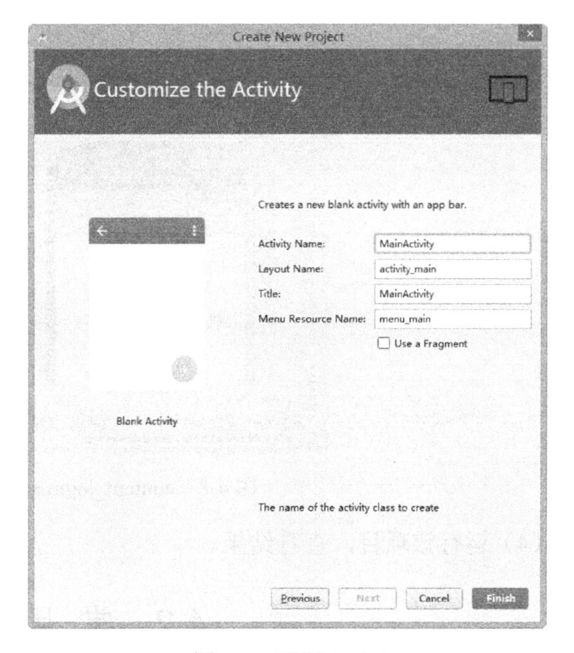

图 4-7　配置 Activity

（2）添加控件：在 content_login.xml 中添加用户名、密码和登录按钮，其中用户名和密码使用 EditText 控件，登录按钮使用 Button 控件，布局代码如下：

```
<TextView
    android:layout_width="wrap_content"
    android:layout_height="wrap_content"
    android:text="欢迎选择 DIY" />
<EditText
    android:id="@+id/username"
    android:layout_width="match_parent"
    android:layout_height="wrap_content"
    android:hint="用户名"/>
<EditText
    android:id="@+id/password"
    android:layout_width="match_parent"
    android:layout_height="wrap_content"
```

```
        android:hint="密码"
        android:password="true"/>
    <Button
        android:id="@+id/login_button"
        android:layout_width="wrap_content"
        android:layout_height="wrap_content"
        android:text="登录" />
```

（3）Design 界面：单击“Design”选项卡，界面如图 4-8 所示。

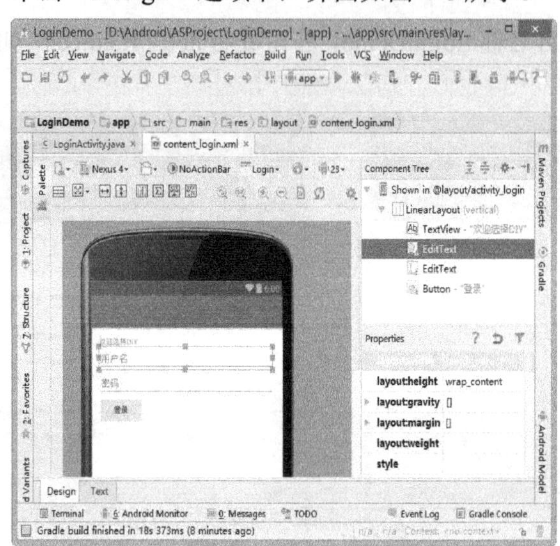

图 4-8　content_login.xml 的 Design 界面

（4）运行该项目，查看结果。

4.2　常 用 布 局

4.2.1　线性布局

线性布局是最常用的布局方式。有 4 个极其重要的参数，直接决定元素的布局和位置，这 4 个参数分别是：

android:layout_gravity：是本元素相对于父元素的重力方向。

android:gravity：是本元素所有子元素的重力方向。

android:orientation：线性布局以列或行来显示内部子元素。

android:layout_weight：线性布局内子元素对未占用空间水平或垂直分配权重值，其值越大，权重越大。前提是子元素设置了 android:layout_width = "0dp" 属性（水平方向），或 android:layout_height = "0dp" 属性（垂直方向）。

【说明】 如果某个子元素的 android:layout_width = "wrap_content"（水平方向），或 android:layout_height =" wrap_content”（垂直方向），则 android:layout_weight 的设置值对该方向上空间的分配刚好相反。

【例 4-2】 下面创建一个 LinearLayoutDemo 项目介绍线性布局及 android:layout_weight 属性的使用。

新建项目 LinearLayoutDemo，在对应的布局文件中完成以下操作。

1．垂直布局

添加 3 个 TextView，设置第 2 个 TextView 的 layout_weight 为 1，这样第 2 个 TextView 就占满了剩余的全部空间，如图 4-9（a）所示。

```
<TextView
    android:layout_width="wrap_content"
    android:layout_height="wrap_content"
    android:text="Hello World!" />
<TextView
    android:layout_width="wrap_content"
    android:layout_height="wrap_content"
    android:text="Hello China!"
    android:layout_weight="1"/>
<TextView
    android:layout_width="wrap_content"
    android:layout_height="wrap_content"
    android:text="Hello Neusoft!" />
```

如果设置第 1 个和第 2 个 TextView 的 layout_weight 各为 1，则这两个控件均分剩余的空间，如图 4-9（b）所示。

2．水平布局

水平方向布局需要设置 android:orientation 为 Horizontal，效果如图 4-10 所示。

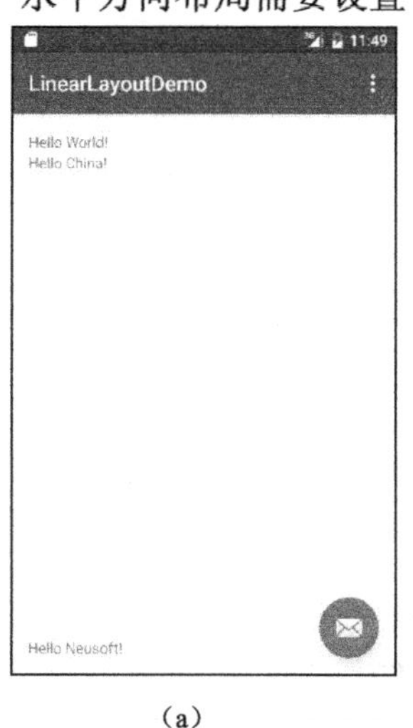

（a）

（b）

图 4-9　垂直布局

图 4-10　水平布局

首先设置 android:orientation="Horizontal"。为实现在不同分辨率的设备上控件的适配，可以配合使用 android:layout_weight。本例中，登录按钮放在最右侧，用户名和密码控件分别占用剩下的空间的一半，分别设置 android:layout_weight="1"。布局代码如下：

```
<LinearLayout
    android:layout_width="match_parent"
    android:layout_height="wrap_content"
    android:orientation="Horizontal">
```

```
    <EditText
        android:layout_width="0dp"
        android:layout_height="wrap_content"
        android:layout_weight="1"
        android:hint="用户名"/>
    <EditText
        android:layout_width="0dp"
        android:layout_height="wrap_content"
        android:layout_weight="1"
        android:hint="密码"/>
    <Button
        android:layout_width="wrap_content"
        android:layout_height="wrap_content"
        android:text="登录"/>
</LinearLayout>
```

3．嵌套布局

在实现布局时，相同的效果可以使用不同的布局实现。如垂直布局里可以再嵌套水平布局，或水平布局里嵌套线性布局。在后续部分介绍的其他布局都可以嵌套使用。

【例 4-3】 下面通过向 LoginDemo 中添加一个注册按钮，介绍嵌套布局的使用，效果如图 4-11 所示，布局结构如图 4-12 所示。

图 4-11　嵌套布局

图 4-12　嵌套布局结构图

实现步骤如下：

（1）在 LoginDemo 项目中将登录按钮注释。

（2）在密码控件后面添加 LinearLayout 布局。

（3）在（2）中添加的 LinearLayout 中添加登录和注册控件，分别设置 android:layout_weight="1" 和 android:layout_width="0dp"。

完整代码如下：

```
<?xml version="1.0" encoding="utf-8"?>
```

```
<LinearLayout xmlns:android="http://schemas.android.com/apk/res/android"
    xmlns:app="http://schemas.android.com/apk/res-auto"
    xmlns:tools="http://schemas.android.com/tools"
    android:layout_width="match_parent"
    android:layout_height="match_parent"
    android:paddingBottom="@dimen/activity_vertical_margin"
    android:paddingLeft="@dimen/activity_horizontal_margin"
    android:paddingRight="@dimen/activity_horizontal_margin"
    android:paddingTop="@dimen/activity_vertical_margin"
    android:orientation="vertical"
    app:layout_behavior="@string/appbar_scrolling_view_behavior"
    tools:context="cn.edu.neusoft.logindemo.LoginActivity"
    tools:showIn="@layout/activity_login">
    <TextView
        android:layout_width="wrap_content"
        android:layout_height="wrap_content"
        android:text="欢迎选择 DIY" />
    <EditText
        android:id="@+id/username"
        android:layout_width="match_parent"
        android:layout_height="wrap_content"
        android:hint="用户名"/>
    <EditText
        android:id="@+id/password"
        android:layout_width="match_parent"
        android:layout_height="wrap_content"
        android:hint="密码"
        android:password="true"/>
    <!--<Button
        android:id="@+id/login_button"
        android:layout_width="wrap_content"
        android:layout_height="wrap_content"
        android:text="登录" />-->
    <LinearLayout
        android:layout_width="match_parent"
        android:layout_height="wrap_content">
        <Button
            android:id="@+id/login_button"
            android:layout_width="0dp"
            android:layout_height="wrap_content"
            android:layout_weight="1"
            android:text="登录" />
        <Button
            android:id="@+id/signup_button"
```

```
            android:layout_width="0dp"
            android:layout_height="wrap_content"
            android:layout_weight="1"
            android:text="注册" />
    </LinearLayout>
</LinearLayout>
```

（4）运行该项目，查看结果。

4.2.2 相对布局

Android 布局中除了线性布局，相对布局也是一种非常常用的布局方式。相对布局（RelativeLayout）是一种非常灵活的布局方式，能够通过指定界面元素与其他元素的相对位置关系，确定界面中所有元素的布局位置。

相对布局能够最大程度地保证在各种屏幕类型的手机上正确显示界面布局，比较灵活，但掌握起来略显复杂。

下面介绍相对布局常用属性。这里将这些属性分成 4 个组，便于理解和记忆。

（1）设置控件与控件之间的关系和位置（见表 4-4）

表 4-4 控件与控件之间的关系和位置的属性

属性名称	描述
android:layout_above	将该控件放在给定 ID 控件的上面
android:layout_below	将该控件放在给定 ID 控件的下面
android:layout_toLeftOf	将该控件放在给定 ID 控件的左边
android:layout_toRightOf	将该控件放在给定 ID 控件的右边

（2）设置控件与控件之间对齐的方式（是顶部、底部还是左、右对齐）（见表 4-5）

表 4-5 控件与控件之间的对齐属性

属性名称	描述
android:layout_alignBaseline	将该控件的 baseline 与给定 ID 控件的 baseline 对齐
android:layout_alignTop	将该控件的顶部与给定 ID 控件的顶部对齐
android:layout_alignBottom	将该控件的底部与给定 ID 控件的底部对齐
android:layout_alignLeft	将该控件的左边边缘与给定 ID 控件的左边边缘对齐
android:layout_alignRight	将该控件的右边边缘与给定 ID 控件的右边边缘对齐

（3）设置控件与父控件之间对齐的方式（是顶部、底部还是左、右对齐）（见表 4-6）

表 4-6 控件与父控件之间对齐的属性

属性名称	描述
android:layout_alignParentTop	将该控件的顶部与父控件的顶部对齐
android:layout_alignParentBottom	将该控件的底部与父控件的底部对齐
android:layout_alignParentLeft	将该控件的左边边缘与父控件的左边边缘对齐
android:layout_alignParentRight	将该控件的右边边缘与父控件的右边边缘对齐

（4）设置控件的方向（见表 4-7）

表 4-7　控件方向属性

属性名称	描述
android:layout_centerHorizontal	将该控件位于水平方向的中央
android:layout_centerVertical	将该控件位于垂直方向的中央
android:layout_centerInParent	将该控件位于父控件水平和垂直方向的中央

可以通过组合这些属性来实现各种各样的布局。

【例 4-4】 下面创建一个 LoginRDemo 项目介绍相对布局的使用，实现与图 4-10 相同的登录效果。

实现步骤如下：

（1）创建项目 LoginRDemo。

（2）修改布局文件代码：

首先添加 Button，设置 android:layout_alignParentRight="true"属性，将登录按钮放到最右侧，同时设置 android:id 属性。

然后增加密码控件，设置 id、layout_width 和 layout_marginRight 等属性，同时设置 android:layout_toLeftOf="@+id/u_login"将该控件放置到登录按钮的左侧，右边距为 10dp。

用同样的方法添加用户名控件。具体布局代码如下：

```
<Button
    android:layout_width="wrap_content"
    android:layout_height="wrap_content"
    android:layout_alignParentRight="true"
    android:id="@+id/u_login"
    android:text="登录"/>
<EditText
    android:layout_width="150dp"
    android:layout_height="wrap_content"
    android:id="@+id/u_password"
    android:layout_toLeftOf="@+id/u_login"
    android:layout_marginRight="10dp"
    android:hint="密码"/>
<EditText
    android:layout_width="150dp"
    android:layout_height="wrap_content"
    android:id="@+id/u_name"
    android:layout_toLeftOf="@+id/u_password"
    android:layout_marginRight="10dp"
    android:hint="用户名"/>
```

（3）运行该项目，查看结果。

【案例延伸】 其实对于同一效果，可以有多种实现方式。本例中使用相对布局实现了线性布局相同的效果，请读者使用相对布局实现例 4-3 的效果。

4.2.3 其他布局

除了线性布局和相对布局，常用布局还包括框架布局、表格布局、绝对布局、网格布局等。

1．框架布局

FrameLayout 布局，可以理解为：一块在屏幕上提前预定好的空白区域，可以将一些元素填充在里面，如图片。所有元素都被放置在 FrameLayout 区域的最左上区域，而且无法为这些元素指定一个确切的位置。若有多个元素，那么后面的元素会重叠显示在前一个元素上。

2．表格布局

TableLayout 是指将子元素的位置分配到行或列中。Android 的一个 TableLayout 由许多 TableRow 组成，每一个 TableRow 都会定义一个 Row。TableLayout 容器不会显示 Row，Column 及 Cell 的边框线，每个 Row 拥有 0 个或多个 Cell，每个 Cell 拥有一个 View 对象。

在使用表格布局时，应注意每一个 Cell 的宽度。

3．绝对布局

AbsoluteLayout 又可称作坐标布局，可以直接指定子元素的绝对位置。这种布局简单直接，直观性强，但是由于手机屏幕尺寸差别比较大，使用绝对布局的适应性会比较差。

4．网格布局

GridLayout 使用虚细线将布局划分为行、列和单元格，也支持一个控件在行、列上都有交错排列。而 GridLayout 使用的其实是与 LinearLayout 类似的 API，只是修改了相关的标签，所以对于开发者来说，掌握 GridLayout 还是很容易的事情。GridLayout 的布局策略简单分为以下 3 个部分。

① 它与 LinearLayout 布局一样，也分为水平和垂直两种方式，默认是水平布局，一个控件挨着一个控件从左到右依次排列，但是通过指定 android:columnCount 设置列数的属性后，控件会自动换行进行排列。另一方面，对于 GridLayout 布局中的子控件，默认按照 wrap_content 的方式设置其显示，这只需要在 GridLayout 布局中显式声明即可。

② 若要指定某控件显示在固定的行或列，只需设置该子控件的 android:layout_row 和 android:layout_column 属性即可，但是需要注意：android:layout_row="0"表示从第一行开始，android:layout_column="0"表示从第一列开始，这与编程语言中一维数组的赋值情况类似。

③ 如果需要设置某控件跨越多行或多列，只需将该子控件的 android:layout_rowSpan 或 layout_columnSpan 属性设置为数值，再设置其 layout_gravity 属性为 fill 即可，前一个设置表明该控件跨越的行数或列数，后一个设置表明该控件填满所跨越的整行或整列。

以上常用布局都可以使用布局面板 Layouts 的布局控件进行操作，如图 4-13 所示。读者可以自行尝试各种布局效果和属性的使用。

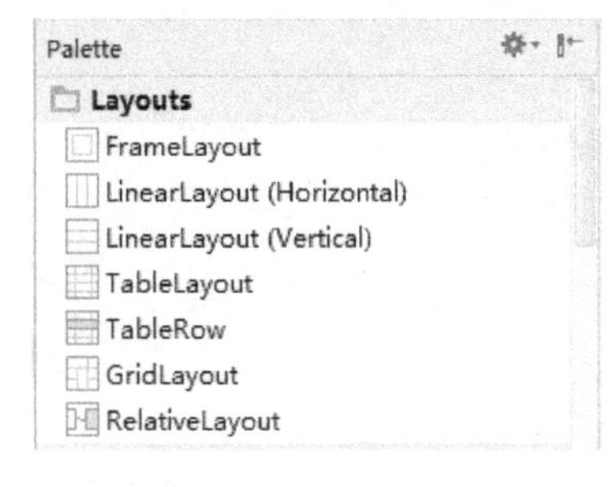

图 4-13 布局面板

4.3 常用控件

除了 TextView、EditText 和 Button，比较常用的控件还包括单选按钮、下拉列表和复选框等。

4.3.1 RadioGroup 和 RadioButton

RadioButton 指的是一个单选按钮，它有选中和不选中两种状态，而 RadioGroup 组件则被称为单项按钮组，它将多个 RadioButton 整合为一组，从而保证每次只能选择一个 RadioButton，实现互斥。也就是说，一个单选按钮组只可以勾选一个按钮，当选择一个按钮时，会取消按钮组中其他已经勾选的按钮的选中状态。

RadioButton 使用到的常用方法见表 4-8。

表 4-8　RadioButton 常用方法

方法	功能描述	返回值
toggle()	将单选按钮更改为与当前选中状态相反的状态，如果这个单选按钮已经选中，这个方法将不切换单选按钮	void

RadioGroup 中使用到的常用方法见表 4-9。

表 4-9　RadioGroup 常用方法

方法	功能描述	返回值
addView	使用指定的布局参数添加一个子视图	void
check	如果传递-1 作为指定的选择标识符来清除单选按钮组的勾选状态，相当于调用 clearCheck()操作	void
clearCheck	清除当前的选择状态，当选择状态被清除，则单选按钮组里面的所有单选按钮将取消勾选状态，getCheckedRadioButtonId()将返回 null	void
getCheckedRadioButtonId	返回该单选按钮组中所选择的单选按钮的标识ID，如果没有勾选则返回-1	返回该单选按钮组中所选择的单选按钮的标识 ID
setOnCheckedChangeListener	注册一个当该单选按钮组中的单选按钮勾选状态发生改变时所要调用的回调函数	void
setOnHierarchyChangeListener	注册一个当子内容添加到该视图或者从该视图中移除时所要调用的回调函数	void

4.3.2 Checkbox 控件

多项选择 CheckBox 组件也被称为复选框，该组件常用于某选项的打开或者关闭。与单选按钮的区别在于它可以让用户进行多项选择。这里需要注意，既然用户可以选择多项，为了确定用户是否选择了选项，需要对每个选项进行监听。

常用方法见表 4-10。

表 4-10　Checkbox 常用方法

方法	功能描述	返回值
isChecked	判断组件状态是否勾选	boolean（true：被勾选；false：未被勾选）
onRestoreInstanceState	设置视图恢复以前的状态	void
performClick	执行 Click 动作，该动作会触发事件监听器	boolean（true：调用事件监听器；false：没有调用事件监听器）
setButtonDrawable	根据 Drawable 对象设置组件的背景	void
setChecked	设置组件的状态	void

续表

方法	功能描述	返回值
setOnCheckedChangeListener	设置事件监听器	void
tooggle	改变按钮当前的状态	void
onCreateDrawableState	获取文本框为空时文本框里面的内容	CharSequence
onCreateDrawableState	为当前视图生成新的 Drawable 状态	int[]

4.3.3 ImageButton 控件

除了使用 Button 按钮外，还可以使用带图标的按钮——ImageButton 组件。要使用 ImageButton，首先在布局文件中定义 ImageButton，然后通过 src 属性，设置要显示的图片。下面是 ImageButton 的示例代码：

```
<ImageButton
    android:id="@+id/button1"
    android:layout_width="wrap_content"
    android:layout_height="wrap_content"
    android:src="@drawable/p1"   //使用自己的图片
/>
<ImageButton
    android:id="@+id/button2"
    android:layout_width="wrap_content"
    android:layout_height="wrap_content"
    android:src="@android:drawable/sym_call_incoming " //使用系统自带的图片
/>
```

常用属性见表 4-11。

表 4-11　ImageButton 常用属性

属性	描述
Android:adjustViewBounds	设置是否保持宽高比，true 或 false
Android:cropToPadding	是否截取指定区域用空白代替。单独设置无效果，需要与 scrollY 一起使用。true 或者 false
Android:maxHeight	设置图片按钮的最大高度
Android:maxWidth	设置图片的最大宽度
Android:scaleType	设置图片的填充方式
Android:src	设置图片按钮的 Drawable
Android:tint	设置图片为渲染颜色

ImageButton 的事件监听与 Button 类似，这里不再举例。

4.3.4 ImageView 控件

ImageView 显示任意图像，例如图标。ImageView 类可以加载各种来源的图片（如资源或图片库），需要计算图像的尺寸，比便它可以在其他布局中使用，并提供如缩放和着色（渲染）等各种显示选项。

常用属性见表 4-12。

表 4-12　ImageView 常用属性

属性名称	描述
android:adjustViewBounds	设置该属性为 true，可以在 ImageView 调整边界时保持图片的纵横比例（需要与 maxWidth、maxHeight 一起使用，否则单独使用没有效果）
android:baseline	视图内基线的偏移量
android:baselineAlignBottom	如果为 true，图像视图将基线与父控件底部边缘对齐
android:maxHeight	为视图提供最大高度的可选参数（注：单独使用无效，需要与 setAdjustViewBounds 一起使用。如果想设置图片固定大小，又想保持图片宽高比，需要如下设置： ① 设置 setAdjustViewBounds 为 true； ② 设置 maxWidth、maxHeight； ③ 设置 layout_width 和 layout_height 为 wrap_content。）
android:maxWidth	为视图提供最大宽度的可选参数
android:src	设置可绘制对象作为 ImageView 显示的内容

4.3.5　Spinner 控件

Spinner 功能类似 RadioGroup，相比 RadioGroup，Spinner 提供了体验性更强的 UI 设计模式。一个 Spinner 对象包含多个子项，每个子项只有两种状态：选中或未被选中。

可以使用 SetPromp 方法设置 android:prompt 属性，也就是对话框的标题。该提示在下拉列表对话框显示时显示。

例如：SetPrompt("请选择颜色")。

4.3.6　注册实例

【例 4-5】 注册几乎是每个 Android 应用都包含的功能，本案例（Signup 实例）的注册内容比较广泛，包括用户名、密码、性别、学历、爱好等系统关心的各项信息。综合使用了上面所述的 6 种控件，使用相对布局，如图 4-14 所示，布局结构图如图 4-15 所示。

图 4-14　注册效果图

图 4-15　注册布局结构图

实现步骤如下：

（1）创建新项目：项目名称 Signup。

（2）添加用户名和密码：首先放置标题、用户名、密码和确认密码，其中标题居中显示。这里都使用了 android:layout_below 属性。

```
<TextView
    android:id="@+id/signup_msg"
    android:layout_width="wrap_content"
    android:layout_height="wrap_content"
    android:text="注册"
    android:textSize="25sp"
    android:layout_margin="25dp"
    android:layout_centerHorizontal="true" />
<EditText
    android:id="@+id/username_msg"
    android:layout_width="match_parent"
    android:layout_height="wrap_content"
    android:layout_below="@+id/signup_msg"
    android:singleLine="true"
    android:hint="用户名"/>
<EditText
    android:id="@+id/pwd_msg"
    android:layout_width="match_parent"
    android:layout_height="wrap_content"
    android:layout_below="@+id/username_msg"
    android:hint="密码"/>
<EditText
    android:id="@+id/rpwd_msg"
    android:layout_width="match_parent"
    android:layout_height="wrap_content"
    android:layout_below="@+id/pwd_msg"
    android:hint="确认密码"/>
```

（3）添加性别控件：使用一个 TextView 显示提示文字“性别”，使用 RadioGroup 包含两个 RadioButton 控件。其中，RadioGroup 使用了两个属性：android:layout_below="@+id/rpwd_msg"和 android:layout_toRightOf="@+id/sex_msg"，表示 RadioGroup 在确认密码的下方，提示文字的右侧。

```
<TextView
    android:id="@+id/sex_msg"
    android:layout_width="wrap_content"
    android:layout_height="wrap_content"
    android:layout_below="@+id/rpwd_msg"
    android:layout_marginTop="8dp"
    android:text="性别"/>
<RadioGroup
    android:id="@+id/rg_sex"
```

```
    android:layout_width="match_parent"
    android:layout_height="wrap_content"
    android:layout_below="@+id/rpwd_msg"
    android:layout_toRightOf="@+id/sex_msg"
    android:orientation="horizontal">
    <RadioButton
        android:id="@+id/sex_male"
        android:layout_width="wrap_content"
        android:layout_height="wrap_content"
        android:text="男"
        android:checked="true"/>
    <RadioButton
        android:id="@+id/sex_female"
        android:layout_width="wrap_content"
        android:layout_height="wrap_content"
        android:text="女"/>
</RadioGroup>
```

（4）添加学历：关于学历，使用了 Spinner 控件，相当于 html 中的 select 下拉列表。Spinner 绑定的数据源可以在 XML 中指定。

在 string.xml 中使用 string-array 构建数组，使用 item 添加数组元素：

```
<string name = "academic_prompt">请选择学历</string>
<string-array name = "academic" >
    <item>博士</item>
    <item>硕士</item>
    <item>大学</item>
    <item>高中</item>
</string-array>
```

然后在布局文件中，插入 Spinner，使用 spinnerMode 指定为 dialog 对话框，还可以指定为 dropdown 下拉列表。使用 Spinner 的 prompt 和 enties，分别指定对话框的标题和列表。

```
<TextView
    android:id="@+id/academic_text"
    android:layout_width="wrap_content"
    android:layout_height="wrap_content"
    android:text="学历"
    android:layout_below="@+id/rg_sex"
    android:layout_marginTop="10dp"/>
<Spinner
    android:id="@+id/academic_msg"
    android:layout_width="match_parent"
    android:layout_height="wrap_content"
    android:prompt="@string/academic_prompt"
    android:entries="@array/academic"
    android:spinnerMode="dialog"
    android:layout_below="@+id/rg_sex"
```

```
        android:layout_toRightOf="@+id/academic_text"
        android:layout_toEndOf="@+id/academic_text"
        android:fadeScrollbars="true"
        android:scrollIndicators="right">
</Spinner>
```

（5）添加爱好：爱好使用 Checkbox 控件。先用 LinearLayout 线性布局，再添加几个 Checkbox 控件。这里相对布局只需要设置 LinearLayout 的 layout_below 属性即可。

```
<LinearLayout
    android:id="@+id/hobby_msg"
    android:layout_below="@+id/academic_msg"
    android:layout_width="match_parent"
    android:layout_height="wrap_content">
    <TextView
        android:layout_width="wrap_content"
        android:layout_height="wrap_content"
        android:text="爱好"/>
    <CheckBox
        android:id="@+id/hobby_swim"
        android:layout_width="wrap_content"
        android:layout_height="wrap_content"
        android:text="游泳"/>
    <CheckBox
        android:id="@+id/hobby_music"
        android:layout_width="wrap_content"
        android:layout_height="wrap_content"
        android:text="音乐"/>
    <CheckBox
        android:id="@+id/hobby_book"
        android:layout_width="wrap_content"
        android:layout_height="wrap_content"
        android:text="读书"/>
</LinearLayout>
```

（6）添加注册按钮：使用 layout_below 属性，添加 onClick 单击事件。

```
<Button
    android:layout_width="wrap_content"
    android:layout_height="wrap_content"
    android:layout_below="@+id/hobby_msg"
    android:layout_centerHorizontal="true"
    android:text="注册"
    android:onClick="onRegClick"/>
```

（7）添加事件：其他控件的获取比较简单，这里给出 Spinner 的获取方式。

首先在 onCreate 中使用 findViewById 获取 Spinner。

```
spinner = (Spinner)findViewById(R.id.academic_msg);
```

然后直接在 onRegClick 中使用 Toast 输出。

```java
public void onRegClick(View v){
    Toast.makeText(this,spinner.getSelectedItem().toString(),Toast.LENGTH_SHORT).show();
}
```

MainActivity.Java 的完整代码如下：

```java
public class MainActivity extends AppCompatActivity {
    private Button regButton;
    private Spinner spinner;
    @Override
    protected void onCreate(Bundle savedInstanceState) {
        super.onCreate(savedInstanceState);
        setContentView(R.layout.activity_main);
        Toolbar toolbar = (Toolbar) findViewById(R.id.toolbar);
        setSupportActionBar(toolbar);
        FloatingActionButton fab = (FloatingActionButton) findViewById(R.id.fab);
        fab.setOnClickListener(new View.OnClickListener() {
            @Override
            public void onClick(View view) {
                Snackbar.make(view, "Replace with your own action", Snackbar.LENGTH_LONG)
                        .setAction("Action", null).show();
            }
        });
        spinner = (Spinner)findViewById(R.id.academic_msg);
    }
    public void onRegClick(View v){
        Toast.makeText(this,spinner.getSelectedItem().toString(),Toast.LENGTH_SHORT).show();
    }
    @Override
    public boolean onCreateOptionsMenu(Menu menu) {
        // Inflate the menu; this adds items to the action bar if it is present.
        getMenuInflater().inflate(R.menu.menu_main, menu);
        return true;
    }
    @Override
    public boolean onOptionsItemSelected(MenuItem item) {
        int id = item.getItemId();
        if (id == R.id.action_settings) {
            return true;
        }
        return super.onOptionsItemSelected(item);
    }
}
```

（8）运行该项目，查看结果。

4.4 控件和布局优化

4.4.1 Shape

在 Android 程序开发中，经常会用到 Shape 定义各种各样的形状，下面首先介绍 Shape 的标签的含义。

（1）solid：填充

android:color 指定填充的颜色。

（2）gradient：渐变

android:startColor 和 android:endColor 分别为起始和结束颜色，android:angle 是渐变角度，必须为 45 的整数倍。另外，渐变默认的模式为 android:type="linear"，即线性渐变，可以指定渐变为径向渐变，android:type="radial"，径向渐变需要指定半径 android:gradientRadius="50"。

（3）stroke：描边

```
android:width="2dp" 描边的宽度，android:color 描边的颜色。
```

这里还可以把描边弄成虚线的形式，设置方式为：

```
android:dashWidth="5dp"
android:dashGap="3dp"
```

其中，android:dashWidth 表示虚线中一条横线的宽度，android:dashGap 表示虚线中横线的间隔距离。

（4）corners：圆角

android:radius 为角的弧度，值越大角越圆。

可以把 4 个角设定成不同的角度，如果同时设置 5 个属性，则 radius 属性无效。

```
android:Radius="20dp"                设置四个角的半径
android:topLeftRadius="20dp"         设置左上角的半径
android:topRightRadius="20dp"        设置右上角的半径
android:bottomLeftRadius="20dp"      设置左下角的半径
android:bottomRightRadius="20dp"     设置右下角的半径
```

（5）padding：间隔

可以设置上、下、左、右 4 个方向的间隔。

4.4.2 Selector

Android 开发中经常需要改变原来控件的背景，比如：用户在单击按钮时，背景效果就改变。这种技术就是采用 Selector 实现的。实现步骤如下：

（1）首先 Android 的 Selector 是在 drawable/XXX.xml 中配置的。下面来完成 XXX.xml 的内容。以 Button 为例，关键状态属性见表 4-13。

表 4-13　关键状态属性

属性	含义
android:state_selected	选中
android:state_focused	获得焦点
android:state_pressed	单击
android:state_enabled	设置是否响应事件，指所有事件

根据上述状态可以设置 Button 的 Selector 效果，也可以设置 Selector 改变 Button 中的文字状态等。

以下就是配置 Button 中的文字效果：

drawable/button_font.xml

```
<?xml version="1.0" encoding="utf-8"?>
    <selector xmlns:Android="http://schemas.Android.com/apk/res/Android">
        <item android:state_selected="true" android:color="#FFF" />
        <item android:state_focused="true" android:color="#FFF" />
        <item android:state_pressed="true" android:color="#FFF" />
        <item android:color="#000" />
    </selector>
```

Button 还可以实现更复杂的效果，例如渐变等。

drawable/button_color.xml

```
<?xml version="1.0" encoding="utf-8"?>
    <selector xmlns:Android="http://schemas.Android.com/apk/res/Android">
        <item android:state_pressed="true">
        <!--定义当 button  处于 pressed  状态时的形态。-->
            <shape>
                <gradient android:startColor="#8600ff" />
                <stroke android:width="2dp" android:color="#000000" />
                <corners android:radius="5dp" />
                <padding android:left="10dp" android:top="10dp"
                android:bottom="10dp" android:right="10dp" />
            </shape>
        </item>
        <item android:state_focused="true">
        <!--  定义当 button 获得 focus 时的形态-->
            <shape>
                <gradient android:startColor="#eac100" />
                <stroke android:width="2dp" android:color="#333333" color="#ffffff" />
                <corners android:radius="8dp" />
                <padding android:left="10dp" android:top="10dp"
                android:bottom="10dp" android:right="10dp" />
            </shape>
        </item>
    </selector>
```

（2）随后，需要在包含 Button 的 xml 文件里添加两项。假如是 main.xml文件，需要在<Button />里加两项：

```
android:focusable="true"
android:backgroud="@drawable/button_color"
```

这样当使用 Button 时就可以甩掉系统自带的黄颜色的背景，从而实现个性化的背景，配合应用的整体布局很实用。

4.4.3 登录布局和背景优化

【例 4-6】 下面使用 Shape 和 Selector 优化登录布局，效果图如图 4-16 所示。

从效果图中可以看出主要有以下变化：

- 整体上有个渐变的背景；
- 整个登录框增加了圆角背景；
- 登录按钮有了背景，并且单击后的状态发生了变化；
- 用户名和密码框有了图片背景，并且单击后的状态发生了变化。

下面就从这 4 个方面优化登录的布局和背景。

实现步骤如下：

（1）创建新项目：项目名称 LoginBDemo，相关设置参照例 4-1。

（2）渐变背景

首先在 Layout/content_main.xml 布局文件的 LinearLayout 中增加 background 属性：android:background="@drawable/background_login"。

然后在 drawable 下新建资源文件 background_login.xml，如图 4-17 所示。

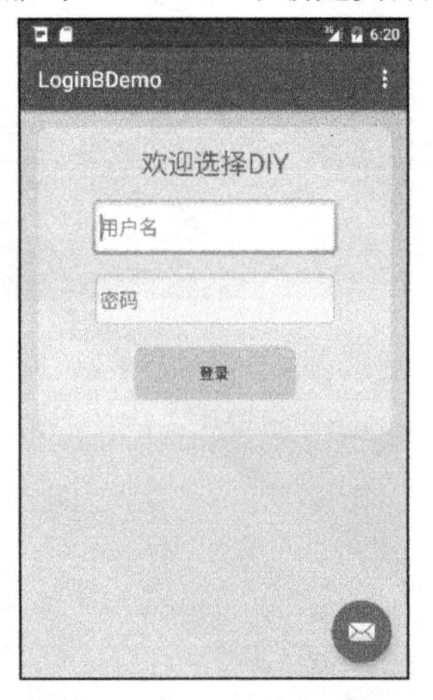

图 4-16 登录布局优化效果

图 4-17 background_login 资源文件

添加渐变，代码如下：

```
<?xml version="1.0" encoding="utf-8"?>
    <shape xmlns:Android="http://schemas.Android.com/apk/res/Android" >
        <gradient
            android:angle="45"
            android:endColor="#FF72CAE1"
            android:startColor="#FFACDAE5" />
    </shape>
```

（3）圆角布局背景

首先在各控件的外面插入一个 LinearLayout，设置 android:background 属性，代码如下：

```
<LinearLayout
    android:layout_width="match_parent"
    android:layout_height="wrap_content"
```

```
    android:paddingBottom="30dp"
    android:orientation="vertical"
    android:background="@drawable/background_login_div">
```

然后在 drawable 下新建资源文件 background_login_div.xml，如图 4-18 所示。

图 4-18　background_login_div 资源文件

添加 corners，主要设置 bottomLeftRadius、bottomRightRadius、topLeftRadius 和 topRight Radius 属性，代码如下：

```
<?xml version="1.0" encoding="utf-8"?>
    <shape xmlns:Android="http://schemas.Android.com/apk/res/Android" >
        <solid android:color="#55FFFFFF" />
        <corners
            android:bottomLeftRadius="10dp"
            android:bottomRightRadius="10dp"
            android:topLeftRadius="10dp"
            android:topRightRadius="10dp" />
    </shape>
```

（4）Button 背景

首先修改登录按钮属性，添加 background，代码如下：

```
<Button
    android:id="@+id/login_button"
    android:layout_width="150dp"
    android:layout_height="wrap_content"
    android:layout_gravity="center_horizontal"
    android:layout_marginTop="18dp"
    android:text="登录"
    android:background="@drawable/background_button_div"/>
```

然后在 drawable 下新建资源文件 background_button_div.xml：

```
<?xml version="1.0" encoding="utf-8"?>
    <shape xmlns:Android="http://schemas.Android.com/apk/res/Android" >
```

```
        <solid android:color="#FF72CAE1" />
        <corners
            android:bottomLeftRadius="10dp"
            android:bottomRightRadius="10dp"
            android:topLeftRadius="10dp"
            android:topRightRadius="10dp" />
    </shape>
```

（5）EditText 背景

首先修改用户名和密码 EditText 的属性：

```
<EditText
    android:id="@+id/username"
    android:layout_width="match_parent"
    android:layout_height="50dp"
    android:layout_marginLeft="50dp"
    android:layout_marginRight="50dp"
    android:layout_marginTop="15dp"
    android:singleLine="true"
    android:background="@drawable/edit_login"
    android:hint="用户名"/>
```

然后在 drawable 下新建资源文件 edit_login.xml：

```
<?xml version="1.0" encoding="UTF-8"?>
    <selector
        xmlns:Android="http://schemas.Android.com/apk/res/Android">
        <item android:state_enabled="false" android:drawable="@drawable/login_input" />
        <item android:state_pressed="true" android:drawable="@drawable/login_input" />
        <item android:state_focused="true" android:drawable="@drawable/input_over" />
    </selector>
```

其中，login_input 和 input_over 是两张 png 图片。

（6）Login 完整布局

```
<?xml version="1.0" encoding="utf-8"?>
<LinearLayout xmlns:Android="http://schemas.Android.com/apk/res/Android"
    xmlns:app="http://schemas.Android.com/apk/res-auto"
    xmlns:tools="http://schemas.Android.com/tools"
    android:layout_width="match_parent"
    android:layout_height="match_parent"
    android:paddingBottom="@dimen/activity_vertical_margin"
    android:paddingLeft="@dimen/activity_horizontal_margin"
    android:paddingRight="@dimen/activity_horizontal_margin"
    android:paddingTop="@dimen/activity_vertical_margin"
    android:orientation="vertical"
    android:background="@drawable/background_login"
    app:layout_behavior="@string/appbar_scrolling_view_behavior"
    tools:context="cn.edu.neusoft.logindemo.LoginActivity"
    tools:showIn="@layout/activity_login">
```

```xml
<LinearLayout
        android:layout_width="match_parent"
        android:layout_height="wrap_content"
        android:paddingBottom="30dp"
        android:orientation="vertical"
        android:background="@drawable/background_login_div">
        <TextView
            android:layout_width="wrap_content"
            android:layout_height="wrap_content"
            android:text="欢迎选择 DIY"
            android:layout_gravity="center_horizontal"
            android:layout_marginTop="15dp"
            android:textSize="25dp"/>
        <EditText
            android:id="@+id/username"
            android:layout_width="match_parent"
            android:layout_height="50dp"
            android:layout_marginLeft="50dp"
            android:layout_marginRight="50dp"
            android:layout_marginTop="15dp"
            android:singleLine="true"
            android:background="@drawable/edit_login"
            android:hint="用户名"/>
        <EditText
            android:id="@+id/password"
            android:layout_width="match_parent"
            android:layout_height="50dp"
            android:layout_marginLeft="50dp"
            android:layout_marginRight="50dp"
            android:layout_marginTop="15dp"
            android:singleLine="true"
            android:background="@drawable/edit_login"
            android:hint="密码"
            android:password="true"/>
        <Button
            android:id="@+id/login_button"
            android:layout_width="150dp"
            android:layout_height="wrap_content"
            android:layout_gravity="center_horizontal"
            android:layout_marginTop="18dp"
            android:text="登录"
            android:background="@drawable/background_button_div"/>
    </LinearLayout>
</LinearLayout>
```

这里控件的 text 和 hint 值采用的是硬编码，即直接在属性中写入固定值。推荐在 layout/string.xml 中定义，然后再对其进行调用。

```
<string name="welcome_msg">欢迎选择 DIY</string>
<string name="username_msg">用户名</string>
<string name="password_msg">密码</string>
<string name="login_msg">登录</string>
```

布局文件中控件就可以使用“@string/welcome_msg”显示相关信息了。

```
<TextView
    android:layout_width="wrap_content"
    android:layout_height="wrap_content"
    android:text="@string/welcome_msg"
    android:layout_gravity="center_horizontal"
    android:layout_marginTop="15dp"
    android:textSize="25dp"/>
<EditText
    android:id="@+id/username"
    android:layout_width="match_parent"
    android:layout_height="50dp"
    android:layout_marginLeft="50dp"
    android:layout_marginRight="50dp"
    android:layout_marginTop="15dp"
    android:singleLine="true"
    android:background="@drawable/edit_login"
    android:hint="@string/username_msg"/>
<EditText
    android:id="@+id/password"
    android:layout_width="match_parent"
    android:layout_height="50dp"
    android:layout_marginLeft="50dp"
    android:layout_marginRight="50dp"
    android:layout_marginTop="15dp"
    android:singleLine="true"
    android:background="@drawable/edit_login"
    android:hint="@string/password_msg"
    android:password="true"/>
<Button
    android:id="@+id/login_button"
    android:layout_width="150dp"
    android:layout_height="wrap_content"
    android:layout_gravity="center_horizontal"
    android:layout_marginTop="18dp"
    android:text="@string/login_msg"
    android:background="@drawable/background_button_div"/>
```

（7）运行该项目，查看结果。

4.5 高 级 控 件

4.5.1 TextInputLayout

关于 EditText，有一个新的控件可以使用 TextInputLayout，当单击 EditText 输入框时，显示 hint 提示。使用时，直接包含 EditText 控件即可。效果如图 4-19 所示。此效果可直接在 LoginBDemo 项目中直接修改，也可以参看随书项目 LoginAdvDemo。

使用 TextInputLayout 的代码如下：

```
<Android.support.design.widget.TextInputLayout
android:layout_width="match_parent"
android:layout_height="wrap_content">
    <EditText
        android:id="@+id/username"
        android:layout_width="match_parent"
        android:layout_height="50dp"
        android:layout_marginLeft="50dp"
        android:layout_marginRight="50dp"
        android:layout_marginTop="15dp"
        android:singleLine="true"
        android:hint="@string/username_msg"/>
</Android.support.design.widget.TextInputLayout>
<Android.support.design.widget.TextInputLayout
android:layout_width="match_parent"
android:layout_height="wrap_content">
    <EditText
        android:id="@+id/password"
        android:layout_width="match_parent"
        android:layout_height="50dp"
        android:layout_marginLeft="50dp"
        android:layout_marginRight="50dp"
        android:layout_marginTop="15dp"
        android:singleLine="true"
        android:hint="@string/password_msg"
        android:password="true"/>
</Android.support.design.widget.TextInputLayout>
```

图 4-19　TextInputLayout

4.5.2 ListView

在 Android 开发中，ListView 是很常用的组件，它以列表的形式展示具体内容，并且能够根据数据的长度自适应显示。

列表的显示需要 3 个元素：

- ListView，用来展示数据列表的 View（视图）；
- 适配器（Adapter），用来把数据映射到 ListView 上的媒介。
- 数据，具体将被映射到 ListView 的字符串、图片或者基本组件。

根据列表的适配器类型，列表分为 3 种：ArrayAdapter，SimpleAdapter 和 SimpleCursor Adapter。

其中以 ArrayAdapter 最为简单，只能展示一行字。SimpleAdapter 有最好的扩充性，可以自定义出各种效果。SimpleCursorAdapter 可以认为是 SimpleAdapter 对数据库的简单结合，可以方便地把数据库的内容以列表的形式展示出来。

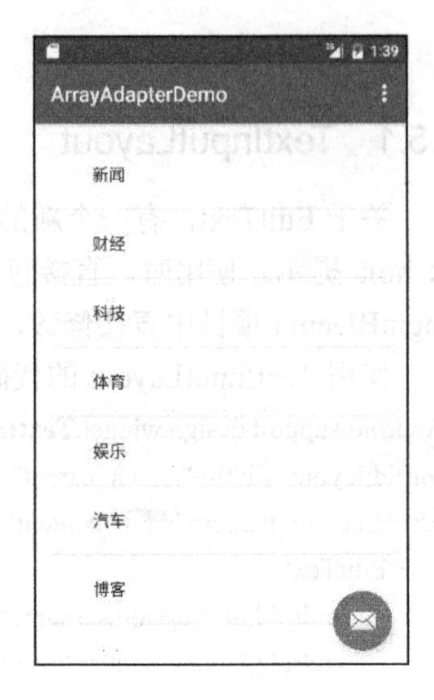

图 4-20　简单的 ListView

1．ListView 类型 1：ArrayAdapter

【例 4-7】 使用简单的 ListView 显示列表。要使用 ArrayAdapter，需要准备一个 Array 数据源。这里使用在资源文件 String.xml 中定义的 String-array，效果如图 4-20 所示。

实现步骤如下：

（1）创建新项目：项目名称 ArrayAdapterDemo。

（2）string-array.xml 文件

在 string.xml 创建一个 string-array，存储栏目信息：

```
<string-array name="news_category">
    <item>新闻</item>
    <item>财经</item>
    <item>科技</item>
    <item>体育</item>
    <item>娱乐</item>
    <item>汽车</item>
    <item>博客</item>
    <item>读书</item>
</string-array>
```

（3）添加 ListView

content_main.xml 中添加 ListView,android:layout_width = "match_parent",android:layout_height = "wrap_content"。

```
<?xml version="1.0" encoding="utf-8"?>
<RelativeLayout xmlns:Android="http://schemas.Android.com/apk/res/Android"
    xmlns:app="http://schemas.Android.com/apk/res-auto"
    xmlns:tools="http://schemas.Android.com/tools"
    android:layout_width="match_parent"
    android:layout_height="match_parent"
    android:paddingBottom="@dimen/activity_vertical_margin"
    android:paddingLeft="@dimen/activity_horizontal_margin"
    android:paddingRight="@dimen/activity_horizontal_margin"
    android:paddingTop="@dimen/activity_vertical_margin"
    app:layout_behavior="@string/appbar_scrolling_view_behavior"
    tools:context="cn.edu.neusoft.arrayadapterdemo.MainActivity"
    tools:showIn="@layout/activity_main">
    <ListView
        android:id="@+id/news_category"
```

```
        android:layout_width="match_parent"
        android:layout_height="wrap_content"></ListView>
</RelativeLayout>
```

（4）设置 setAdapter

MainActivity.Java 中添加如下代码：

```
news_category_list = (ListView)findViewById(R.id.news_category);
news_category_list.setAdapter(new ArrayAdapter<String>(this,
Android.R.layout.simple_expandable_list_item_1,getResources().getStringArray(R.array.news_category)));
```

其中，getResources().getStringArray(R.array.news_category)获取 string.xml 中定义的 string-array。

本例中使用了 ArrayAdapter(Context context, int textViewResourceId, List<T> objects)来装配数据。要装配这些数据，就需要一个连接 ListView 视图对象和数组数据的适配器来完成两者的适配工作。ArrayAdapter 的构造需要 3 个参数，依次为 this、布局文件（注意：这里的布局文件描述的是列表的每一行的布局，Android.R.layout.simple_list_item_1 是系统定义好的布局文件，只显示一行文字）、数据源(一个 List 集合)。同时用 setAdapter()完成适配的最后工作。

MainActivity.Java 的完整代码如下：

```
public class MainActivity extends AppCompatActivity {
    private ListView news_category_list;
    @Override
    protected void onCreate(Bundle savedInstanceState) {
        super.onCreate(savedInstanceState);
        setContentView(R.layout.activity_main);
        Toolbar toolbar = (Toolbar) findViewById(R.id.toolbar);
        setSupportActionBar(toolbar);
        FloatingActionButton fab = (FloatingActionButton) findViewById(R.id.fab);
        fab.setOnClickListener(new View.OnClickListener() {
            @Override
            public void onClick(View view) {
                Snackbar.make(view, "Replace with your own action", Snackbar.LENGTH_LONG)
                        .setAction("Action", null).show();
            }
        });
        news_category_list = (ListView)findViewById(R.id.news_category);
        news_category_list.setAdapter(new ArrayAdapter<String>(this,
Android.R.layout.simple_expandable_list_item_1,getResources().getStringArray(R.array.news_category)));
    }
    @Override
    public boolean onCreateOptionsMenu(Menu menu) {
        // Inflate the menu; this adds items to the action bar if it is present.
        getMenuInflater().inflate(R.menu.menu_main, menu);
        return true;
    }
    @Override
    public boolean onOptionsItemSelected(MenuItem item) {
```

```
        // Handle action bar item clicks here. The action bar will
        // automatically handle clicks on the Home/Up button, so long
        // as you specify a parent activity in AndroidManifest.xml.
        int id = item.getItemId();
        //noinspection SimplifiableIfStatement
        if (id == R.id.action_settings) {
            return true;
        }
        return super.onOptionsItemSelected(item);
    }
}
```

（5）运行该项目，查看结果。

2．ListView 类型 2：SimpleAdapter

SimpleAdapter 的扩展性最好，可以定义各种各样的布局出来，可以放上 ImageView（图片），还可以放上 Button（按钮）、CheckBox（复选框）等。下面的代码都直接继承了 ListActivity。ListActivity 和普通的 Activity 没有太大的差别，不同就是对显示 ListView 做了许多优化，以方便显示。

【例 4-8】 下面以一个宝宝相册为例，实现一个带有图片的列表，如图 4-21 所示。

图 4-21　使用 SimpleAdapter 的 ListView

实现步骤如下：

（1）创建新项目：项目名称 SimpleAdapterDemo。

（2）布局文件

首先需要定义好一个用来显示每一个列内容的 xml，因为系统没有对应的布局文件可用，可以自己定义一个布局文件，命名为 List_item.xml，代码如下：

```
<?xml version="1.0" encoding="utf-8"?>
```

```
<LinearLayout xmlns:Android="http://schemas.Android.com/apk/res/Android"
    android:orientation="horizontal" android:layout_width="match_parent"
    android:layout_height="match_parent">
    <ImageView android:id="@+id/news_thumb"
        android:layout_width="wrap_content"
        android:layout_height="wrap_content"
        android:layout_margin="5dp"/>
    <LinearLayout android:orientation="vertical"
        android:layout_width="wrap_content"
        android:layout_height="wrap_content">
        <TextView android:id="@+id/news_title"
            android:layout_width="wrap_content"
            android:layout_height="wrap_content"
            android:textSize="16sp" />
        <TextView android:id="@+id/news_info"
            android:layout_width="wrap_content"
            android:layout_height="wrap_content"
            android:textSize="14sp" />
    </LinearLayout>
</LinearLayout>
```

（3）数据准备

使用 SimpleAdapter 的数据一般都是使用 HashMap 构成的 List，List 的每一个元素对应 ListView 的每一行。HashMap 的每个键值数据映射到布局文件中对应 id 的组件上。

```
private List<Map<String, Object>> getData() {
    List<Map<String, Object>> list = new ArrayList<Map<String, Object>>();
    Map<String, Object> map = new HashMap<String, Object>();
    map.put("news_title","毡帽系列");
    map.put("news_info","此系列服装有点 cute，像不像小车夫。");
    map.put("news_thumb",R.drawable.i1);
    list.add(map);
    map = new HashMap<String, Object>();
    map.put("news_title","蜗牛系列");
    map.put("news_info","宝宝变成了小蜗牛，爬啊爬啊爬啊。");
    map.put("news_thumb",R.drawable.i2);
    list.add(map);
    map = new HashMap<String, Object>();
    map.put("news_title","小蜜蜂系列");
    map.put("news_info","小蜜蜂，嗡嗡嗡，飞到西，飞到东。");
    map.put("news_thumb",R.drawable.i3);
    list.add(map);
    map = new HashMap<String, Object>();
    map.put("news_title","毡帽系列");
    map.put("news_info","此系列服装有点 cute，像不像小车夫。");
    map.put("news_thumb",R.drawable.i4);
```

```
    list.add(map);
    map = new HashMap<String, Object>();
    map.put("news_title","蜗牛系列");
    map.put("news_info","宝宝变成了小蜗牛，爬啊爬啊爬啊。");
    map.put("news_thumb",R.drawable.i5);
    list.add(map);
    map = new HashMap<String, Object>();
    map.put("news_title","小蜜蜂系列");
    map.put("news_info","小蜜蜂，嗡嗡嗡，飞到西，飞到东。");
    map.put("news_thumb",R.drawable.i6);
    list.add(map);
    return list;
}
```

（4）数据适配

创建一个 SimpleAdapter，参数依次是：this、getData()、布局文件（listview_item.xml）、HashMap 的键——news_title news_info 和 news_thumb 以及布局文件的组件 id——news_title、news_info、news_thumb，通过以上 5 个参数的设置，可以根据 HashMap 的键，将其对应的值映射到布局文件 listview_item.xml 中的各组件上，完成适配。

```
news_list = (ListView)findViewById(R.id.news_list);
SimpleAdapter adapter = new SimpleAdapter(this,getData(),R.layout.listview_item,new
String[]{"news_title","news_info","news_thumb"},
        new int[]{R.id.news_title,R.id.news_info,R.id.news_thumb});
news_list.setAdapter(adapter);
```

完整的 MainActivity.Java 代码如下:

```
public class MainActivity extends AppCompatActivity {
    private ListView news_list;
    @Override
    protected void onCreate(Bundle savedInstanceState) {
        super.onCreate(savedInstanceState);
        setContentView(R.layout.activity_main);
        Toolbar toolbar = (Toolbar) findViewById(R.id.toolbar);
        setSupportActionBar(toolbar);

        FloatingActionButton fab = (FloatingActionButton) findViewById(R.id.fab);
        fab.setOnClickListener(new View.OnClickListener() {
            @Override
            public void onClick(View view) {
                Snackbar.make(view, "Replace with your own action", Snackbar.LENGTH_LONG)
                        .setAction("Action", null).show();
            }
        });
        news_list = (ListView)findViewById(R.id.news_list);
        SimpleAdapter adapter = new SimpleAdapter(this,getData(),R.layout.listview_item,new String[]{"news_
title","news_info","news_thumb"},
```

```
        new int[]{R.id.news_title,R.id.news_info,R.id.news_thumb});
        news_list.setAdapter(adapter);
    }
    @Override
    public boolean onCreateOptionsMenu(Menu menu) {
        // Inflate the menu; this adds items to the action bar if it is present.
        getMenuInflater().inflate(R.menu.menu_main, menu);
        return true;
    }
    @Override
    public boolean onOptionsItemSelected(MenuItem item) {
        int id = item.getItemId();
        if (id == R.id.action_settings) {
            return true;
        }
        return super.onOptionsItemSelected(item);
    }
    private List<Map<String, Object>> getData() {
        List<Map<String, Object>> list = new ArrayList<Map<String, Object>>();
        Map<String, Object> map = new HashMap<String, Object>();
        map.put("news_title","毡帽系列");
        map.put("news_info","此系列服装有点 cute，像不像小车夫。");
        map.put("news_thumb",R.drawable.i1);
        list.add(map);
        map = new HashMap<String, Object>();
        map.put("news_title","蜗牛系列");
        map.put("news_info","宝宝变成了小蜗牛，爬啊爬啊爬啊。");
        map.put("news_thumb",R.drawable.i2);
        list.add(map);
        map = new HashMap<String, Object>();
        map.put("news_title","小蜜蜂系列");
        map.put("news_info","小蜜蜂，嗡嗡嗡，飞到西，飞到东。");
        map.put("news_thumb",R.drawable.i3);
        list.add(map);
        return list;
    }
}
```

（5）运行该项目，查看结果。

3. ListView 类型 3：有按钮的 ListView

有时候，列表不仅用来做显示用，同样可以在上面添加按钮。与上面的例子类似，添加按钮首先要写一个有按钮的 xml 文件，然后自然会想到用上面的方法定义一个适配器，然后将数据映射到布局文件上。但是事实并非这样，因为按钮是无法映射的，即使用户成功地用布局文件显示出了按钮也无法添加按钮的响应，这时就要研究 ListView 是如何显示的，而且必须要重写一个类继承 BaseAdapter。

【例 4-9】 下面的示例将显示一个按钮和一个图片以及两行字。如果单击按钮，将弹出图片的详细信息。效果如图 4-22 和图 4-23 所示。

图 4-22　带按钮的 ListView

图 4-23　ListView 按钮单击效果

实现步骤如下：

（1）创建新项目：项目名称 AdvListviewDemo。

（2）Listview_item.xml

首先 Listview 单条记录，包括一个 ImageView、两个 TextView 和一个 Button。布局采用两层线性布局，代码如下：

```
<?xml version="1.0" encoding="utf-8"?>
<LinearLayout xmlns:Android="http://schemas.Android.com/apk/res/Android"
    android:orientation="horizontal" android:layout_width="match_parent"
    android:layout_height="match_parent">
    <ImageView android:id="@+id/news_thumb"
        android:layout_width="wrap_content"
        android:layout_height="wrap_content"
        android:layout_margin="5dp"/>
    <LinearLayout android:orientation="vertical"
        android:layout_width="match_parent"
        android:layout_height="wrap_content">
    <TextView android:id="@+id/news_title"
        android:layout_width="wrap_content"
        android:layout_height="wrap_content"
        android:textSize="16sp" />
    <TextView android:id="@+id/news_info"
        android:layout_width="wrap_content"
        android:layout_height="wrap_content"
        android:textSize="14sp" />
    <Button android:id="@+id/news_btn"
```

```
        android:layout_width="wrap_content"
        android:layout_height="wrap_content"
        android:text="view"
        android:textSize="12sp"
        android:background="@android:color/transparent"
        android:layout_gravity="right"/>
    </LinearLayout>
</LinearLayout>
```

（3）MainActivity

MainActivity 中定义并绑定了 MyAdapter，MyAdapter 继承 BaseAdapter。最主要的代码就是 getView 方法的实现。在 getView 中使用了 ViewHolder 类和对象。用 ViewHolder，主要是进行一些性能优化，减少一些不必要的重复操作。ViewHolder 是一个内部类，其中包含单个项目布局中的各个控件。具体实现代码如下：

```
public class MainActivity extends AppCompatActivity {
    private ListView news_list;
    private List<Map<String, Object>> mData;
    @Override
    protected void onCreate(Bundle savedInstanceState) {
        super.onCreate(savedInstanceState);
        setContentView(R.layout.activity_main);
        Toolbar toolbar = (Toolbar) findViewById(R.id.toolbar);
        setSupportActionBar(toolbar);
        FloatingActionButton fab = (FloatingActionButton) findViewById(R.id.fab);
        fab.setOnClickListener(new View.OnClickListener() {
            @Override
            public void onClick(View view) {
                Snackbar.make(view, "Replace with your own action", Snackbar.LENGTH_LONG)
                        .setAction("Action", null).show();
            }
        });
        news_list = (ListView)findViewById(R.id.news_list);
        mData = getData();
        MyAdapter adapter = new MyAdapter(this);
        news_list.setAdapter(adapter);
    }
    @Override
    public boolean onCreateOptionsMenu(Menu menu) {
        // Inflate the menu; this adds items to the action bar if it is present.
        getMenuInflater().inflate(R.menu.menu_main, menu);
        return true;
    }

    @Override
    public boolean onOptionsItemSelected(MenuItem item) {
```

```
        int id = item.getItemId();
        if (id == R.id.action_settings) {
            return true;
        }
        return super.onOptionsItemSelected(item);
    }
    private List<Map<String, Object>>getData() {
        List<Map<String, Object>> list = new ArrayList<Map<String, Object>>();
        //list 的构建实现代码略
        return list;
    }
    public final class ViewHolder{
        public ImageView news_thumb;
        public TextView news_title;
        public TextView news_info;
        public Button news_btn;
    }
    public class MyAdapter extends BaseAdapter {
        private LayoutInflater mInflater;
        public MyAdapter(Context context){
            this.mInflater = LayoutInflater.from(context);
        }
        @Override
        public int getCount() {
            // TODO Auto-generated method stub
            return mData.size();
        }
        @Override
        public Object getItem(int arg0) {
            // TODO Auto-generated method stub
            return null;
        }
        @Override
        public long getItemId(int arg0) {
            // TODO Auto-generated method stub
            return 0;
        }
    }
}
```

listView 在开始绘制的时候，系统首先调用 getCount()函数，根据返回值得到 listView 的长度，然后根据这个长度，调用 getView()逐一绘制每一行。如果 getCount()返回值是 0，列表将不显示；如果返回值为 1，就只显示一行。

（4）getView 方法

系统显示列表时，首先实例化一个适配器（这里将实例化自定义的适配器）。当手动完成适配时，必须手动映射数据，这就需要重写 getView()方法。系统在绘制列表的每一行时将调用此方法。getView()有 3 个参数，position 表示将显示的是第几行，covertView 是从布局文件中加载的单个 item 的布局，parent 是 ListView。这里采用 LayoutInflater 的方法将定义好的 Listview_item.xml 文件提取成 View 实例用来显示，然后将 xml 文件中的各个组件实例化（简单的 findViewById()方法），这样便可以将数据对应到各个组件上了。

按钮为了响应单击事件，需要为它添加单击监听器，这样就能捕获单击事件。onClick 中调用 showInfo(position)，参考代码如下：

```
@Override
public View getView(final int position, View convertView, ViewGroup parent) {
    ViewHolder holder = null;
    if (convertView == null) {
        holder=new ViewHolder();
        convertView = mInflater.inflate(R.layout.listview_item, null);
        holder.news_thumb = (ImageView)convertView.findViewById(R.id.news_ thumb);
        holder.news_title = (TextView)convertView.findViewById(R.id.news_title);
        holder.news_info = (TextView)convertView.findViewById(R.id.news_info);
        holder.news_btn = (Button)convertView.findViewById(R.id.news_btn);
        convertView.setTag(holder);
    }else {
            holder = (ViewHolder)convertView.getTag();
        }
    holder.news_thumb.setBackgroundResource((Integer)mData.get(position).get("news_thumb"));
    holder.news_title.setText((String) mData.get(position).get("news_title"));
    holder.news_info.setText((String)mData.get(position).get("news_info"));
    holder.news_btn.setTag(position);
    holder.news_btn.setOnClickListener(new View.OnClickListener() {
        @Override
        public void onClick(View v) {
            showInfo(position);
        }
    });
    return convertView;
}
```

（5）showInfo 方法

在 showInfo 中使用了 AlertDialog 进行信息的显示。因为按钮的 onClick 传递了 position 值，showInfo 就可以操作 position 位置的数据了。

```
public void showInfo(int position){
    new AlertDialog.Builder(this)
    .setTitle(mData.get(position).get("news_title").toString())
    .setMessage(mData.get(position).get("news_info").toString())
    .setPositiveButton("确定", new DialogInterface.OnClickListener() {
        @Override
```

```
            public void onClick(DialogInterface dialog, int which) {
            }
        })
        .show();
}
```

（6）运行该项目，查看结果。

4.5.3 RecycleView 和 CardView

RecycleView 是 support-v7 包中的新组件，是一个强大的滑动组件。与经典的 ListView 相比，同样拥有 item 回收复用的功能，但是直接把 ViewHolder 的实现封装起来，用户只要实现自己的 viewholder 就可以了，该组件会自动回收复用每一个 item。它不但变得更精简，也变得更加容易使用，而且更容易组合设计出自己需要的滑动布局。

CardView 布局，顾名思义，卡片视图，实现了很多很酷、很炫的特效，如卡片的边框、阴影等。CardView 如 Linearlayout、Framelayout 一样都是 ViewGroup，即其他控件的容器。CardView 继承于 Framelayout，所以 Framelayout 的属性 CardView 都有，同时 CardView 还有几个特殊的属性：

- elevation，意为 CardView 的 *Z* 轴阴影，只有 Android L 以上平台有效。只能通过 xml 中的 elevation 属性指定；
- cardBackgroundColor，意为 CardView 的卡片颜色，只能通过 xml 的 cardBackground Color 进行指定；
- cardConerRadius，意为 CardView 卡片的四角圆角矩形程度，单位是 dimen（dp px sp），可以通过 xml 指定，也可以通过代码中的 setRadius 指定。

【例 4-10】 下面综合使用 RecycleView 和 CardView 制作列表，效果如图 4-24 和图 4-25 所示。

图 4-24 RecycleView 默认效果

图 4-25 RecyleView 滑动效果

实现步骤如下：

（1）创建新项目：项目名称 RecycleCardDemo。

（2）添加 support

在 gradle 中添加对 RecycleView 和 CardView 的支持。

```
dependencies {
    compile fileTree(dir: 'libs', include: ['*.jar'])
    testCompile 'junit:junit:4.12'
    compile 'com.Android.support:appcompat-v7:23.2.1'
    compile 'com.Android.support:design:23.2.1'
    compile 'com.Android.support:cardview-v7:23.0.0'
    compile 'com.Android.support:recyclerview-v7:23.0.0'
}
```

（3）定义 CardView 布局

新建 card_view.xml，定义 cardCornerRadius="5dp"。

```
<?xml version="1.0" encoding="utf-8"?>
<Android.support.v7.widget.CardView xmlns:Android="http://schemas.Android.com/apk/res/Android"
    xmlns:app="http://schemas.Android.com/apk/res-auto"
    android:layout_width="match_parent"
    android:layout_height="wrap_content"
    android:layout_margin="5dp"
    app:cardCornerRadius="5dp"
    app:elevation="1dp">
<LinearLayout
    android:id="@+id/news_container"
    android:layout_width="match_parent"
    android:layout_height="match_parent"
    android:orientation="horizontal"
    android:padding="5dp">
    <ImageView android:id="@+id/news_thumb"
        android:layout_width="wrap_content"
        android:layout_height="wrap_content"
        android:layout_margin="5dp" />
    <LinearLayout android:orientation="vertical"
        android:layout_width="wrap_content"
        android:layout_height="wrap_content">
       <TextView android:id="@+id/news_title"
            android:layout_width="wrap_content"
            android:layout_height="wrap_content"
            android:textSize="16sp" />
       <TextView android:id="@+id/news_info"
            android:layout_width="wrap_content"
            android:layout_height="wrap_content"
            android:textSize="14sp" />
    </LinearLayout>
</LinearLayout>
</Android.support.v7.widget.CardView>
```

（4）定义 RecycleView

在 content_main.xml 中添加 RecycleView：

```
<?xml version="1.0" encoding="utf-8"?>
<RelativeLayout xmlns:Android="http://schemas.Android.com/apk/res/Android"
    xmlns:app="http://schemas.Android.com/apk/res-auto"
    xmlns:tools="http://schemas.Android.com/tools"
    android:layout_width="match_parent"
    android:layout_height="match_parent"
    android:paddingBottom="@dimen/activity_vertical_margin"
    android:paddingLeft="@dimen/activity_horizontal_margin"
    android:paddingRight="@dimen/activity_horizontal_margin"
    android:paddingTop="@dimen/activity_vertical_margin"
    app:layout_behavior="@string/appbar_scrolling_view_behavior"
    tools:context="cn.edu.neusoft.recyclecarddemo.MainActivity"
    tools:showIn="@layout/activity_main">
    <Android.support.v7.widget.RecyclerView
        android:id="@+id/news_list"
        android:layout_width="match_parent"
        android:layout_height="match_parent">
    </Android.support.v7.widget.RecyclerView>
</RelativeLayout>
```

（5）创建 NewsListAdapter

新建 NewsListAdapter.Java，继承 RecyclerView.Adapter。在 onCreateViewHolder 中加载 R.layout.cardview，在 onBindViewHolder 中绑定 position 对应的数据项。

定义 ViewHolder 类，继承 RecyclerView.ViewHolder 获取 View 中各控件，并可以在 onClick 中定义 View 的单击事件。

```
public class NewsListAdapter extends RecyclerView.Adapter<RecyclerView.ViewHolder> {

    private Context mContext;
    private List<Map<String,Object>> mDataList;
    private LayoutInflater mLayoutInflater;
    public NewsListAdapter(Context mContext, List<Map<String,Object>> mDataList) {
        this.mContext = mContext;
        this.mDataList = mDataList;
        mLayoutInflater = LayoutInflater.from(mContext);
    }
    @Override
    public ViewHolder onCreateViewHolder(ViewGroup viewGroup, int i) {
        View v = mLayoutInflater.from(viewGroup.getContext()).inflate(R.layout.cardview, viewGroup, false);
        return new ViewHolder(v);
    }
    @Override
    public void onBindViewHolder(RecyclerView.ViewHolder holder, int position) {
        Map<String,Object> entity = mDataList.get(position);
```

```
        if (null == entity)
            return;
        ViewHolder viewHolder = (ViewHolder) holder;
        viewHolder.news_title.setText(entity.get("news_title").toString());
        viewHolder.news_info.setText(entity.get("news_info").toString());
        viewHolder.news_thumb.setImageResource(Integer.parseInt(entity.get("news_thumb").toString()));
    }
  @Override
    public int getItemCount() {
        return mDataList.size();
    }
    public class ViewHolder extends RecyclerView.ViewHolder{
        TextView news_title;
        ImageView news_thumb;
        TextView news_info;
        // TextView news_info;
        public ViewHolder(View itemView) {
            super(itemView);
            news_title = (TextView) itemView.findViewById(R.id.news_title);
            news_thumb = (ImageView) itemView.findViewById(R.id.news_thumb);
            news_info = (TextView) itemView.findViewById(R.id.news_info);
            itemView.findViewById(R.id.news_container).setOnClickListener(new View.OnClickListener() {
                @Override
                public void onClick(View v) {
                    //
                }
            });
        }
    }
}
```

（6）MainActivity.Java

在 MainActivity 中使用 RecyclerView 就相对简单了，可以调用 setLayoutManager 和 setItemAnimator 方法设置布局和动画效果，调用 setAdapter 将数据和 NewsListAdapter 进行适配。

```
protected void onCreate(Bundle savedInstanceState) {
    super.onCreate(savedInstanceState);
    setContentView(R.layout.activity_main);
    Toolbar toolbar = (Toolbar) findViewById(R.id.toolbar);
    setSupportActionBar(toolbar);
    FloatingActionButton fab = (FloatingActionButton) findViewById(R.id.fab);
    fab.setOnClickListener(new View.OnClickListener() {
        @Override
        public void onClick(View view) {
            Snackbar.make(view, "Replace with your own action", Snackbar.LENGTH_LONG)
```

```
                .setAction("Action", null).show();
        }
    });
    recyclerView = (RecyclerView)findViewById(R.id.news_list);
    // 设置 LinearLayoutManager
    recyclerView.setLayoutManager(new LinearLayoutManager(this));
    // 设置 ItemAnimator
    recyclerView.setItemAnimator(new DefaultItemAnimator());
    // 设置固定大小
    mDataList = getData();
    recyclerView.setAdapter(new NewsListAdapter(this,mDataList));
}
```

其中，getData()与 ListrView 的例子相同。

（7）运行该项目，查看结果。

【项目延伸】

可以在该项目的基础上进行以下尝试：

（1）使用 ListView 制作店铺和菜谱列表（见图 4-26）。

（2）使用 RecyclerView 和 CardView 制作店铺和菜谱列表。

图 4-26　店铺和菜谱列表

习　题　4

1．选择题：

（1）对于 XML 布局文件中的视图控件，layout_width 属性的值不可以是（　　）

A．fill_parent　　B．match_content　　C．match_parent　　D．wrap_content

（2）关于视图控件的事件描述中，不正确的是（　　）

A．Click 事件只能使用在按钮上，表示按钮的单击动作。

B．当 TextView 类视图控件失去焦点或获得焦点时，将触发 FocusChange 事件。

C．当多选框中某一选项被选择时，将触发 CheckedChange 事件。

D．当单选框中某一选项被选择时，将触发 CheckedChange 事件。

（3）下列关于 XML 布局文件在 Java 代码中被引用的说明中，不正确的是（　　）

A．在 Activity 中，可以使用 findViewById()方法，通过资源 id，获得指定视图元素。

B．在 Activity 中，可以使用 setContentView()方法，确定加载哪一个布局文件。

C．可以使用 View 类的 findViewById()方法，获得当前 View 对象中的某一个视图元素。

D. 在 Activity 中，可以使用 R.drawable-system.XXX 方式引用 Android 系统所提供的图片资源。

（4）下列关于 Android 布局文件常用的长度/大小单位的描述中，不正确的是（　　）

A．dp 是设备独立像素，不依赖于设备，是最常用的单位。

B．px 是像素单位，在不同的设备上显示效果相同，因此推荐在布局中使用该单位。

C．在设置空间长度等相对距离时，推荐使用 dp 单位，该单位随设备密度的变化而变化。

D．sp 代表放大像素，主要用于字体太小的显示。

（5）下列哪一个选项不属于 Android 中预定义的布局方式（　　）

A．TabLayout　　B．AbsoluteLayout　　C．LinearLayout　　D．RelativeLayout

（6）下列关于 ListView 使用的描述中，不正确的是（　　）

A．要使用 ListView，该布局文件对应的 Activity 必须继承 ListActivity。

B．要使用 ListView，必须为该 ListView 使用 Adapter 方式传递数据。

C．ListView 中每一项被选中时，将会触发 ListView 对象的 ItemClick 事件。

D．ListView 中每一项的视图布局既可以使用内置的布局，可以使用自定义的布局方式。

（7）下列哪一个可作为 EditText 编辑框的提示信息（　　）

A．android:inputType　　B．android:text　　C．android:digits　　D．android:hint

2．填空题：

（1）为了使 Android 适应不同分辨率的机型，布局时字体单位应使用（　　），像素单位应使用（　　）和（　　）。

（2）定义 LinearLayout 水平方向布局时至少设置的三个属性为：（　　）、（　　）和（　　）。

3．简答题：

（1）简述 Android 中常用的几种布局。

（2）简述在界面上创建一个 Spinner（含数据选项）的步骤。

（3）布局中属性 orientation 的作用是什么？

（4）简述 Android 中实现事件处理的步骤。

4．编程题：

（1）完成对注册实例所有控件的监听。

（2）使用 Shape 和 Selector 对注册实例进行布局和背景的优化。

第5章　布局和控件进阶

用户在使用 Android 应用时，往往特别注重导航的清晰和易用性，以及操作的流畅性。导航一般分为整个应用的导航和界面内部导航两种，如抽屉式导航、选项卡式导航、固定数量内部导航和任意数量内部导航等。而流畅性一般通过综合使用 Fragment、ViewPager 等实现。通过本章的学习，读者了解 Fragment 的产生和生命周期，掌握静态和动态地使用 Fragment，了解 Toolbar，使用 DialogFragment 创建 LoginFragment。最后综合使用 Fragment，构建 Android 项目开发框架。

本章的学习目标
- 重点
  - （1）Fragment 的使用
  - （2）Toolbar 和 DialogFragment 的使用
- 难点
  - （1）FragmentAdapter 的使用
  - （2）Fragment 导航

【项目导学】

Fragment 是 Android 的布局利器，本章综合使用 Fragment、ViewPage 等制作仿微信导航，如图 5-1 所示。最后实现一个包含固定数量和任意数量的内导航的综合实例，如图 5-2 所示。学习本章内容后，可以直接构建本书综合项目底部导航、Fragment、内导航等布局，添加 Toolbar 和 Dialog 等。

图 5-1　Tab 导航

图 5-2　综合实例

5.1 Fragment

5.1.1 Fragment 的产生与介绍

Android 运行在各种各样的设备中，如小屏幕的手机，超大屏的平板电脑甚至电视。针对屏幕尺寸的差距，很多情况下，都是先针对手机开发一套 App，然后复制一份，修改布局以适应平板电脑等大屏幕设备。Fragment 的出现，就解决了 App 可以同时适应手机和平板电脑及电视的问题。可以把 Fragment 当成 Activity 的一个界面的一个组成部分，甚至 Activity 的界面可以完全由不同的 Fragment 组成。更重要的是，Fragment 拥有自己的生命周期和接收、处理用户的事件，Activity 中就不用写很多控件的事件处理的代码了。除此之外，还可以动态地添加、替换和移除某个 Fragment。

5.1.2 Fragment 的生命周期

Fragment 必须依存于 Activity 而存在，因此 Activity 的生命周期会直接影响到 Fragment 的生命周期。图 5-3 很好地说明了两者生命周期的关系。

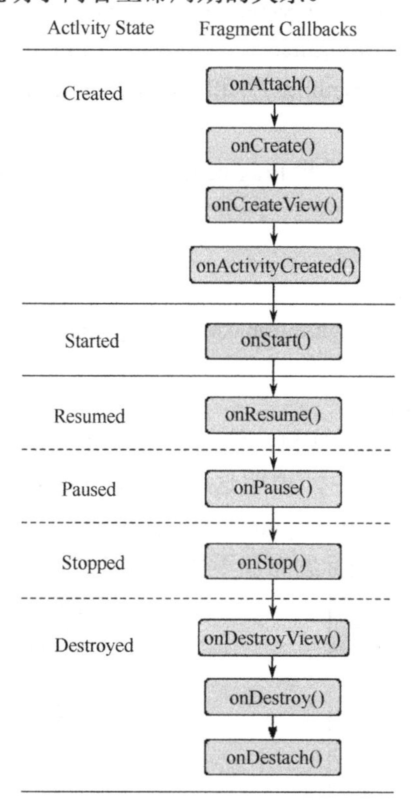

图 5-3　Fragment 生命周期

表 5-1 是 Fragment 生命周期的回调方法。

【说明】 除了 onCreateView，其他的所有方法如果重写了，必须调用父类对于该方法的实现。

表 5-1　回调方法

回调方法	描述
onAttach(Activity)	当 Fragment 与 Activity 发生关联时调用
onCreateView(LayoutInflater, ViewGroup,Bundle)	创建该 Fragment 的视图
onActivityCreated(Bundle)	当 Activity 的 onCreate 方法返回时调用
onDestoryView()	与 onCreateView 相对应，当该 Fragment 的视图被移除时调用
onDetach()	与 onAttach 相对应，当 Fragment 与 Activity 关联被取消时调用

5.1.3　静态使用 Fragment

这是使用 Fragment 最简单的一种方式，把 Fragment 当成普通的控件，直接写在 Activity 的布局文件中。步骤如下：

（1）创建 Fragment 类，继承 Fragment，重写 onCreateView，使用 inflate 加载 Fragment 的布局。

创建 Fragment 有两种方式，一是手工创建，另一种是使用 Fragment 向导。手工创建时，分别创建类文件和布局文件。使用向导创建时，选择“File”→“New”→“Fragment”→“Fragment(Blank)”命令创建空的 Fragment，只需要填写 Fragment 类名和布局文件名，根据需要勾选“Include fragment factory methods?”和“Include interface callbacks?”，一般情况下，都不勾选此两项。

（2）在 Activity 的布局文件中声明此 Fragment，视为普通 View。以下代码就是在 Activity 的布局文件中声明 MasterFragment。

```
<fragment
    android:id="@+id/master_fragment_id"
    android:name="cn.edu.neusoft.simplefragmentdemo.MasterFragment"
    android:layout_width="match_parent"
    android:layout_height="wrap_content"/>
```

【例 5-1】 SimpleFragmentDemo 实例，使用 Fragment 向导创建 MasterFragment 和 DetailFragment。在 Activity 的布局文件中，声明这两个 Fragment 作为 Activity 的视图，其中 MasterFragment 用于标题布局，DetailFragment 用于内容布局，如图 5-4 和图 5-5 所示，其中图 5-5 为向下滚动后的效果，也就是标题布局不变，内容布局改变。

图 5-4　静态 Fragment1

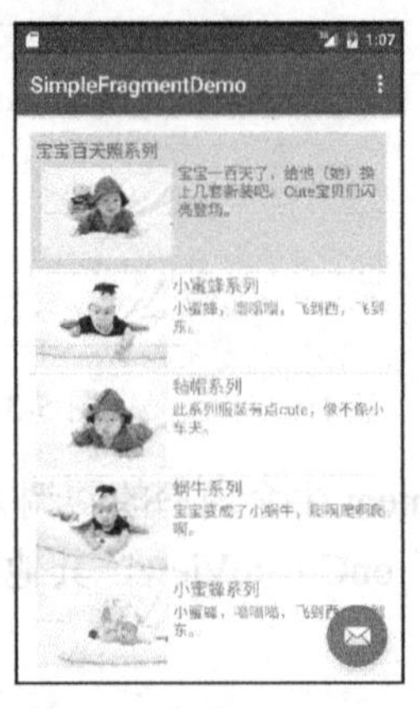

图 5-5　静态 Fragment2

实现步骤如下：

（1）创建新项目：项目名称 SimpleFragmentDemo。

（2）MasterFragment 的布局文件

主要包括两个 TextView 和一个 ImageView，用来显示标题、图片和介绍。

```
<RelativeLayout xmlns:Android="http://schemas.Android.com/apk/res/Android"
    xmlns:tools="http://schemas.Android.com/tools"
    android:layout_width="match_parent"
    android:layout_height="match_parent"
    tools:context="cn.edu.neusoft.simplefragmentdemo.MasterFragment"
    android:background="#FFB6C1"
    android:padding="5dp">
    <!-- TODO: Update blank fragment layout -->
    <TextView
        android:id="@+id/master_text"
        android:layout_width="match_parent"
        android:layout_height="wrap_content"
        android:text="宝宝百天照系列"
        android:textSize="16sp"/>
    <ImageView
        android:id="@+id/master_img"
        android:layout_width="wrap_content"
        android:layout_height="wrap_content"
        android:layout_below="@+id/master_text"
        android:src="@drawable/i1"
        android:layout_margin="5dp"/>
    <TextView
         android:layout_width="wrap_content"
         android:layout_height="wrap_content"
         android:layout_below="@+id/master_text"
         android:layout_toRightOf="@+id/master_img"
         android:text="宝宝一百天了，给他（她）换上几套新装吧。Cute 宝贝们闪亮登场。"
         android:textSize="14sp"/>
</RelativeLayout>
```

（3）MasterFragment.Java

这部分使用 inflate 适配布局。实际应用中，也可以添加动态获取信息，绑定到布局控件中。

```
public class MasterFragment extends Fragment {
    public MasterFragment() {
        // Required empty public constructor
    }
    @Override
    public View onCreateView(LayoutInflater inflater, ViewGroup container,
                             Bundle savedInstanceState) {
        // Inflate the layout for this fragment
```

```
        return inflater.inflate(R.layout.fragment_master, container, false);
    }
}
```

（4）DetailFragment 的布局文件

DetailFragment 布局使用 ListView。

```
<FrameLayout xmlns:Android="http://schemas.Android.com/apk/res/Android"
    xmlns:tools="http://schemas.Android.com/tools"
    android:layout_width="match_parent"
    android:layout_height="match_parent"
    tools:context="cn.edu.neusoft.simplefragmentdemo.DetailFragment">
    <!-- TODO: Update blank fragment layout -->
    <ListView
        android:id="@+id/news_list"
        android:layout_width="match_parent"
        android:layout_height="wrap_content"></ListView>
</FrameLayout>
```

（5）DetailFragment.Java

在 onCreateView 中获取 ListView 使用如下代码：

```
View view = inflater.inflate(R.layout.fragment_detail, container, false);
news_list = (ListView)view.findViewById(R.id.news_list);
```

完整代码如下：

```
public class DetailFragment extends Fragment {

    private ListView news_list;
    public DetailFragment() {
        // Required empty public constructor
    }
    @Override
    public View onCreateView(LayoutInflater inflater, ViewGroup container,
                             Bundle savedInstanceState) {
        // Inflate the layout for this fragment
        View view =   inflater.inflate(R.layout.fragment_detail, container, false);
        news_list = (ListView)view.findViewById(R.id.news_list);
        SimpleAdapter    adapter    =    new    SimpleAdapter(getActivity(),getData(),R.layout.listview_item,new
String[]{"news_title","news_info","news_thumb"},
                    new int[]{R.id.news_title,R.id.news_info,R.id.news_thumb});
        news_list.setAdapter(adapter);
        return view;
    }
    private List<Map<String, Object>> getData() {
        List<Map<String, Object>> list = new ArrayList<Map<String, Object>>();
        Map<String, Object> map = new HashMap<String, Object>();
        map.put("news_title","毡帽系列");
        map.put("news_info","此系列服装有点 cute，像不像小车夫。");
```

```
        map.put("news_thumb",R.drawable.i1);
        list.add(map);
        map = new HashMap<String, Object>();
        map.put("news_title","蜗牛系列");
        map.put("news_info","宝宝变成了小蜗牛，爬啊爬啊爬啊。");
        map.put("news_thumb",R.drawable.i2);
        list.add(map);
        map = new HashMap<String, Object>();
        map.put("news_title","小蜜蜂系列");
        map.put("news_info","小蜜蜂，嗡嗡嗡，飞到西，飞到东。");
        map.put("news_thumb",R.drawable.i3);
        list.add(map);
        map = new HashMap<String, Object>();
        map.put("news_title","毡帽系列");
        map.put("news_info","此系列服装有点 cute，像不像小车夫。");
        map.put("news_thumb",R.drawable.i4);
        list.add(map);
        map = new HashMap<String, Object>();
        map.put("news_title","蜗牛系列");
        map.put("news_info","宝宝变成了小蜗牛，爬啊爬啊爬啊。");
        map.put("news_thumb",R.drawable.i5);
        list.add(map);
        map = new HashMap<String, Object>();
        map.put("news_title","小蜜蜂系列");
        map.put("news_info","小蜜蜂，嗡嗡嗡，飞到西，飞到东。");
        map.put("news_thumb",R.drawable.i6);
        list.add(map);
        return list;
    }
}
```

（6）MainActivity

MainActivity 没有特别的语法加入，主要就是调用 setContentView(R.layout.activity_main)加载布局视图。

```
public class MainActivity extends AppCompatActivity {
    @Override
    protected void onCreate(Bundle savedInstanceState) {
        super.onCreate(savedInstanceState);
        setContentView(R.layout.activity_main);
        Toolbar toolbar = (Toolbar) findViewById(R.id.toolbar);
        setSupportActionBar(toolbar);

        FloatingActionButton fab = (FloatingActionButton) findViewById(R.id.fab);
        fab.setOnClickListener(new View.OnClickListener() {
            @Override
```

```
            public void onClick(View view) {
                Snackbar.make(view, "Replace with your own action", Snackbar.LENGTH_LONG)
                        .setAction("Action", null).show();
            }
        });
    }

    @Override
    public boolean onCreateOptionsMenu(Menu menu) {
        // Inflate the menu; this adds items to the action bar if it is present.
        getMenuInflater().inflate(R.menu.menu_main, menu);
        return true;
    }
    @Override
    public boolean onOptionsItemSelected(MenuItem item) {
        int id = item.getItemId();
        //noinspection SimplifiableIfStatement
        if (id == R.id.action_settings) {
            return true;
        }
        return super.onOptionsItemSelected(item);
    }
}
```

（7）MainActivity 的布局文件

activity_main.xml 布局文件中，直接使用两个静态的 Fragment，同时使用 android:name 属性，将 master_fragment_id 匹配 MasterFragment，将 detail_fragment_id 匹配 DetailFragment。

```
<?xml version="1.0" encoding="utf-8"?>
<RelativeLayout xmlns:Android="http://schemas.Android.com/apk/res/Android"
    xmlns:app="http://schemas.Android.com/apk/res-auto"
    xmlns:tools="http://schemas.Android.com/tools"
    android:layout_width="match_parent"
    android:layout_height="match_parent"
    android:paddingBottom="@dimen/activity_vertical_margin"
    android:paddingLeft="@dimen/activity_horizontal_margin"
    android:paddingRight="@dimen/activity_horizontal_margin"
    android:paddingTop="@dimen/activity_vertical_margin"
    app:layout_behavior="@string/appbar_scrolling_view_behavior"
    tools:context="cn.edu.neusoft.simplefragmentdemo.MainActivity"
    tools:showIn="@layout/activity_main">
    <fragment
        android:id="@+id/master_fragment_id"
        android:name="cn.edu.neusoft.simplefragmentdemo.MasterFragment"
        android:layout_width="match_parent"
        android:layout_height="wrap_content"/>
```

```
    <fragment
        android:id="@+id/detail_fragment_id"
        android:name="cn.edu.neusoft.simplefragmentdemo.DetailFragment"
        android:layout_width="match_parent"
        android:layout_height="match_parent"
        android:layout_below="@id/master_fragment_id"/>
</RelativeLayout>
```

（8）运行该项目，查看结果。

将 Fragment 当成普通的 View 一样声明在 Activity 的布局文件中，然后所有控件的事件处理等代码都由各自的 Fragment 去处理，代码的可读性、复用性及可维护性有很大提升。

5.1.4 动态使用 Fragment

Fragment 不仅提供静态的使用，也可以动态加载和使用。

实现动态加载，需要先了解 Fragment 事务。熟悉数据库的读者都知道，事务指的就是一种原子性、不可拆分的操作。所谓的 Fragment 事务就是对 Fragment 进行添加、移除、替换或执行其他动作，提交给 Activity 的每一个变化，这就是 Fragment 事务。

Fragment 是 UI 模块，显然在一个 Activity 中可以包含多个模块，所以 Android 提供了 FragmentManage 类来管理 Fragment，FragmentTransaction 类来管理事务。对 Fragment 的动态加载就是先将添加、移除等操作提交到事务，然后通过 FragmentManage 完成的。

通过 FragmentManager.beginTransaction()可以开始一个事务。在事务中，可以对 Fragment 进行的操作以及对应的方法如下：

- 添加，add()；
- 移除，remove()；
- 替换，replace()；
- 提交事务，commit()。

上面几个是比较常用的，还有 attach()、detach()、hide()、addToBackStack()等方法。

这里需要注意的是，Fragment 以 ID 或 Tag 作为唯一标识，所以 remove 和 replace 的参数是 Fragment，这个 Fragment 与目标 Fragment 一致。在下面的示例里，使用了一个栈记录所有添加的 Fragment，然后在移除时使用。

【例 5-2】下面结合经典的底部导航、ViewPage 和 Fragment，介绍如何构建 Fragment 切换应用。图 5-6 是默认 Fragment 的效果，图 5-7 是切换 Fragment 的效果。

实现步骤如下：

（1）创建新项目：项目名称 TabFragmentDemo。

（2）导入素材图片

创建布局之前，复制素材图片到资源目录，如图 5-8 所示。

（3）创建 bottom 布局

底部导航采用简单的线性布局，也可以使用 RadioGroup 来完成。

使用向导创建 bottom 布局文件 Layout/bottom.xml，如图 5-9 所示。布局采用两层线性布局的方式，其中内部的线性布局设置 android:layout_width="0dp"和 android:layout_weight="1"两个属性，使 4 个控件均匀分布。

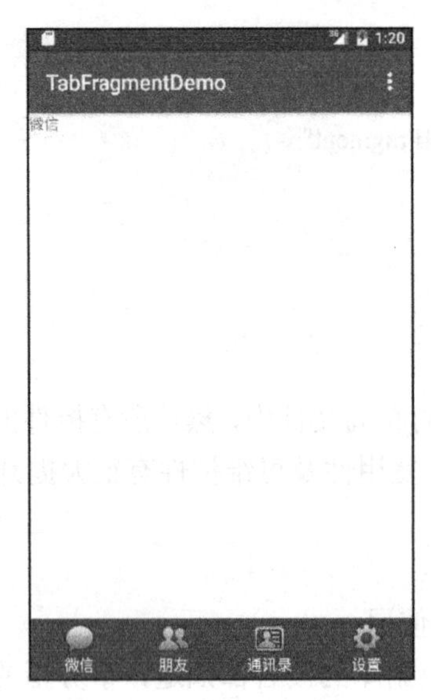

图 5-6　动态 Fragment1

图 5-7　动态 Fragment2

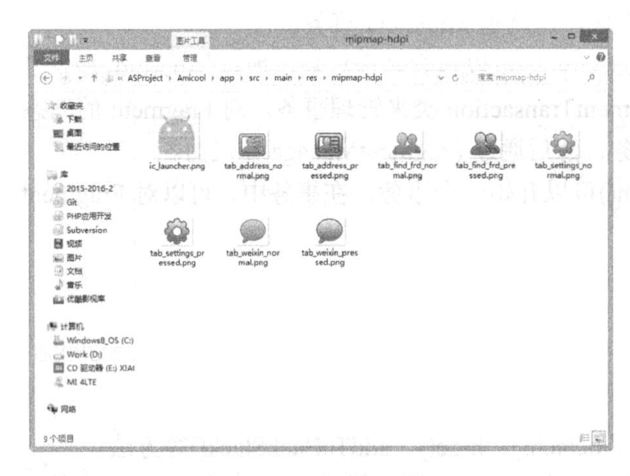

图 5-8　复制素材图片

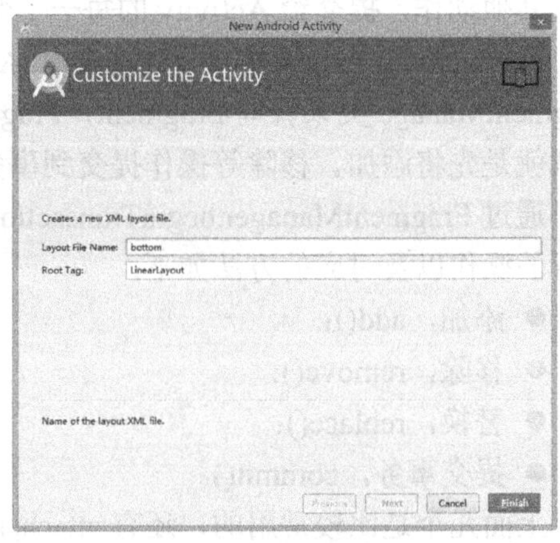

图 5-9　创建 bottom 布局

```
<?xml version="1.0" encoding="utf-8"?>
<LinearLayout xmlns:Android="http://schemas.Android.com/apk/res/Android"
    android:layout_width="match_parent"
    android:layout_height="55dp"
    android:gravity="center"
    android:background="@color/material_blue_grey_800">
    <LinearLayout
        android:layout_width="0dp"
        android:layout_height="wrap_content"
        android:layout_weight="1"
        android:id="@+id/id_tab_wechat"
        android:gravity="center"
        android:orientation="vertical">
        <ImageButton
            android:id="@+id/id_tab_wechat_img"
```

```
            android:clickable="false"
            android:layout_width="wrap_content"
            android:layout_height="wrap_content"
            android:src="@mipmap/tab_weixin_pressed"
            android:background="#00000000"/>
        <TextView
            android:layout_width="wrap_content"
            android:layout_height="wrap_content"
            android:textColor="#ffffff"
            android:text="微信"/>
    </LinearLayout>
    <LinearLayout
        android:id="@+id/id_tab_friend"
        android:layout_width="0dp"
        android:layout_height="wrap_content"
        android:layout_weight="1"
        android:gravity="center"
        android:orientation="vertical">
        <ImageButton
            android:id="@+id/id_tab_friend_img"
            android:clickable="false"
            android:layout_width="wrap_content"
            android:layout_height="wrap_content"
            android:src="@mipmap/tab_find_frd_normal"
            android:background="#00000000"/>
        <TextView
            android:layout_width="wrap_content"
            android:layout_height="wrap_content"
            android:textColor="#ffffff"
            android:text="朋友"/>
    </LinearLayout>
    <LinearLayout
        android:id="@+id/id_tab_contact"
        android:layout_width="0dp"
        android:layout_height="wrap_content"
        android:layout_weight="1"
        android:gravity="center"
        android:orientation="vertical">
        <ImageButton
            android:id="@+id/id_tab_contact_img"
            android:clickable="false"
            android:layout_width="wrap_content"
            android:layout_height="wrap_content"
            android:src="@mipmap/tab_address_normal"
```

```
            android:background="#00000000"/>
        <TextView
            android:layout_width="wrap_content"
            android:layout_height="wrap_content"
            android:textColor="#ffffff"
            android:text="通讯录"/>
    </LinearLayout>
    <LinearLayout
        android:id="@+id/id_tab_setting"
        android:layout_width="0dp"
        android:layout_height="wrap_content"
        android:layout_weight="1"
        android:gravity="center"
        android:orientation="vertical">
    <ImageButton
        android:id="@+id/id_tab_setting_img"
        android:clickable="false"
        android:layout_width="wrap_content"
        android:layout_height="wrap_content"
        android:src="@mipmap/tab_settings_normal"
        android:background="#00000000"/>
    <TextView
        android:layout_width="wrap_content"
        android:layout_height="wrap_content"
        android:textColor="#ffffff"
        android:text="设置"/>
    </LinearLayout>
</LinearLayout>
```

（4）在 content_main.xml 包含 bottom.xml

首先将布局修改为线性，然后增加 ViewPager，最后包含 bottom.xml。

```
<?xml version="1.0" encoding="utf-8"?>
<LinearLayout xmlns:Android="http://schemas.Android.com/apk/res/Android"
    xmlns:app="http://schemas.Android.com/apk/res-auto"
    xmlns:tools="http://schemas.Android.com/tools"
    android:layout_width="match_parent"
    android:layout_height="match_parent"
    app:layout_behavior="@string/appbar_scrolling_view_behavior"
    tools:context=".MainActivity"
    tools:showIn="@layout/app_bar_main"
    android:orientation="vertical">
    <Android.support.v4.view.ViewPager
        android:id="@+id/id_viewpager"
        android:layout_width="match_parent"
        android:layout_height="0dp"
```

```
        android:layout_weight="1">
    </Android.support.v4.view.ViewPager>
    <include layout="@layout/bottom"/>
</LinearLayout>
```

（5）创建 Fragment

使用向导创建 WechatFragment，如图 5-10 所示。

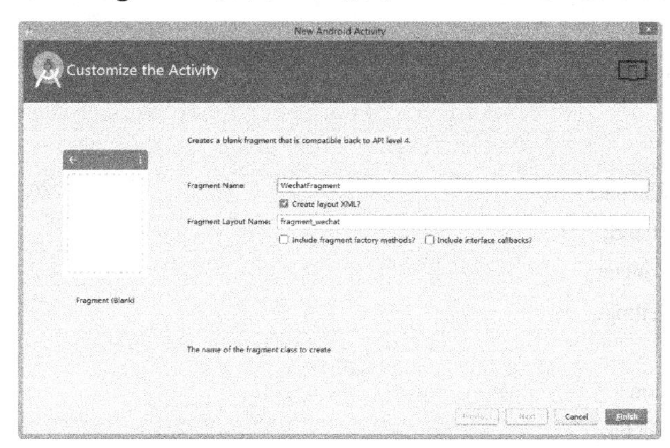

图 5-10　创建 WechatFragment

（6）单击事件

底部导航有 4 个控件，使用 switch 分别进行处理，调用 selectTab，切换到响应 Fragment。

```
View.OnClickListener onClickListener = new View.OnClickListener() {
    @Override
    public void onClick(View v) {
        //先将 4 个 ImageButton 置为灰色
        resetImgs();

        //根据单击的 Tab 切换不同的页面及设置对应的 ImageButton 为绿色
        switch (v.getId()) {
            case R.id.id_tab_wechat:
                selectTab(0);
                break;
            case R.id.id_tab_friend:
                selectTab(1);
                break;
            case R.id.id_tab_contact:
                selectTab(2);
                break;
            case R.id.id_tab_setting:
                selectTab(3);
                break;
        }
    }
};
```

（7）管理 Fragment

① 声明变量

```
//声明 ViewPager
private ViewPager mViewPager;
//适配器
private FragmentPagerAdapter mAdapter;
//装载 Fragment 的集合
private List<Fragment> mFragments;

//4 个 Tab 对应的布局
private LinearLayout mTabWechat;
private LinearLayout mTabFriend;
private LinearLayout mTabContact;
private LinearLayout mTabSetting;

//4 个 Tab 对应的 ImageButton
private ImageButton mImgWechat;
private ImageButton mImgFriend;
private ImageButton mImgContact;
private ImageButton mImgSetting;
```

② 初始化

调用 3 个自定义方法，方法在下面的步骤中给出。

```
initViews();//初始化控件
initEvents();//初始化事件
initDatas();//初始化数据
```

③ 初始化控件

使用 findViewById 获取每个控件。

```
private void initViews() {
    mViewPager = (ViewPager) findViewById(R.id.id_viewpager);

    mTabWechat = (LinearLayout) findViewById(R.id.id_tab_wechat);
    mTabFriend = (LinearLayout) findViewById(R.id.id_tab_friend);
    mTabContact = (LinearLayout) findViewById(R.id.id_tab_contact);
    mTabSetting = (LinearLayout) findViewById(R.id.id_tab_setting);

    mImgWechat = (ImageButton) findViewById(R.id.id_tab_wechat_img);
    mImgFriend = (ImageButton) findViewById(R.id.id_tab_friend_img);
    mImgContact = (ImageButton) findViewById(R.id.id_tab_contact_img);
    mImgSetting = (ImageButton) findViewById(R.id.id_tab_setting_img);

}
```

④ 初始化事件

InitEvents 使用 setOnClickListener 为每个 ImageButton 控件设置监听事件 onClickListener。

onClickListener 是（5）中定义的单击事件。

```
private void initEvents() {
    //设置 4 个 Tab 的单击事件
    mTabWechat.setOnClickListener(onClickListener);
    mTabFriend.setOnClickListener(onClickListener);
    mTabContact.setOnClickListener(onClickListener);
    mTabSetting.setOnClickListener(onClickListener);
}
```

⑤ 初始化数据

首先定义 ArrayList 类型的 mFragments，添加 4 个 Fragment 对象；然后初始化适配器，重载 getItem、getCount 方法；最后设置 ViewPager 的切换监听 addOnPageChangeListener，重载 onPageSelected 方法。在 onPageSelected 中调用 selectTab 和 resetImg 方法进行导航按钮图片的处理。

```
private void initDatas() {
    mFragments = new ArrayList<>();
    //将 4 个 Fragment 加入集合中
    mFragments.add(new WechatFragment());
    mFragments.add(new FriendFragment());
    mFragments.add(new ContactFragment());
    mFragments.add(new SettingFragment());

    //初始化适配器
    mAdapter = new FragmentPagerAdapter(getSupportFragmentManager()) {
        @Override
        public Fragment getItem(int position) {//从集合中获取对应位置的 Fragment
            return mFragments.get(position);
        }

        @Override
        public int getCount() {//获取集合中 Fragment 的总数
            return mFragments.size();
        }

    };
    //设置 ViewPager 的适配器
    mViewPager.setAdapter(mAdapter);
    //设置 ViewPager 的切换监听
    mViewPager.addOnPageChangeListener(new ViewPager.OnPageChangeListener() {
        @Override
        //页面滚动事件
        public void onPageScrolled(int position, float positionOffset, int positionOffsetPixels) {

        }

        //页面选中事件
```

```
        @Override
        public void onPageSelected(int position) {
            //设置 position 对应的集合中的 Fragment
            mViewPager.setCurrentItem(position);
            resetImgs();
            selectTab(position);
        }

        @Override
        //页面滚动状态改变事件
        public void onPageScrollStateChanged(int state) {
        }
    });
}

private void selectTab(int i) {
    //根据单击的 Tab 设置对应的 ImageButton 为绿色
    switch (i) {
        case 0:
            mImgWechat.setImageResource(R.mipmap.tab_weixin_pressed);
            break;
        case 1:
            mImgFriend.setImageResource(R.mipmap.tab_find_frd_pressed);
            break;
        case 2:
            mImgContact.setImageResource(R.mipmap.tab_address_pressed);
            break;
        case 3:
            mImgSetting.setImageResource(R.mipmap.tab_settings_pressed);
            break;
    }
    //设置当前单击的 Tab 所对应的页面
    mViewPager.setCurrentItem(i);
}

//将 4 个 ImageButton 设置为灰色
private void resetImgs() {
    mImgWechat.setImageResource(R.mipmap.tab_weixin_normal);
    mImgFriend.setImageResource(R.mipmap.tab_find_frd_normal);
    mImgContact.setImageResource(R.mipmap.tab_address_normal);
    mImgSetting.setImageResource(R.mipmap.tab_settings_normal);
}
```

（8）运行该项目，查看结果。

5.2 Toolbar 和对话框

5.2.1 Toolbar

Actionbar 是在 Android3.0 推出的一个标识应用程序和用户位置的窗口功能，并且给用户提供操作和导航模式。在大多数情况下，当开发者需要突出展现用户行为或全局导航的 Activity 中使用 Actionbar，因为 Actionbar 能够使应用程序为用户提供一致的界面，并且系统能够很好地根据不同的屏幕配置来适应操作栏的外观。开发者能够用 Actionbar 的对象的 API 来控制操作栏的行为和可见性。

Toolbar 是在 Android 5.0 开始推出的一个 Material Design 风格的导航控件，Google 公司非常推荐大家使用 Toolbar 来作为 Android 客户端的导航栏，以此来取代 Actionbar 。

与 Actionbar 相比，Toolbar 明显要灵活得多。它不像 Actionbar 那样，一定要固定在 Activity 的顶部，而是可以放到界面的任意位置。除此之外，在设计 Toolbar 时，Google 也留给了开发者很多可定制修改的余地，这些可定制修改的属性在 API 文档中都有详细介绍，如：

- 设置导航栏图标；
- 设置 App 的 logo；
- 支持设置标题和子标题；
- 支持添加一个或多个的自定义控件；
- 支持 Action Menu。

【例 5-3】 下面的例子为 Toolbar 添加搜索和分享图标，效果如图 5-15 的 Toolbar 所示。

实现步骤如下：

（1）添加图标

在 res/menu/main.xml 中添加搜索和分享，设置 title 和 showAsAction，其中 ifRoom 是有空间则显示，否则隐藏。

```
<item
    android:id="@+id/ab_search"
    android:orderInCategory="80"
    android:title="action_search"
    app:actionViewClass="Android.support.v7.widget.SearchView"
    app:showAsAction="ifRoom"/>
<item
    android:id="@+id/action_share"
    android:orderInCategory="90"
    android:title="action_share"
    app:actionProviderClass="Android.support.v7.widget.ShareActionProvider"
    app:showAsAction="ifRoom"/>
```

全部布局代码如下：

```
<?xml version="1.0" encoding="utf-8"?>
<menu xmlns:Android="http://schemas.Android.com/apk/res/Android"
    xmlns:app="http://schemas.Android.com/apk/res-auto">
<item
```

```
    android:id="@+id/ab_search"
    android:orderInCategory="80"
    android:title="action_search"
    app:actionViewClass="Android.support.v7.widget.SearchView"
    app:showAsAction="ifRoom"/>
<item
    android:id="@+id/action_share"
    android:orderInCategory="90"
    android:title="action_share"
    app:actionProviderClass="Android.support.v7.widget.ShareActionProvider"
    app:showAsAction="ifRoom"/>
<item
    android:id="@+id/action_settings"
    android:orderInCategory="100"
    android:title="action_settings"
    app:showAsAction="never"/>
</menu>
```

（2）添加菜单事件

重载 onOptionsItemSelected 方法，使用 getItemId 获取菜单控件，然后使用 switch，为不同的菜单控件设置不同的事件。这里使用 Toast 显示简单的信息。

```
@Override
public boolean onOptionsItemSelected(MenuItem item) {
    // Handle action bar item clicks here. The action bar will
    // automatically handle clicks on the Home/Up button, so long
    // as you specify a parent activity in AndroidManifest.xml.
    int id = item.getItemId();
    switch (id) {
        case R.id.action_settings:
            Toast.makeText(MainActivity.this, "action_settings", Toast.LENGTH_LONG).show();
            break;
        case R.id.action_share:
            Toast.makeText(MainActivity.this, "action_share", Toast.LENGTH_LONG).show();
            break;
        default:
            break;
    }
    //return super.onOptionsItemSelected(item);
    return true;
}
```

（3）运行该项目，查看结果。

5.2.2 DialogFragment

在 Android 应用开发中，程序与用户交互的方式会直接影响到用户的使用体验，而对话框又是与用户交互必不可少的部分。我们经常会需要在界面上弹出一个对话框，让用户单击对话框的某个按钮、选项，或者是输入一些文本，从而知道用户做了什么操作，或是下达了什么指令。

DialogFragment 在 Android 3.0 时被引入。它是一种特殊的 Fragment，用于在 Activity 的内容之上展示一个模态的对话框。典型地用于展示警告框、输入框、确认框等。在 DialogFragment 产生之前，创建对话框一般采用 AlertDialog 和 Dialog。Google 公司不推荐直接使用 Dialog 创建对话框。

使用 DialogFragment 来管理对话框，当旋转屏幕和按下后退键时可以更好地管理其生命周期，它和 Fragment 有着基本一致的生命周期。且 DialogFragment 也允许开发者把 Dialog 作为内嵌的组件进行重用，类似 Fragment（可以在大屏幕和小屏幕显示出不同的效果）。

【例 5-4】 下面用弹出登录对话框为例，展示如何使用 DialogFragment，登录对话框效果如图 5-11 所示，对话框响应如图 5-12 所示。

图 5-11　登录对话框

图 5-12　对话框响应

实现步骤如下：

（1）创建新项目：项目名称 DialogDemo。

（2）创建 LoginFragment

布局中使用 TextView 和 EditText 控件。

```
<?xml version="1.0" encoding="utf-8"?>
<LinearLayout xmlns:Android="http://schemas.Android.com/apk/res/Android"
    android:id="@+id/login_dialog"
    android:layout_width="wrap_content"
    android:layout_height="match_parent"
    android:padding="16dp"
    android:orientation="vertical">
    <TextView
        android:layout_width="300dp"
        android:layout_height="50dp"
        android:text="登录"
        android:layout_marginTop="15dp"
```

```
        android:gravity="center"
        android:textSize="25dp"/>
    <EditText
        android:id="@+id/username"
        android:layout_width="300dp"
        android:layout_height="50dp"
        android:layout_marginTop="15dp"
        android:singleLine="true"
        android:hint="@string/username_msg"/>
    <EditText
        android:id="@+id/password"
        android:layout_width="300dp"
        android:layout_height="50dp"
        android:layout_marginTop="15dp"
        android:singleLine="true"
        android:hint="@string/password_msg"
        android:password="true"
        android:inputType="text"
        android:imeOptions="actionDone"/>
</LinearLayout>
```

创建 LoginFragment 继承 DialogFragment，实现 Android.widget.TextView.OnEditorActionListener 接口。

```
public class LoginFragment extends DialogFragment    implements OnEditorActionListener {}
```

定义 loginDialogListener 接口，供 Activity 调用：

```
public interface loginDialogListener {
    void onFinishEditDialog(String inputText);
}
```

onCreateView 中首先 inflate 布局，获取用户名控件和密码控件，启动软键盘。同时设置用户名控件获得焦点，设置监听密码控件。

```
public View onCreateView(LayoutInflater inflater, ViewGroup container,Bundle savedInstanceState) {
    // Inflate the layout for this fragment
    View view = inflater.inflate(R.layout.fragment_login, container);
    //loginButton = (Button) view.findViewById(R.id.login_button);
    usernameET = (EditText)view.findViewById(R.id.username);
    passwordET = (EditText)view.findViewById(R.id.password);
    getDialog().setTitle("Hello");
    usernameET.requestFocus();
getDialog().getWindow().setSoftInputMode(WindowManager.LayoutParams.SOFT_INPUT_STATE_VISIBLE);
    passwordET.setOnEditorActionListener(this);
    return view;
}
```

重载 onEditorAction 方法，设置与 Activity 的交互。其中，onFinishEditDialog 方法在 Activity 中定义。

```
public boolean onEditorAction(TextView v, int actionId, KeyEvent event) {
    if (EditorInfo.IME_ACTION_DONE == actionId) {
        // Return input text to activity
        loginDialogListener activity = (loginDialogListener) getActivity();
        activity.onFinishEditDialog(usernameET.getText().toString()+passwordET.getText().toString());
        this.dismiss();
        return true;
    }
    return false;
}
```

完整代码如下：

```
public class LoginFragment extends DialogFragment    implements OnEditorActionListener {
    public interface loginDialogListener {
        void onFinishEditDialog(String inputText);
    }
    private EditText usernameET;
    private EditText passwordET;
    public LoginFragment() {
        // Required empty public constructor
    }
    @Override
    public View onCreateView(LayoutInflater inflater, ViewGroup container,
                             Bundle savedInstanceState) {
        // Inflate the layout for this fragment
        View view = inflater.inflate(R.layout.fragment_login, container);
        //loginButton = (Button) view.findViewById(R.id.login_button);
        usernameET = (EditText)view.findViewById(R.id.username);
        passwordET = (EditText)view.findViewById(R.id.password);
        getDialog().setTitle("Login");
        usernameET.requestFocus();
        getDialog().getWindow().setSoftInputMode(
                WindowManager.LayoutParams.SOFT_INPUT_STATE_VISIBLE);
        passwordET.setOnEditorActionListener(this);
        return view;
    }
    @Override
    public boolean onEditorAction(TextView v, int actionId, KeyEvent event) {
        if (EditorInfo.IME_ACTION_DONE == actionId) {
            // Return input text to activity
            loginDialogListener activity = (loginDialogListener) getActivity();
            activity.onFinishEditDialog(usernameET.getText().toString()+passwordET.getText().toString());
            this.dismiss();
            return true;
        }
```

```
            return false;
        }
}
```

（3）MainActivity

首先定义 showLoginDialog 方法，使用 FragmentManager 调用 LoginFragment。

```
private void showLoginDialog() {
    Android.app.FragmentManager fm = getFragmentManager();
    LoginFragment loginFragment = new LoginFragment();
    loginFragment.show(fm,"dlg_login_dialog");
}
```

然后在 onCreate 方法中调用 showLoginDialog。

```
protected void onCreate(Bundle savedInstanceState) {
    super.onCreate(savedInstanceState);
    setContentView(R.layout.activity_main);
    showLoginDialog();
}
```

最后定义 onFinishEditDialog 接收 DialogFragment 中输出的数据。

```
public void onFinishEditDialog(String inputText) {
    Toast.makeText(this, "Hi, " + inputText, Toast.LENGTH_SHORT).show();
}
```

完整代码如下：

```
public class MainActivity extends AppCompatActivity implements loginDialogListener {

    @Override
    protected void onCreate(Bundle savedInstanceState) {
        super.onCreate(savedInstanceState);
        setContentView(R.layout.activity_main);
        showLoginDialog();
    }

    private void showLoginDialog() {
        Android.app.FragmentManager fm = getFragmentManager();
        LoginFragment loginFragment = new LoginFragment();
        loginFragment.show(fm,"dlg_login_dialog");
    }

    @Override
    public void onFinishEditDialog(String inputText) {
        Toast.makeText(this, "Hi, " + inputText, Toast.LENGTH_SHORT).show();
    }

    @Override
    public boolean onCreateOptionsMenu(Menu menu) {
        // Inflate the menu; this adds items to the action bar if it is present.
```

```
getMenuInflater().inflate(R.menu.menu_main, menu);
        return true;
    }

    @Override
    public boolean onOptionsItemSelected(MenuItem item) {
        // Handle action bar item clicks here. The action bar will
        // automatically handle clicks on the Home/Up button, so long
        // as you specify a parent activity in AndroidManifest.xml.
        int id = item.getItemId();
        //noinspection SimplifiableIfStatement
        if (id == R.id.action_settings) {
            return true;
        }
        return super.onOptionsItemSelected(item);
    }
}
```

（4）运行该项目，查看结果。

5.3　Android 项目框架综合实例

本例中综合使用 Navigation Drawer、Toolbar、ViewPager、Fragment、PageSlidingTagStrip 等构建 Android 框架。其中，Navigation Drawer 如图 5-13 所示，任意数量内导航如图 5-14 和图 5-15 所示，固定数量内导航如图 5-16 所示。

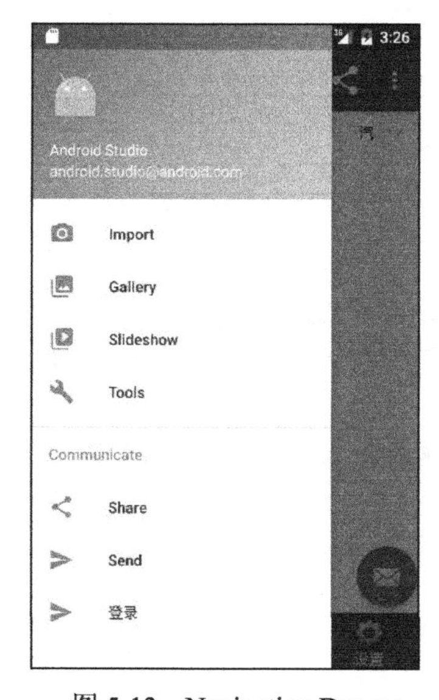

图 5-13　Navigation Drawer

图 5-14　内导航 1

图 5-15　内导航 2

图 5-16　内导航 3

5.3.1　新建项目

新建项目 Amicool，选择版本和目标设备如图 5-17 和图 5-18 所示。添加 LoginActivity，使用 Navigation Drawer Activity，如图 5-20 和图 5-21 所示，创建完成后项目架构如图 5-22 所示。

图 5-17　新建项目

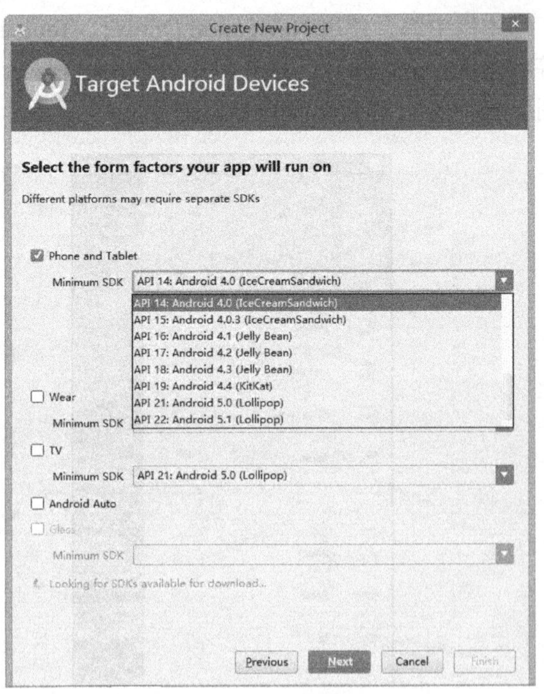

图 5-18　选择版本

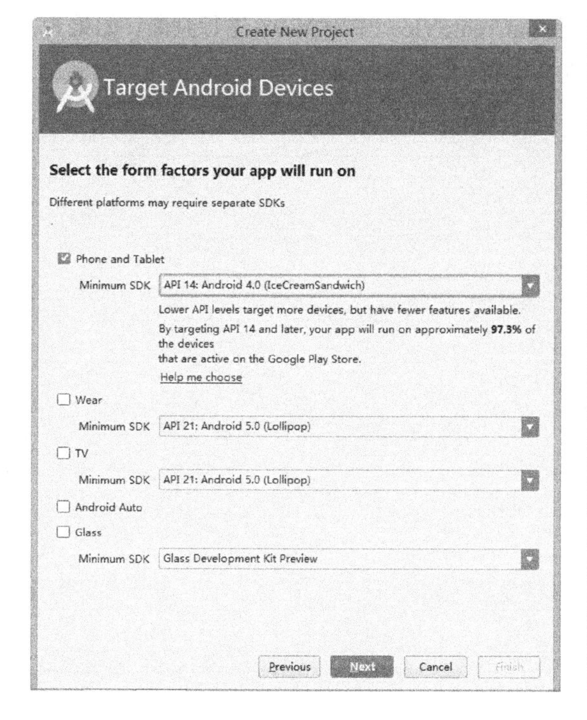

图 5-19　选择目标设备

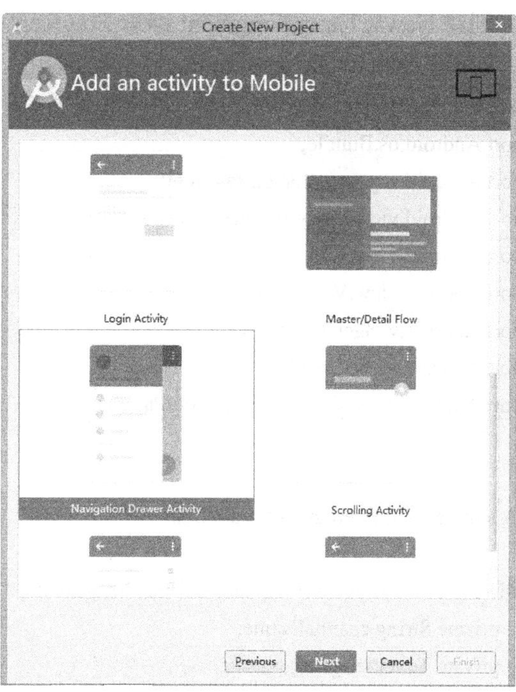

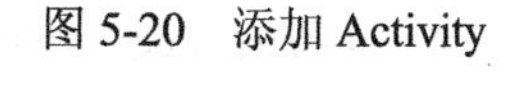

图 5-20　添加 Activity

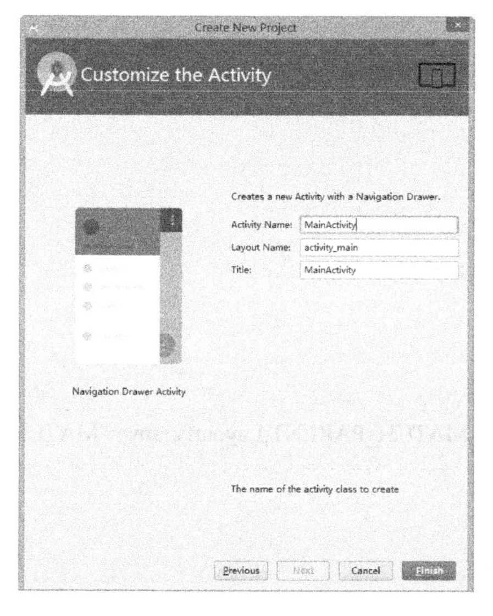

图 5-21　配置 Activity

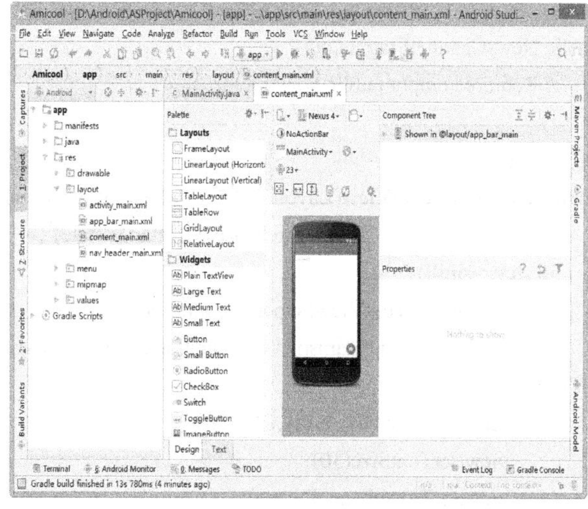

图 5-22　项目架构

5.3.2　底部导航

本部分与动态使用 Fragment 一致，请参照相关内容。

5.3.3　任意数量内导航

本部分创建一个支持任意数量的内导航，如图 5-14 和图 5-15 所示。

（1）NewsChannelFragment

创建 NewsChannelFragment 继承 Fragment，在 onCreateView 中对 View 进行判断，如果为 null，使用 channelName 作为显示文字初始化一个 View，否则直接返回 View。

```
package cn.edu.neusoft.amicool;
import Android.os.Bundle;
import Android.support.v4.app.Fragment;
import Android.view.LayoutInflater;
import Android.view.View;
import Android.view.ViewGroup;
import Android.widget.TextView;
import Android.view.Gravity;
import Android.view.ViewGroup.LayoutParams;

/**
 * A simple {@link Fragment} subclass.
 */
public class NewsChannelFragment extends Fragment {
    private String channelName;
    private TextView view;
    @Override
    public void setArguments(Bundle args) {
        channelName=args.getString("cname");
    }
    public NewsChannelFragment() {
        // Required empty public constructor
    }
    @Override
    public View onCreateView(LayoutInflater inflater, ViewGroup container,
                             Bundle savedInstanceState) {
        if(view==null){
            view=new TextView(super.getActivity());
            view.setLayoutParams(new   LayoutParams(LayoutParams.MATCH_PARENT,LayoutParams.  MATCH_
PARENT));
            view.setGravity(Gravity.CENTER);
            view.setTextSize(30);
            view.setText(channelName);
        }
        ViewGroup parent=(ViewGroup)view.getParent();
        if(parent!=null){
            parent.removeView(view);
        }
    return view;
    }
```

```
}
```

（2）NewsPageFragmentAdapter

创建 NewsPageFragmentAdapter 继承 FragmentPagerAdapter，其中 getItem 方法使用取模（%）运算进行了简单处理。

```
package cn.edu.neusoft.amicool;
import Android.support.v4.app.Fragment;
import Android.support.v4.app.FragmentManager;
import Android.support.v4.app.FragmentPagerAdapter;
import Java.util.List;

/**
 * Created by zjs on 2016/3/23.
 */
public class NewsPageFragmentAdapter extends FragmentPagerAdapter {
    private List<Fragment> fragmentList;
    private FragmentManager fm;
    public NewsPageFragmentAdapter(FragmentManager fm, List<Fragment> fragmentList) {
        super(fm);
        this.fragmentList=fragmentList;
        this.fm=fm;
    }
    @Override
    public Fragment getItem(int idx) {
        return fragmentList.get(idx%fragmentList.size());
    }
    @Override
    public int getCount() {
        // TODO Auto-generated method stub
        return fragmentList.size();
    }
    @Override
    public int getItemPosition(Object object) {
        return POSITION_NONE;
    }
}
```

（3）WechatFragment

WechatFragment 实现了任意数量的内导航。首先创建 Fragment，实现 ViewPager.OnPageChangeListener 接口。

```
package cn.edu.neusoft.amicool;
import Android.os.Bundle;
import Android.support.v4.app.Fragment;
import Android.support.v4.view.ViewPager;
import Android.util.DisplayMetrics;
import Android.view.LayoutInflater;
```

```
import Android.view.View;
import Android.view.ViewGroup;
import Android.widget.HorizontalScrollView;
import Android.widget.RadioButton;
import Android.widget.RadioGroup;
import Java.util.ArrayList;
import Java.util.List;
/**
 * A simple {@link Fragment} subclass.
 */
public class WechatFragment extends Fragment implements ViewPager.OnPageChangeListener{
    private View view=null;
    private RadioGroup rgChannel=null;
    private ViewPager viewPager;
    private HorizontalScrollView hvChannel=null;
    public WechatFragment() {
        // Required empty public constructor
    }
    ......
}
```

在 onCreateView，调用 initTab(inflater)初始化内导航标签，调用 initViewPager()初始化 ViewPager。

```
@Override
public View onCreateView(LayoutInflater inflater, ViewGroup container,
                          Bundle savedInstanceState) {
    // Inflate the layout for this fragment
    if(view==null){
        view=inflater.inflate(R.layout.fragment_wechat, null);
        rgChannel=(RadioGroup)view.findViewById(R.id.rgChannel);
        viewPager=(ViewPager)view.findViewById(R.id.vpNewsList);
        hvChannel=(HorizontalScrollView)view.findViewById(R.id.hvChannel);
        rgChannel.setOnCheckedChangeListener(new RadioGroup.OnCheckedChangeListener() {
            @Override
            public void onCheckedChanged(RadioGroup group,int checkedId) {
                viewPager.setCurrentItem(checkedId);
            }
        });
        initTab(inflater);
        initViewPager();
    }
    ViewGroup parent=(ViewGroup)view.getParent();
    if(parent!=null){
        parent.removeView(view);
    }
```

```
    return view;
}
    private List<Fragment> newsChannelList=new ArrayList<Fragment>();
    private NewsPageFragmentAdapter adapter;
    private void initViewPager(){
        List<String> channelList=new ArrayList<String>();
        channelList.add("新闻");
        channelList.add("财经");
        channelList.add("科技");
        channelList.add("体育");
        channelList.add("娱乐");
        channelList.add("汽车");
        channelList.add("博客");
        channelList.add("读书");
        for(int i=0;i<channelList.size();i++){
            NewsChannelFragment fragment=new NewsChannelFragment();
            Bundle bundle=new Bundle();
            bundle.putString("cname", channelList.get(i).toString());
            fragment.setArguments(bundle);
            newsChannelList.add(fragment);
        }
        adapter=new
     NewsPageFragmentAdapter(super.getActivity().getSupportFragmentManager(), newsChannelList);
        viewPager.setAdapter(adapter);
        viewPager.setOffscreenPageLimit(2);
        viewPager.setCurrentItem(0);
        viewPager.setOnPageChangeListener(this);
    }
    private void initTab(LayoutInflater inflater){
        List<String> channelList=new ArrayList<String>();
        channelList.add("新闻");
        channelList.add("财经");
        channelList.add("科技");
        channelList.add("体育");
        channelList.add("娱乐");
        channelList.add("汽车");
        channelList.add("博客");
        channelList.add("读书");
        for(int i=0;i<channelList.size();i++){
            RadioButton rb=(RadioButton)inflater.
                    inflate(R.layout.tab_rb, null);
            rb.setId(i);
            rb.setText(channelList.get(i).toString());
            RadioGroup.LayoutParams params=new
```

```
        RadioGroup.LayoutParams(RadioGroup.LayoutParams.WRAP_CONTENT,
                RadioGroup.LayoutParams.WRAP_CONTENT);
        rgChannel.addView(rb,params);
    }
    rgChannel.check(0);
}
```

重载 onPageSelected 方法，调用 setTab 方法设置选定 Tab 的相关操作，其中使用了 DisplayMetrics 类，处理当前屏幕的密度。

```
@Override
  public void onPageSelected(int idx) {
      setTab(idx);
  }

  private void setTab(int idx){
      RadioButton rb=(RadioButton)rgChannel.getChildAt(idx);
      rb.setChecked(true);
      int left=rb.getLeft();
      int width=rb.getMeasuredWidth();
      DisplayMetrics metrics=new DisplayMetrics();
      super.getActivity().getWindowManager().getDefaultDisplay().getMetrics(metrics);
      int screenWidth=metrics.widthPixels;
      int len=left+width/2-screenWidth/2;
      hvChannel.smoothScrollTo(len, 0);
  }
```

（4）布局

Layout/wechat.xml 布局中，使用了 HorizontalScrollView，代码如下：

```
<LinearLayout xmlns:Android="http://schemas.Android.com/apk/res/Android"
    xmlns:tools="http://schemas.Android.com/tools"
    android:layout_width="match_parent"
    android:layout_height="match_parent"
    android:orientation="vertical"
    tools:context=".WechatFragment">
    <RelativeLayout android:layout_width="match_parent" android:layout_height="wrap_content">
        <HorizontalScrollView
            android:id="@+id/hvChannel"
            android:layout_width="match_parent"
            android:layout_height="wrap_content"
            android:layout_toLeftOf="@+id/ivShowChannel"
            android:scrollbars="none">
            <RadioGroup
                android:id="@+id/rgChannel"
                android:layout_width="wrap_content"
                android:layout_height="wrap_content"    android:orientation="horizontal">
            </RadioGroup>
```

```
        </HorizontalScrollView>
        <ImageView android:layout_width="40dp"
            android:layout_height="40dp"
            android:id="@+id/ivShowChannel"
            android:layout_alignParentRight="true"
            android:src="@mipmap/channel_down_narrow"
            android:scaleType="fitXY"/>
    </RelativeLayout>
    <Android.support.v4.view.ViewPager
        android:id="@+id/vpNewsList"
        android:layout_width="match_parent"
        android:layout_height="match_parent">
    </Android.support.v4.view.ViewPager>
</LinearLayout>
```

（5）设置 tab_rb：创建 Layout/tab_rb.xml，设置 android:background 属性，代码如下：

```
<?xml version="1.0" encoding="utf-8"?>
<RadioButton xmlns:Android="http://schemas.Android.com/apk/res/Android"
    android:layout_width="wrap_content"
    android:layout_height="30dp"
    android:text="今日"
    android:background="@drawable/tab_selector"
    android:paddingLeft="15dp"
    android:paddingRight="15dp"
    android:paddingTop="10dp"
    android:paddingBottom="10dp"
    android:button="@null"/>
```

（6）设置 tab_selector：在 Drawable/tab_selector.xml 中添加 Shape 及 state_selected。

```
<?xml version="1.0" encoding="utf-8"?>
<selector xmlns:Android="http://schemas.Android.com/apk/res/Android" >
    <item android:state_checked="true" >
        <layer-list >
            <item >
                <shape android:shape="rectangle">
                    <stroke android:width="5dp"   android:color="#ff0000"/>
                </shape>
            </item>
            <item   android:bottom="5dp" >
                <shape android:shape="rectangle" >
                  <solid android:color="#fff"/>
                </shape>
            </item>
      </layer-list>
    </item>
    <item android:state_selected="true" >
```

```
        <layer-list >
            <item >
                <shape android:shape="rectangle">
                    <stroke android:width="5dp"   android:color="#ff0000"/>
                </shape>
            </item>
            <item   android:bottom="5dp" >
                <shape android:shape="rectangle" >
                    <solid android:color="#fff"/>
                </shape>
            </item>
        </layer-list>
    </item>
    <item >
        <shape >
            <solid   android:color="#FFF"/>
        </shape>
    </item>
</selector>
```

5.3.4 固定数量内导航

本部分创建一个固定数量的内导航，使用了 ViewPage 和 PagerSlidingTabStrip。

（1）PagerSlidingTabStrip：这是一个比较成熟的第三方控件，在 github 网站上已经有了这个开源项目，所以可以直接拿来使用，很方便、实用。官网地址：https://github.com/astuetz/PagerSlidingTabStrip。

（2）Drawable/backgroud_bg：使用 Selector 设置导航的背景，分别设置 state_pressed、state_focused 和 drawable 属性。

```
<?xml version="1.0" encoding="utf-8"?>
<selector xmlns:Android="http://schemas.Android.com/apk/res/Android"
    android:exitFadeDuration="@android:integer/config_shortAnimTime">
    <item android:state_pressed="true" android:drawable="@color/red" />
    <item android:state_focused="true" android:drawable="@color/red"/>
    <item android:drawable="@android:color/transparent"/>
</selector>
```

（3）String.xml：定义 PagerSlidingTabStrip 的各种属性。

```
<resources>
    <string name="app_name">Amicool</string>
    <string name="navigation_drawer_open">Open navigation drawer</string>
    <string name="navigation_drawer_close">Close navigation drawer</string>
    <string name="action_settings">Settings</string>
    <!-- TODO: Remove or change this placeholder text -->
    <string name="hello_blank_fragment">Hello blank fragment</string>
    <declare-styleable name="PagerSlidingTabStrip">
```

```
        <attr name="pstsIndicatorColor" format="color" />
        <attr name="pstsUnderlineColor" format="color" />
        <attr name="pstsDividerColor" format="color" />
        <attr name="pstsIndicatorHeight" format="dimension" />
        <attr name="pstsUnderlineHeight" format="dimension" />
        <attr name="pstsDividerPadding" format="dimension" />
        <attr name="pstsTabPaddingLeftRight" format="dimension" />
        <attr name="pstsScrollOffset" format="dimension" />
        <attr name="pstsTabBackground" format="reference" />
        <attr name="pstsShouldExpand" format="boolean" />
        <attr name="pstsTextAllCaps" format="boolean" />
        <attr name="selectedTabTextColor" format="color" />
    </declare-styleable>
</resources>
```

（4）Colors.xml：定义颜色属性。

```
<?xml version="1.0" encoding="utf-8"?>
<resources>
    <color name="colorPrimary">#3F51B5</color>
    <color name="colorPrimaryDark">#303F9F</color>
    <color name="colorAccent">#FF4081</color>
    <color name="white">#FFFFFF</color>
    <!-- 象牙色 -->
    <color name="lightyellow">#FFFFE0</color>
    <!-- 桃色 -->
    <color name="gold">#FFD700</color>
    <color name="red">#FF0000</color>
</resources>
```

（5）布局 Layout：在布局中放入 PagerSlidingTabStrip 和 ViewPager。

```
<LinearLayout xmlns:Android="http://schemas.Android.com/apk/res/Android"
    xmlns:tools="http://schemas.Android.com/tools"
    android:layout_width="match_parent"
    android:layout_height="match_parent"
    android:orientation="vertical"
    tools:context=".FriendFragment">
    <!-- TODO: Update blank fragment layout -->
    <cn.edu.neusoft.amicool.widget.PagerSlidingTabStrip
        android:id="@+id/tabs"
        android:layout_width="match_parent"
        android:layout_height="40dp" />
    <Android.support.v4.view.ViewPager
        android:id="@+id/pager"
        android:layout_width="match_parent"
        android:layout_height="wrap_content"
        android:layout_below="@+id/tabs" />
```

```
</LinearLayout>
```

（6）Fragment：创建 FriendFragment，继承 Fragment。声明 SubFragment1、SubFragment2、SubFragment3、PagerSlidingTabStrip 和 DisplayMetrics 对象作为 FriendFragment 的成员变量。

```
package cn.edu.neusoft.amicool;
import Android.graphics.Color;
import Android.os.Bundle;
import Android.support.v4.app.Fragment;
import Android.support.v4.app.FragmentManager;
import Android.support.v4.app.FragmentStatePagerAdapter;
import Android.support.v4.view.ViewPager;
import Android.util.DisplayMetrics;
import Android.util.TypedValue;
import Android.view.LayoutInflater;
import Android.view.View;
import Android.view.ViewGroup;
import cn.edu.neusoft.amicool.subfragment.SubFragment1;
import cn.edu.neusoft.amicool.subfragment.SubFragment2;
import cn.edu.neusoft.amicool.widget.PagerSlidingTabStrip;
import cn.edu.neusoft.amicool.subfragment.SubFragment3;
/**
 * A simple {@link Fragment} subclass.
 */
public class FriendFragment extends Fragment {
    private SubFragment1 subFragment1;
    private SubFragment2 subFragment2;
    private SubFragment3 subFragment3;
    /**
     * PagerSlidingTabStrip 的实例
     */
    private PagerSlidingTabStrip tabs;
    /**
     * 获取当前屏幕的密度
     */
    private DisplayMetrics dm;
    public FriendFragment() {
        // Required empty public constructor
    }
}
```

在 onCreateView 调用 initView，初始化 ViewPager。

```
@Override
public View onCreateView(LayoutInflater inflater, ViewGroup container,
                         Bundle savedInstanceState) {
    // Inflate the layout for this fragment
```

```
    View view = inflater.inflate(R.layout.fragment_friend, null);
    initView(view);
    return view;
}
```

initView 获取屏幕密度、ViewPage 和 PagerSlidingTabStrip，设置 Adapter。然后调用 setTabsValue，设置 Tab 的各种属性。

```
private void initView(View view) {
    dm = getResources().getDisplayMetrics();
    ViewPager pager = (ViewPager) view.findViewById(R.id.pager);
    tabs = (PagerSlidingTabStrip) view.findViewById(R.id.tabs);
    pager.setAdapter(new MyPagerAdapter(getChildFragmentManager()));
    tabs.setViewPager(pager);
    setTabsValue();
}
    /**
     * 对 PagerSlidingTabStrip 的各项属性进行赋值。
     */
private void setTabsValue() {
    // 设置 Tab 是自动填充满屏幕的
    tabs.setShouldExpand(true);
    // 设置 Tab 的分割线是透明的
    tabs.setDividerColor(Color.TRANSPARENT);
    // tabs.setDividerColor(Color.BLACK);
    // 设置 Tab 底部线的高度
    tabs.setUnderlineHeight((int) TypedValue.applyDimension(TypedValue.COMPLEX_UNIT_DIP, 1, dm));
    // 设置 Tab Indicator 的高度
    tabs.setIndicatorHeight((int) TypedValue.applyDimension(TypedValue.COMPLEX_UNIT_DIP, 4, dm));// 4
    // 设置 Tab 标题文字的大小
    tabs.setTextSize((int) TypedValue.applyDimension(TypedValue.COMPLEX_UNIT_SP, 16, dm)); // 16
    // 设置 Tab Indicator 的颜色
    tabs.setIndicatorColor(Color.parseColor("#45c01a"));// #45c01a
    // 设置选中 Tab 文字的颜色 (这是自定义的一个方法)
    tabs.setSelectedTextColor(Color.parseColor("#45c01a"));// #45c01a
    // 取消单击 Tab 时的背景色
    tabs.setTabBackground(0);
}
```

定义 MyPagerAdapter，继承 FragmentStatePagerAdapter。重载 getItem，返回各 Tab 对应的 SubFragment。

```
    // FragmentPagerAdapter FragmentStatePagerAdapter //不能用 FragmentPagerAdapter
    public class MyPagerAdapter extends FragmentStatePagerAdapter {
        public MyPagerAdapter(FragmentManager fm) {
            super(fm);
            // TODO Auto-generated constructor stub
        }
```

```
    private final String[] titles = { "同学", "同事", "好友" };
    @Override
    public CharSequence getPageTitle(int position) {
        return titles[position];
    }
    @Override
    public int getCount() {
        return titles.length;
    }
    @Override
    public Fragment getItem(int position) {
        switch (position) {
            case 0:
                if (null == subFragment1) {
                    subFragment1 = new SubFragment1();
                }
                return subFragment1;
            case 1:
                if (null == subFragment2) {
                    subFragment2 = new SubFragment2();
                }
                return subFragment2;
            case 2:
                if (null == subFragment3) {
                    subFragment3 = new SubFragment3();
                }
                subFragment1 = new SubFragment1();
                return subFragment3;
            default:
                return null;
        }
    }
}
```

【项目延伸】

可以在该项目的基础上进行制作大项目 UI 的尝试：

- Fragment 导航；
- Toolbar；
- 用户注册。

导航效果如图 5-23 所示。

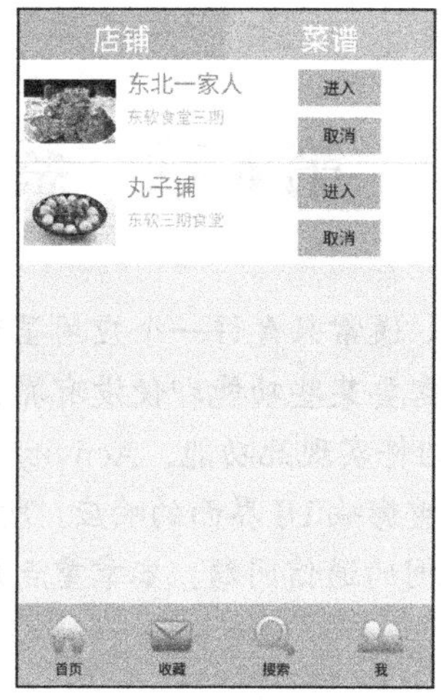

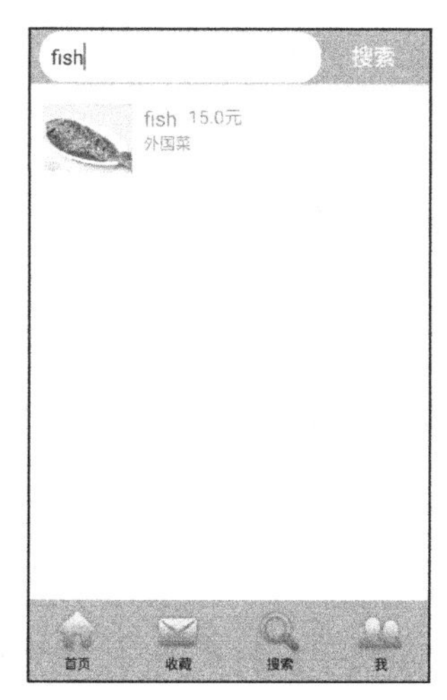

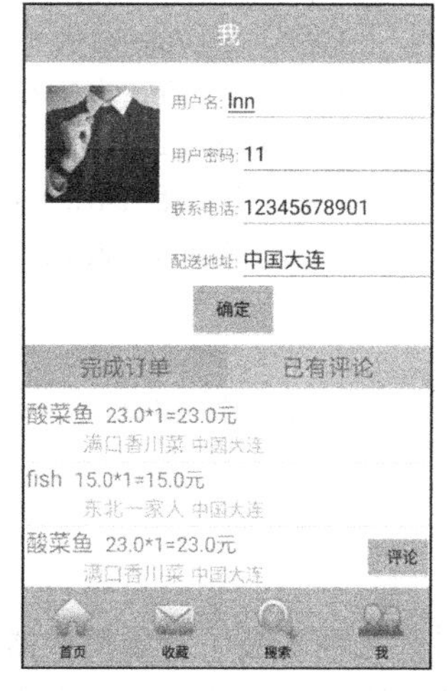

图 5-23　底部导航效果

习　题　5

1．简答题：

（1）简述 Toolbar 的作用。

（2）简述使用 DialogFragment 创建对话框的步骤。

（3）简述 Fragment 的作用及使用步骤。

2．编程题：

使用静态 Fragment 构建平板电脑和手机的自适应布局，在平板电脑上左侧显示导航栏，右侧显示新闻正文；手机上只显示新闻正文。

第6章 系统服务

在Android系统中，通常只允许一个应用呈现用户界面并处于活动状态，其他应用则处于非活动状态。而有时又需要某些功能即使没有界面，也可以在后台长期运行，比如音乐的播放，因此需要使用Service组件实现此功能。Activity和广播等都工作在主线程上，如果主线程的任务繁重，会降低甚至严重影响UI界面的响应，所以必须开启其他子线程。而开启子线程后，又涉及主线程和子线程之间的通信问题。本章重点介绍以上内容，同时简单介绍Timer和Alarm的应用。

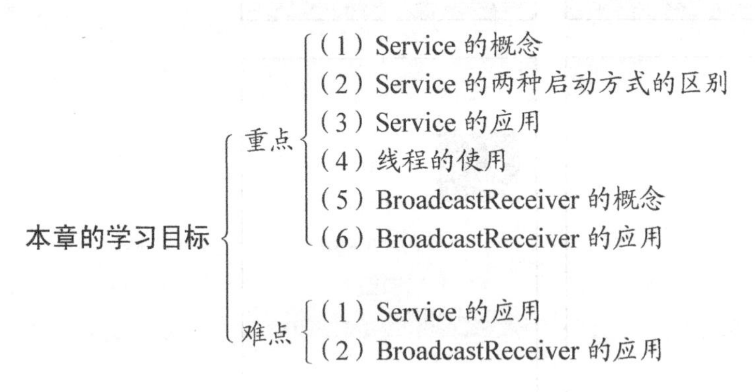

【项目导学】

每款手机在出厂时都已经安装了音乐播放器。虽然手机款式不同，音乐播放器的功能也不尽相同，但是有一点是一致的：用户启动音乐播放器播放音乐后，即使关闭相关界面，音乐播放仍能正常进行，而且还允许用户通过通知栏里提供的接口控制音乐播放器的运行。请读者在了解本章内容后思考音乐播放器的实现方式。

6.1 服务

6.1.1 Service的原理和用途

Service（服务）是一个没有用户界面，且在后台运行的应用组件。其他的应用组件能够启动Service，而且即使用户切换到了其他的应用程序中，Service仍能持续在后台运行。此外，一个组件能够绑定到一个Service并与之交互，或者进行进程间通信（IPC）。例如，一个Service可能会处理网络操作、播放音乐、操作文件I/O，或者与内容提供者（Content Provider）交互，所有这些活动都是在后台进行的。

Android中的服务不能自己启动，因此需要通过某个Activity、Service或者其他Context对象来启动。服务有两种启动方法：Context.startService()和Context.bindService()。

Context.startService()：通过startService()启动的服务处于“启动”状态。一旦启动，Service就在后台运行，即使启动它的应用组件已经被销毁了。通常，启动状态的Service执行单任务并且不返回任何结果给启动者。比如下载或上传一个文件，当操作完成时，Service 应该停止它本身。为了节省系统资源，一定要停止 Service，可以通过 stopSelf()来停止，也可以在其他组件中通过 stopService()来停止。

Context.bindService()：通过 bindService()启动的服务处于“绑定”状态。一个绑定的 Service 提供一个允许组件与 Service 交互的接口，可以发送请求、获取返回结果，还可以通过进程间通信交互。绑定的 Service 只有当应用组件绑定后才能运行，多个组件可以绑定一个 Service，当所有与之绑定的组件都调用 unbind()方法后，这个 Service 就会被销毁了。

Service 与 Activity 一样都存在于当前进程的主线程中，所以，一些耗时操作或阻塞 UI 的操作，比如音乐播放、网络访问等不能放在 Service 里进行，否则可能会引发 ANR 警告，弹出一个是强制关闭还是等待的对话框。如果需要在 Service 里进行耗时或阻塞的操作，则必须另外开启一个线程来完成此项工作。

Service 的生命周期主要和 4 个回调函数相关：onCreate()、onStartCommend()、onBind()、onDestory()，如图 6-1 所示。

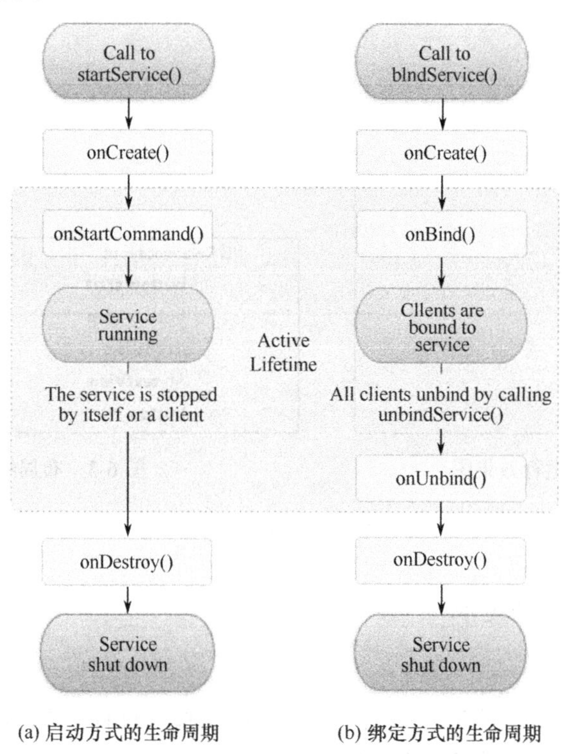

(a) 启动方式的生命周期　　(b) 绑定方式的生命周期

图 6-1　两种方式的 Service 生命周期

本地服务中，onStart 已经被 onStartCommand 方法取代，Service 和 Activity 都是由 Context 类派生的，可以通过 getApplicationContext()方法获取上下文对象。和 Activity 一样，它有着自己的生命周期，可是和 Activity 相比，它执行的过程略有不同。

Service 的生命周期从 onCreate()开始，到 onDestroy()终止。在 onCreate()中完成 Service 的初始化工作，在 onDestroy()中释放所有占用的资源。

以 startService()方式启动 Service 时：如果该 Service 是第一次被创建，则首先会执行 onCreate()方法，之后自动调用 onStart()方法；如果该 Service 已经运行，那么只会从执行 onStart()

方法开始。因此，在整个生命周期中，onCreate()方法只执行一次，而 onStart()方法可以执行多次。不管调用多少次 startService()，只需要调用一次 stopService() 就可以停止 Service。

【例 6-1】 以 startService 方式启动 Service 时，演示 Service 的生命周期。示例程序 ServiceDemo_LifeCycle 的运行效果如图 6-2 所示。

实现步骤如下：

（1）修改 XML 布局文件：新建项目，并将生成的布局文件按照图 6-3 所示的结构进行设计，代码略。

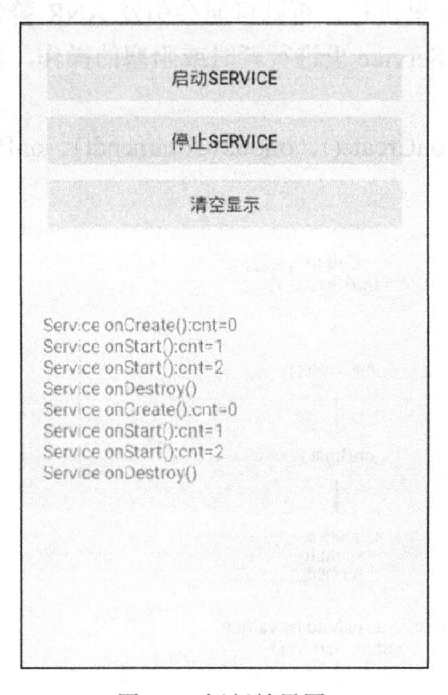

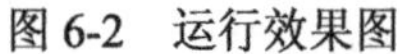

图 6-2　运行效果图

图 6-3　布局结构

（2）控件变量的声明与注册。在 MainActivity 中添加对布局文件中相关控件的变量声明和注册，关键代码如下：

```
Button button_start,button_stop,button_clr;
public static TextView textView;
public static String text="";
```

为方便读者查看 Service 的生命周期中各个函数的执行过程，在 Activity 中设计了一个 static 类型的字符串变量 text，在 Service 的 onCreat()、onStart()和 onDestroy()函数的每次执行中，都要在 text 末尾追加本函数的执行过程。

（3）在 MainActivity 中添加 Button 的监听器代码。

“启动 Service”Button 的代码实现：当用户单击该 Button 时，可以启动 Service 运行。关键代码如下：

```
Intent serviceIntent=new Intent(getApplicationContext(), MyService.class);
startService(serviceIntent);
```

“停止 Service”Button 的代码实现：当用户单击该 Button 时，可以结束 Service 运行，关键代码如下：

```
Intent serviceIntent=new Intent(getApplicationContext(), MyService.class);
stopService(serviceIntent);
```

“清空显示”Button 的代码实现：当用户单击该 Button 时，可以清空 TextView 的显示内容，关键代码如下：

```
textView.setText("");
text="";
```

（4）创建 MyService 类，并且继承于 Service。在该类中定义一个 int 类型的属性 cnt，它的赋值过程在各个生命周期函数中实现。该类的设计如下。

onCreate()函数的代码实现：Service 生命周期由此开始，首先将 cnt 赋值为 0，然后在 TextView 中追加本函数的一次执行。关键代码如下：

```
super.onCreate();
cnt=0;
MainActivity.text=MainActivity.text+"Service onCreate():"+"cnt="+cnt+"\n";
MainActivity.textView.setText(MainActivity.text);
```

onStartCommand()函数的代码实现：每一次执行该函数，都需要对 cnt 进行加 1 操作，关键代码如下：

```
cnt++;
MainActivity.text=MainActivity.text+ "Service onStart():"+"cnt="+cnt+"\n";
MainActivity.textView.setText(MainActivity.text);
return super.onStartCommand(intent, flags, startId);
```

onDestroy()函数的代码实现：该函数执行后，Service 的生命周期到此结束，需要对cnt 进行清 0 操作，关键代码如下：

```
super.onDestroy();
cnt=0;
MainActivity.text=MainActivity.text+ "Service onDestroy()"+"\n";
MainActivity.textView.setText(MainActivity.text);
```

（5）最后，在 AndroidManifest.xml 文件中添加对 Service 的声明，关键代码如下：

```
<service android:name=".MyService"/>
```

（6）运行该项目，查看效果。

以 startService 方式启动 Service 时，也可以在 onBind()方法中添加代码，在 TextView 中追加本函数的执行过程，但是读者可以发现在 TextView 中并没有显示出来这部分内容，因此可以得出 onBind()方法根本就没有被执行的结论。

以 bindService()方式启动 Service 时：当调用 bindService()方法启动 Service 时，如果该 Service 是第一次被创建，则首先也会执行 onCreate()方法，之后自动调用 onBind()方法。当调用 unbindService()方法时，Service 首先会执行 onUnbind()方法，然后执行 onDestroy()方法结束生命周期。

【例 6-2】 以 bindService 方式启动 Service 时的 Service 生命周期演示。示例程序 ServiceDemo_LifeCycle_Bind 的运行效果如图 6-4 所示。

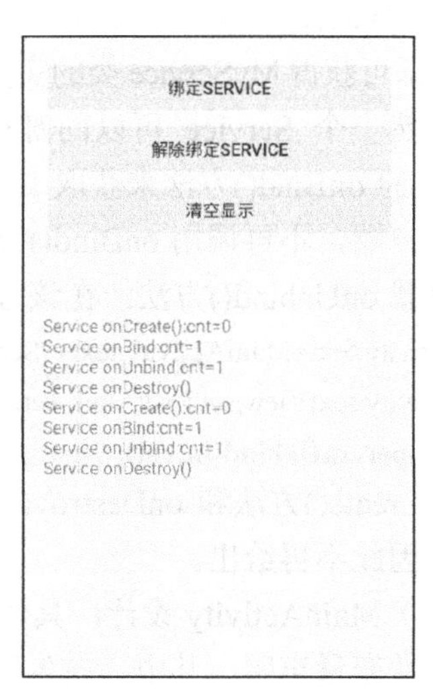

图 6-4　运行效果图

实现步骤如下：

（1）修改 XML 布局文件：新建项目，并将生成的布局文件按照图 6-5 所示的结构进行设计，代码略。

图 6-5 布局结构

（2）创建 MyService 类，继承于 Service 类。该类的设计过程如下。

重载 onBind()方法：为了使 Service 支持绑定，必须在 MyService 类中重载 onBind()方法，并且在该方法中返回一个 MyService 的实例。关键代码如下：

```
public class MyBinder extends Binder {
    MyService getService() {
     return MyService.this;
     }
}

public IBinder onBind(Intent arg0) {
    // TODO Auto-generated method stub
    cnt++;
    MainActivity.text=MainActivity.text+"Service onBind:"+"cnt="+cnt+"\n";
    MainActivity.textView.setText(MainActivity.text);
    iBinder = new MyBinder();
    return iBinder;
}
```

首先，声明一个继承 Binder 的内部类 MyBinder，并需要在该类中自定义一个 getService()方法，该方法需要返回 MyService 类的实例。然后，为了能够返回 MyService 的实例，必须要重载 onBind()方法。onBind()方法的返回值是 MyBinder 类的实例，通过该实例调用 MyBinder 类的 getService()方法，即可获得 MyService 类的实例，从而可以利用 MyService 类的实例调用该类提供的方法。

虽然一个 Service 可以同时和多个客户端进行连接。但是，系统仅在第一次连接时调用 Service 的 onBind()方法来获取 IBinder 对象。系统会将同一个 iBinder 对象传递给其他后来增加的客户端，不再调用 onBind()方法。

重载 onUnbind()方法：在该方法中实现绑定的解除，关键代码如下：

```
MainActivity.text=MainActivity.text+"Service onUnbind:"+"cnt="+cnt+"\n";
MainActivity.textView.setText(MainActivity.text);
return super.onUnbind(intent);
```

onCreate()方法和 onDestroy()方法的代码与 startService 方式启动 Service 的示例程序完全相同，因此不再给出。

（3）MainActivity 设计：具体过程如下。

属性变量声明：其中，布尔型变量 isBind 用于标识服务的绑定状态，尚未绑定服务时，该标志位为 1，否则为 0。关键代码如下：

```
Button button_bind,button_unbind,button_clr;
public static TextView textView;
public static String text="";
private MyService myService;
private boolean isBind=false;//标识服务的绑定状态：=1：绑定；=0：未绑定
```

创建 ServiceConnection 实例：当某个应用组件调用 bindService()方法来绑定一个 Service 时，Android 系统会调用 Service 的 onBind()方法，它返回一个用来与 Service 交互的 IBinder 实例。只是绑定方式是异步的，bindService()方法被调用后会立即返回，它不会返回 IBinder 实例。为了接收 IBinder 实例，该应用组件必须创建一个 ServiceConnection 的实例并传给 bindService()。

实现 ServiceConnection 时，必须实现两个回调方法。一个回调方法是 onServiceConnected()，用于传递要返回的 IBinder 实例；另一个回调方法是 onServiceDisconnected()，用于绑定意外断开时的处理。

ServiceConnection 的关键代码如下：

```
private ServiceConnection mServiceConnection = new ServiceConnection() {
    public void onServiceConnected(ComponentName name, IBinder service) {
    // TODO Auto-generated method stub
        myService = ((MyService.MyBinder) service).getService();
    }

    public void onServiceDisconnected(ComponentName name) {
        // TODO Auto-generated method stub
        myService=null;//MyService 的实例不可再用
    }
};
```

“绑定 Service”Button 的代码实现：当用户单击该 Button 时，绑定服务。实现过程为：首先，创建一个 Intent，指定即将绑定的服务类；然后调用 bindService()方法；最后设置标志 isBind 为真。

bindService()方法拥有 3 个参数。

第 1 个参数是明确指定了要绑定的 Service 的 Intent。

第 2 个参数是前面过程中介绍的 ServiceConnection 对象。

第 3 个参数是一个标志，表明绑定中的操作。标志一般是 BIND_AUTO_CREATE，这样就会在 Service 不存在时创建一个实例。其他可选的值是 BIND_DEBUG_UNBIND 和 BIND_NOT_FOREGROUND，不想指定时设为 0 即可。

关键代码如下：

```
Intent serviceIntent=new Intent(MainActivity.this,MyService.class);
bindService(serviceIntent, mServiceConnection, Context.BIND_AUTO_CREATE);
isBind=true;
```

“解除绑定 Service”Button 的代码实现：当用户单击该 Button 时，调用 unbindService()方法，该方法中的参数也是前面过程中介绍的 ServiceConnection 对象，此方法调用后，解除服务的绑定。关键代码如下：

```
if(isBind){
    unbindService(mServiceConnection);
```

```
    isBind=false;
}
```

（4）最后，在 AndroidManifest.xml 文件中添加对 Service 的声明，关键代码如下：

```
<service android:name=".MyService"/>
```

（5）运动该项目，查看效果。

前面介绍了 Service 的两种启动方式和生命周期过程，接下来以简易音乐播放器为例，再介绍两种方式即启动方式和绑定方式的应用。

Android 中提供的一款媒体播放器 MediaPlayer 包含播放音频和视频的功能。MediaPlayer 常用的控制方法如表 6-1 所示。

表 6-1 MediaPlayer 常用的控制方法

方法名称	描述
create()	创建 Mediaplayer 实例，如果 MediaPlayer 实例是由 create 方法创建的，那么第一次启动播放前不需要再调用 prepare()，因为 create()方法中已经调用过了
prepare()	同步方式设置播放器进入 prepare 状态
prepareAsync()	异步方式设置播放器进入 prepare 状态
setDataSource()	设置播放文件
start()	启动文件播放
pause()	暂停播放
reset()	使播放器从 Error 状态中恢复，重新回到 Idle 状态
stop()	停止播放
seekto()	定位方法，可以让播放器从指定的位置开始播放，需要注意的是该方法是一个异步方法，也就是说该方法返回时并不意味着定位完成，尤其是播放的网络文件，真正定位完成时会触发 OnSeekComplete.onSeekComplete()，如果需要可以调用 setOnSeekCompleteListener(OnSeekCompleteListener)设置监听器处理
release()	释放播放器占用的资源，一旦确定不再使用播放器时，应当尽早调用它释放资源

本章示例程序只是利用 MediaPlayer 来播放存放在 res/raw 目录下的一首 MP3 格式的钢琴曲——星空。

【例 6-3】 以启动方式实现对音乐播放器的播放和停止播放工作。

在启动方式中，Service 和启动它的组件完全分离，组件不能够获取 Service 的实例，因此无法调用 Service 中的任何函数，也无法获取 Service 中的任何状态和数据，因此只能在 onStart()方法中启动音乐播放，在 onDestroy()方法中设置停止播放。

读者运行程序时可以尝试发现，如果将 Activity 销毁，音乐播放仍能正常进行。而这正是启动方式下使用 Service 的特点。

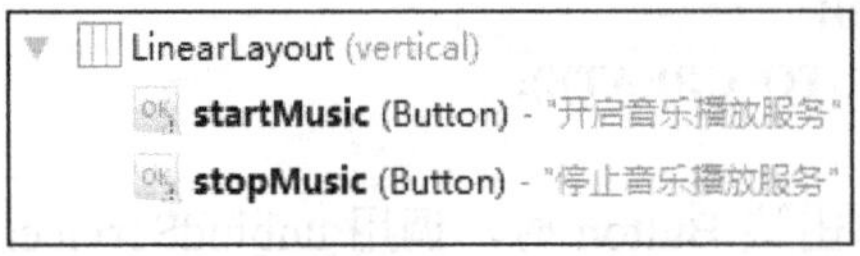

图 6-6 布局结构

实现步骤如下：

（1）修改 XML 布局文件：新建项目，对应的布局文件结构如图 6-6 所示，代码略。

（2）MainActivity 设计：添加两个 Button 的监听器代码，实现对服务的启动和停止控制。关键代码如下：

```
OnClickListener listener = new OnClickListener() {
    @Override
```

```
    public void onClick(View v) {
        Intent intent = new    Intent(MainActivity.this,MusicService.class);
        switch(v.getId()){
            case R.id.startMusic:
            startService(intent);
            break;
            case R.id.stopMusic:
            stopService(intent);
            break;
        }
    }
};
```

（3）Service 类 MusicService 的设计：具体过程如下。

定义属性变量，关键代码如下：

```
private MediaPlayer mPlayer;
```

重载 onCreate()方法：为简化程序，首先将一个 MP3 格式的文件复制到资源的 raw 目录下；然后创建 MediaPlayer 实例，并加载该音乐文件；最后设置播放器为循环播放方式。关键代码如下：

```
Toast.makeText(this, "MusicSevice onCreate()", Toast.LENGTH_SHORT).show();
mPlayer = MediaPlayer.create(getApplicationContext(), R.raw.starry_sky);
if (mPlayer == null) {
  Log.e("MusicService", "-------null");
}
    mPlayer.setLooping(true); // 设置可以重复播放
    super.onCreate();
```

重载 onStart()方法：实现音乐的播放。关键代码如下：

```
Toast.makeText(this, "MusicSevice onStart()", Toast.LENGTH_SHORT).show();
mPlayer.start();
super.onStart(intent, startId);
```

重载 onDestroy()方法：实现音乐的停止。关键代码如下：

```
Toast.makeText(this, "MusicSevice onDestroy()", Toast.LENGTH_SHORT).show();
mPlayer.stop();
super.onDestroy();
```

（4）最后，在 AndroidManifest.xml 文件中添加对 Service 的声明，代码不再给出。

（5）运动该项目，查看效果。

【例 6-4】 以绑定方式实现对音乐播放器的播放和停止播放工作。

在绑定方式中，绑定 Service 的组件可以获取 Service 的对象实例，因此可以调用 Service 中实现的函数。本示例程序中，Service 里实现了音乐的播放、停止、暂停和继续功能。读者运行程序时可尝试发现，如果绑定 Service 的 Activity 销毁了，Service 也随之销毁。

图 6-7　布局结构

实现步骤如下：

（1）修改 XML 布局文件：新建项目，对应的布局文件结构如图 6-7 所示，代码略。

（2）Service 类 MusicService 的设计：具体过程如下。

定义属性变量，关键代码如下：

```
private MyBinder iBinder;
private MediaPlayer musicPlayer;
```

重载 onBind()方法，关键代码如下：

```
public class MyBinder extends Binder {
    MusicService getService() {
    return MusicService.this;
    }
}

public IBinder onBind(Intent intent) {
    // TODO Auto-generated method stub
    iBinder = new MyBinder();
    Toast.makeText(this,"MusicService onBind",Toast.LENGTH_SHORT).show();
    return iBinder;
}
```

播放音乐的实现，关键代码如下：

```
public void playMusic() throws IOException {// 播放音乐
    Toast.makeText(this,"MusicService playMusic",Toast.LENGTH_SHORT).show();
    //初始化音乐播放器
    musicPlayer = MediaPlayer.create(getApplicationContext(), R.raw.starry_sky);
    musicPlayer.setLooping(true);//设置循环播放
    musicPlayer.start();
}
```

停止播放的实现，关键代码如下：

```
public void stopMusic() {// 停止播放
    if (musicPlayer == null)
    return;
    if (musicPlayer.isPlaying()) {
        Toast.makeText(this,"MusicService stopMusic",Toast.LENGTH_SHORT).show();
    musicPlayer.stop();
    }
}
```

暂停播放的实现，关键代码如下：

```
public void pauseMusic() {// 暂停播放
    if (musicPlayer == null)
    return;
    if (musicPlayer.isPlaying()) {
    Toast.makeText(this,"MusicService pauseMusic",Toast.LENGTH_SHORT).show();
    musicPlayer.pause();
    }
}
```

继续播放的实现，关键代码如下：

```
public void restartMusic() {// 恢复播放
    if (musicPlayer == null)
    return;
    if (!musicPlayer.isPlaying()) {
    Toast.makeText(this,"MusicService restartMusic",Toast.LENGTH_SHORT).show();
    musicPlayer.start();
    }
}
```

（3）MainActivity 设计：具体实现过程如下。

声明属性变量，关键代码如下：

```
private MusicService musicService;
private Button btnStart, btnStop, btnRestart, btnPause;
```

创建 ServiceConnection 实例，关键代码如下：

```
// 在 bindService 时会启动
private ServiceConnection mServiceConnection = new ServiceConnection() {
    public void onServiceConnected(ComponentName name, IBinder service) {
    // TODO Auto-generated method stub
    musicService = ((MusicService.MyBinder) service).getService();
    }

    public void onServiceDisconnected(ComponentName name) {
        // TODO Auto-generated method stub
    musicService=null;
    }
};
```

重载 onCreate()方法：在 onCreate()中，调用 bindService()绑定服务。关键代码如下：

```
Intent intent = new Intent(this,MusicService.class);
bindService(intent, mServiceConnection, Context.BIND_AUTO_CREATE);
```

添加 Button 的监听器代码：使用 switch 语句，判定 Button，调用 MusicService 中实现的方法，控制音乐播放器播放、暂停、继续或者停止。

```
switch(v.getId()){
    case R.id.start:
        try {
            musicService.playMusic();
        } catch (Exception e) {
        // TODO Auto-generated catch block
            e.printStackTrace();
        }
    break;
    case R.id.pause:
        musicService.pauseMusic(); break;
    case R.id.restart:
        musicService.restartMusic(); break;
    case R.id.stop:
```

```
            musicService.stopMusic();    break;
}
```

（4）最后，在 AndroidManifest.xml 文件中添加对 Service 的声明，代码不再给出。

（5）运动该项目，查看效果。

实际上，Service 的两种使用方式并不是完全独立的，可以在需要时混合使用。仍以音乐播放器为例，可以使用两种方式启动音乐播放器，即使 Activity 销毁，仍能调用 Service 中实现的方法控制音乐的播放。由于篇幅有限，此部分内容不再介绍。

6.1.2 使用线程

在 Android 系统中，App 运行后默认创建一个线程，即主线程。Activity、Service 和 BroadcastReceiver 都是工作在主线程上的。这个线程主要用于处理 UI 的操作并为视图组件和小部件分发事件等，因此主线程也被称作 UI 线程。任何耗时的操作都会降低用户界面的响应速度，甚至导致用户界面失去响应。Android 默认为当用户界面失去响应超过 5000ms，即 5s 时，弹出 ANR（Application Not Responding）窗口，窗口中为用户提供两个按钮，一个是强行关闭，另一个是继续等待。为避免 ANR 错误，可单独设置工作者线程，通过独立的线程或使用 AsyncTask 等方式来处理耗时操作。耗时操作一般是指庞大的运算过程、大量的文件操作、网络数据访问等。

有两种方式实现多线程，一种是继承 Thread 类，一种是实现 Runnable 接口。这里只介绍第一种方式实现。其中，Thread 类是在 java.lang 包中定义的。一个线程类只要继承了 Thread 类，同时重写了本类中的 run()方法，就可以实现多线程操作。下面是一个线程定义的代码示例：

```
class MyThread extends Thread
{
    @Override
    public void run() {
……
    }
}
MyThread myThread=new MyThread();
```

如果要让这个子线程工作，则必须要对其进行启动：

```
If(!myThread.isAlive())
    myThread.start();
```

当线程在 run()方法返回后，线程就自动终止了。或者也可以通过外部终止线程：调用 stop()在外部终止线程（但是这种方法不推荐使用，不安全）；最好的方法是通知线程自行终止，一般调用 interrupt()方法通告线程准备终止，线程会释放它正在使用的资源，在完成所有的清理工作后自行关闭。

```
myThread. interrupt ();
```

其实，interrupt()方法并不能直接终止线程，仅是改变了线程内部的一个布尔值，run()方法能够检测到这个布尔值的改变，从而在适当的时候释放资源和终止线程。然后在线程的 run 方法中判断线程是否终止从而进行循环。

```
while (!Thread.interrupted()) {
```

```
    //线程代码
}
```

【说明】 由于线程操作经常会引发异常，所以其编写过程经常需要 try/catch 语句协助完成。

特别强调一点：只有主线程才可以更新用户界面，子线程绝对不可以更新用户界面。因此，为了实现主线程和其他线程的通信，Android 系统提供了多种解决方式，比如，可以借助于广播，也可以通过 Handler 与消息 Message 相结合的方式，子线程通知主线程更新，再或者可以通过 Handler.Post()的方式更新。有关 Handler 的使用将在第 8 章详细讲解。本章仅使用 Handler. Post()的方式进行消息提交，从而在非主线程中进行 UI 更新。

【例 6-5】 幸运大抽奖。用户单击"开始抽奖"Button 后启动线程，开始抽奖过程，在界面上随机出现抽奖名单。用户单击"揭晓大奖"Button 后，终止线程运行。示例程序 ServiceDemo 的效果截图如图 6-8 所示。本案例为贴近校园生活和简化代码量，以在校学生的学号为例。

图 6-8　运行效果图

【分析】 结合本节的服务，本案例需要创建一个服务类，进行随机数的产生，从而组合成学号；在 Activity 类中（即主线程）中，将服务类启动，并将服务类生成的结果进行不断地刷新显示，形成抽奖滚动的效果，直到服务终止。

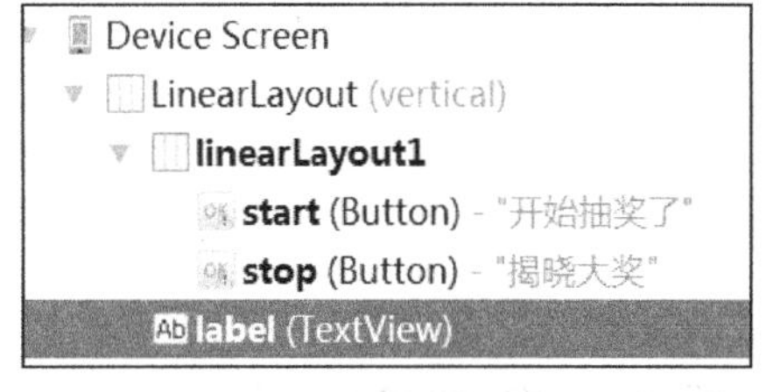

图 6-9　布局结构

实现步骤如下：

（1）修改 XML 布局文件：新建项目，对应的布局文件结构如图 6-9 所示，代码略。

（2）MainActivity 类中，通过按钮启动和终止服务。

```
    @Override
public void onCreate(Bundle savedInstanceState) {
    super.onCreate(savedInstanceState);
    setContentView(R.layout.main);
    labelView = (TextView)findViewById(R.id.label);
    Button startButton = (Button)findViewById(R.id.start);
    Button stopButton = (Button)findViewById(R.id.stop);
```

```
    final Intent serviceIntent = new Intent(this, RandomService.class);
    startButton.setOnClickListener(new Button.OnClickListener() {
        public void onClick(View view) {
            startService(serviceIntent);
        }
    });
    stopButton.setOnClickListener(new Button.OnClickListener() {
        public void onClick(View view) {
            stopService(serviceIntent);
        }
    });
}
```

（3）准备 RandomService 类：在该类中定义了一个 luckThread 线程，在服务启动时，该线程则进入工作状态，每隔 1s，循环生成 3 个随机数，由该 3 个随机数组合成学号；在服务停止时，则停止工作，因此最后一个学号则为中奖号码。

```
public class RandomService extends Service{
    private Thread luckThread;
    @Override
    public void onCreate() {
        super.onCreate();
        Toast.makeText(this, "幸运大抽奖开始",Toast.LENGTH_LONG).show();
luckThread = new Thread(null,backgroudWork,"luckThread");
    }

    @Override
    public void onStart(Intent intent, int startId) {
        super.onStart(intent, startId);
        Toast.makeText(this, "抽奖进行中",Toast.LENGTH_SHORT).show();
        if (!luckThread.isAlive()){
            luckThread.start();
        }
    }

    @Override
    public void onDestroy() {
        super.onDestroy();
        Toast.makeText(this, "恭喜你中奖了", Toast.LENGTH_SHORT).show();
        luckThread.interrupt();
    }
    @Override
    public IBinder onBind(Intent intent) {
        return null;
    }
```

```
private Runnable backgroudWork = new Runnable(){
    @Override
    public void run() {
        try {
            while(!Thread.interrupted()){
                int randomDouble = (int) Math.round(Math.random()*2+1);
                int randomDouble1 = (int) Math.round(Math.random()*2);
                int randomDouble2 = (int) Math.round(Math.random()*9);
                MainActivity.UpdateGUI(randomDouble,randomDouble1,randomDouble2);
                Thread.sleep(1000);
                if (randomDouble1==randomDouble2&&randomDouble1==0){
                    luckThread.interrupt();
                }
            }
        } catch (InterruptedException e) {
            e.printStackTrace();
        }
    }
};
}
```

（4）在 MainActivity 类中进行显示：由于 Service 类只能生成学号信息，却不能显示于界面上，因此需要在此借助于 Handler 的 post 方法进行提交显示。

```
private static Handler handler = new Handler();
private static TextView labelView = null;
private static int randomDouble ;
private static int randomDouble1 ;
private static int randomDouble2 ;

public static void UpdateGUI(int refreshDouble,int refreshDouble1,int refreshDouble2){
    randomDouble = refreshDouble;
    randomDouble1 = refreshDouble1;
    randomDouble2 = refreshDouble2;
    handler.post(RefreshLable);
}

private static Runnable RefreshLable = new Runnable(){
    @Override
    public void run() {
        labelView.setText(String.valueOf("13110200"+randomDouble+randomDouble1+randomDouble2) );
    }
};
```

（5）在 Manifest.xml 中，增加以下代码：

```
<service android:name=".RandomService"></service>
```

（6）运行项目，查看效果。

6.2 Timer 和 Alarm

6.2.1 Timer

在 Android 项目开发中，经常会遇到这样的需求，即每间隔固定的时间间隔都执行某一个任务。比如，UI 上的控件需要随着时间推移更新显示内容。为达到此目的，可以使用 Java 提供的计时器的工具类，即 Timer 和 TimerTask。

Timer 是一个普通的类，而 TimerTask 则是一个抽象类。创建 TimerTask 类的实例时，必须重载其中的抽象方法 run()，该方法类似线程中的 run()方法，实现周期性执行的任务。使用 Timer 创建一个实例时，需要调用 schedule()方法来完成这种周期性执行的任务。

schedule()方法有 3 个参数时：

第 1 个参数就是 TimerTask 类型的对象，需要重载 TimerTask 的 run()方法；

第 2 个参数有两种类型，第一种是 long 类型，表示多长时间后开始执行，另一种是 Date 类型，表示从此时间后开始执行；

第 3 个参数就是执行的周期，即时间间隔，为 long 类型。

schedule()方法有 2 个参数时：

第 1 个参数仍然是 TimerTask；

第 2 个表示为 long 的形式表示多长时间后执行一次，为 Date 就表示某个时间后执行一次。

Timer 运行时会开启一个子线程，使用 schedule()方法完成对 TimerTask 的调度。多个 TimerTask 实例可以公用一个 Timer，也就是说 Timer 实例调用一次 schedule()方法，就会创建一个新的线程。调用一次 schedule()后，TimerTask 是无限制地循环下去的，需要时可以使用 Timer 的 cancel()停止操作。当然，同一个 Timer 执行一次 cancel()方法后，所有 Timer 线程都被终止。

接下来以一个示例来详细说明 Timer 的使用过程。

【例 6-6】 火箭点火倒计时。在 UI 界面上设计一个 TextView 和一个 Button。当用户单击 Button 时，启动 Timer 工作，在 TextView 上显示 10 至 1 的倒计时数字，数字每秒变化一次。当显示到 1 后，TextView 上显示“点火成功”。示例程序运行效果如图 6-10 所示。

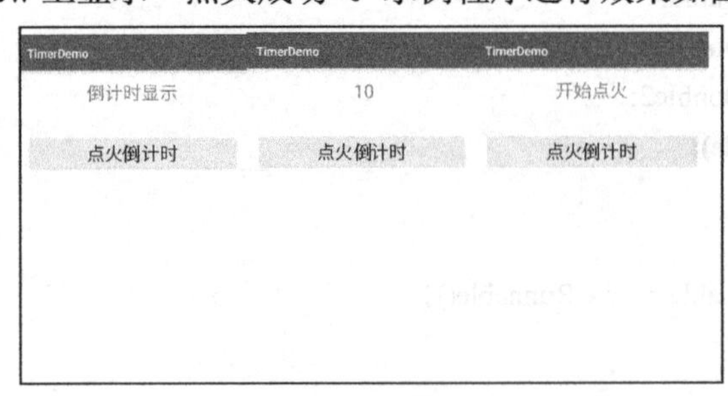

图 6-10　运行效果

【分析】 由于 Timer 启动后会开启一个子线程，而子线程是不能够更新 UI 界面的，因此需要采用 Handler 和 Message 方式实现两者的通信。

实现步骤如下：

（1）声明属性变量：新建项目，按照示例要求完成布局文件设计，然后在 Activity 类中增加以下代码：

```
private TextView textView;
private Button button;
private Timer timer;
private TimerTask timerTask;
```

（2）创建 Handler 实例：重载 handleMessage()方法，在该方法中，提取出 Message 中携带的 what 字段的信息。如果 what 字段的内容大于 0，则显示倒计时数字，否则一定要调用 Timer 的 cancle()方法停止 Timer 的工作。关键代码如下：

```
private Handler handler=new Handler(){
    @Override
    public void handleMessage(Message msg) {
        super.handleMessage(msg);
        if (msg.what>0) {
            textView.setText(" "+msg.what);
        }
        else {
            //在 handler 里可以更改 UI 组件
            textView.setText("开始点火");
             timer.cancel();
        }
    }
};
```

（3）“点火倒计时” Button 的代码实现：添加 OnClickListener 监听器代码，并实现下面的操作。

实例化 Timer 对象：

```
timer=new Timer();
```

实例化 TimerTast 对象：重载 run()方法，添加需要执行的倒计时计数功能。关键代码如下：

```
timerTask=new TimerTask() {
    int i=10;//倒计时数目
  @Override
    public void run() {
        Message message=Message.obtain();
        message.what=i;
         i--;
         handler.sendMessage(message);
    }
};
```

调用 schedule()方法：执行周期性任务。

```
timer.schedule(timerTask,1000,1000);
```

（4）运动该项目，查看效果。

值得注意的是，每个 TimerTask 实例只能使用一次，当 Timer 实例执行 cancle()方法之后，Timer 和 TimerTask 的实例全部失效。因此，在重新启动定时器的时候，必须重新实例化 Timer 和

TimerTask，否则会报“java.lang.IllegalStateException:TimerTask is scheduled already”的错误，这就是为什么要将实例化 Timer 对象和实例化 TimerTask 对象的操作放入 Button 监听器代码里的原因。

6.2.2 Alarm

Android 中可以使用 Timer、Thread、Handler 来实现一个小定时器功能。Android 中还提供了一种 Alarm 机制，并且控制简单，主要体现在：

- Alarm 定时不需要程序自身去维护，而由系统来维护，因此可以更好地避免错误；
- 程序自身不需要担心程序退出后定时功能是否工作，因为系统到时间会自动调用对应组件执行定义好的逻辑；
- 定时具有多样性，包括一次定时、循环定时（在 XX 年 X 月 X 日执行、周一至周五执行、每天几点几分执行等）。

Alarm 最典型的应用案例就是闹铃应用，用户通过操作 AlarmManager 与 PendingIntent 即可设定定时功能。

Android 的时间计时有两种方式：一种是 SystemClock.elapsedRealtime()方式计时，第二种是以 System.currentTimeMillis()方法计时。根据计时方式的不同，设置定时任务时也略有不同。

（1）SystemClock.elapsedRealtime()方式定时

以 30s 为周期进行定时提醒功能的示例代码如下：

```
// We want the alarm to go off 30 seconds from now.
long firstTime = SystemClock.elapsedRealtime();
firstTime += 15*1000;
AlarmManager am = (AlarmManager)mcontext.getSystemService(Context.ALARM_SERVICE);
// Schedule the alarm!
am.setRepeating(AlarmManager.ELAPSED_REALTIME_WAKEUP, firstTime, 30*1000, sender);
```

（2）System.currentTimeMillis()方法定时

以 30s 为周期进行定时提醒功能的示例代码如下：

```
Calendar calendar = Calendar.getInstance();
calendar.setTimeInMillis(System.currentTimeMillis());
calendar.add(Calendar.SECOND, 30);
AlarmManager am = (AlarmManager)mcontext.getSystemService(Context.ALARM_SERVICE);
// Schedule the alarm!
am.set(AlarmManager.RTC_WAKEUP, calendar.getTimeInMillis(), sender);
```

setRepeating()为循环计划任务，set()方法为单次任务计划。sender 为 PendingIntent 的实例，它与 Intent 用法类似，专门用于定时功能 PendingIntent。可以通过 getService()方法启动 Service，通过 getActivity()方法启动 Activity，通过 getBroadcast()方法启动 Broadcast。

6.3 Broadcast 组件

在 Android 中，广播（Broadcast）是一种广泛运用的在应用程序之间传输信息的机制。广播消息可以是应用程序的数据信息，也可以是 Android 的系统消息，比如网络连接变化、电池电量变化、接收到的短信或系统设置的变化等。

应用程序和 Android 系统都可以使用 Intent，通过 sendBroadcast()方法发送广播消息。在构造 Intent 时，其中的 action 信息用来标识要执行的动作信息。则必须定义一个全局唯一的字符串，通常可以设置为应用程序的包名。如果需要在广播中传输数据信息，则可以调用 Intent 的 putExtra()方法，将数据封装到 Intent 里。

```
String action=" cn.edu.neusoft.broadcastreceiverselfdemo";
Intent intent=new Intent(action);
intent.putExtra("name",luckman);
sendBroadcast(intent);//发送广播消息
```

BroadcastReceiver 是 Android 的四大组件之一。应用程序需要接收广播消息时，必须在 AndroidManifest.xml 清单文件或者代码中注册一个 BroadcastReceiver，并在其中定义 <intent-filter>节点，该节点下的<action>标签定义的动作信息，必须与要接收的广播消息中的 action 信息一致。

6.3.1 静态注册

如果在 AndroidManifest.xml 清单文件中静态注册，示例代码如下：

```
<receiver android:name=".MyBroadcastReceiver">
    <intent-filter>
        <action android:name=" cn.edu.neusoft. broadcastreceiverselfdemo"/>
    </intent-filter>
</receiver>
```

应用程序只能接收与注册的 BroadcastReceiver 相匹配的广播消息，接收到广播消息后，BroadcastReceiver 的 onReceive()方法会被自动调用。因此在编写广播程序时，必须重载 onReceive()方法，在里面实现广播消息的接收和处理。

```
public class MyBroadcastReceiver extends BroadcastReceiver {
    @Override
    public void onReceive(Context context, Intent intent) {
        //处理广播消息
        String luckman=intent.getStringExtra("name");
        MainActivity.tv_result.setText(luckman);
    }
}
```

广播的作用主要体现在以下两个方面。

（1）实现通知作用

比如子线程要通知主线程更新 UI 界面等。子线程不可以直接更新 UI 界面，但是可以发送广播消息，主线程接收到广播消息后便可以更新 UI 界面了。前面章节中，已经在线程之间使用 Handler 通信方式实现了幸运大抽奖功能，读者只要按照本节上述内容要点，将线程间通信改为广播方式，也能实现相同的功能。

（2）Android 系统在特定情况下与应用程序之间的消息通信

Android 系统中内置了多个系统广播，只要涉及手机的基本操作，基本上都会发出相应的系统广播。例如，开启启动、网络状态改变、拍照、屏幕关闭与开启、短信、电话等。每个系统广播都具有特定的 action 信息，应用程序中要设置与之相同的 action。系统广播在系统内部特定事件发生时，由系统自动发出，应用程序可通过相应的 BroadcastReceiver 接收。因此，利用广播可容易实现系统短信、电话的拦截等处理操作。

【例 6-7】 短信收发。

本示例程序只是实现了最简单的短信收发功能。用户可以编辑待发送的短信内容和发送号码，单击 Button 启动短信发送，最下面的 TextView 则用于显示本程序中接收到的短信信息。为了方便测试运行结果，运行程序时启动了两个模拟器，一个模拟器用于运行本示例程序，另外一个模拟器用于显示和本程序之间的短信通信状况。运行效果如图 6-11 所示，图 6-11（a）为本程序的运行效果截图，图 6-11（b）为接收方的效果图。

(a)

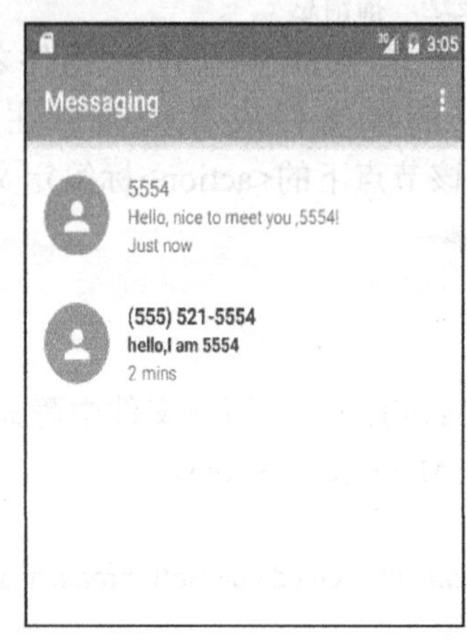

(b)

图 6-11 运行效果

实现步骤如下：

（1）修改 XML 布局文件：新建项目，对应的布局文件结构如图 6-12 所示，代码略。

图 6-12 布局结构

（2）声明属性变量：在 MainActivity 中声明属性变量，messageText 保存短信文本内容，numberText 保存待发送号码信息。代码如下：

```
private EditText messageText, numberText;
private Button button;
public static TextView textView;// 被其他类引用
```

（3）“发送短信” Button 的代码实现：添加 OnClickListener 监听器代码。首先获得用户输入信息，然后通过 SmsManager.getDefault()获得默认的短息管理器，接下来实例化一个 pendingIntent 的对象，最后调用 sendTextMessage()方法将短信发送出去。关键代码如下：

```
String number = numberText.getText().toString();
String message = messageText.getText().toString();
SmsManager smsManager = SmsManager.getDefault();// 获得默认的短信管理器
// 实例化一个 pendingIntent 的对象，该对象的功能为广播
PendingIntent mpi=PendingIntent.getBroadcast(MainActivity.this,0,new Intent(),0);
smsManager.sendTextMessage(number, null, message, mpi, null);
```

（4）创建类 SmsReceiveReceiver：该类继承于 BroadcastReceiver，并重载 onReceive()方法，实现对于短信接收广播消息的处理。

如果应用程序接收到短信，会自动转入 onReceive()方法中执行。在该方法里，首先通过调用

Intent 的 getExtras()方法，提取出 Bundle 类型的数据信息。而后以“pdus”为关键字，调用 Bundle 的 get()方法，提取出短信内容，并转换为数组形式。本程序只处理了第 1 条（数组下标为 0）短信信息，调用 getDisplayMessageBody()方法读取短信文本，调用 getDisplayOriginatingAddress()方法读取短信发送者的号码。最后，将获得的短信信息显示在 TextView 上。关键代码如下：

```
String SMS_ACTION = "android.provider.Telephony.SMS_RECEIVED";
SimpleDateFormat dateFormat = new SimpleDateFormat("hh:mm,MM 月 dd 日");
if (intent.getAction().equals(SMS_ACTION)) {
    Bundle bundle = intent.getExtras();
    if (bundle != null) {
        //得到由短信内容组成的数组对象
        Object[] objects = (Object[]) bundle.get("pdus");
        SmsMessage[] messages = new SmsMessage[objects.length];
        for (int i = 0; i < objects.length; i++) {
            // 为原始的 PDU 创建一个 SmsMessage 对象
            messages[i] = SmsMessage.createFromPdu((byte[]) objects[i]);
        }
        String smsBody = messages[0].getDisplayMessageBody();
        String smsSender = messages[0].getDisplayOriginatingAddress();
        // 获取当前系统时间
        String smsReceiveTime = dateFormat.format(new Date());
        MainActivity.textView.setText("内容：" + smsBody + "\n"      + "发送者："
            + smsSender + "\n" +"接收时间：" + smsReceiveTime);
    }
}
```

（5）在 AndroidManifest.xml 文件中添加授权：使用系统广播需要 Android 系统的授权，因此必须在清单文件中添加如下权限：

```
<uses-permission android:name="android.permission.RECEIVE_SMS"/>
<uses-permission android:name="android.permission.SEND_SMS"/>
```

（6）在 AndroidManifest.xml 文件中注册广播：action 的信息为系统定义，关键代码如下：

```
<receiver android:name=".SmsReceiveReceiver">
    <intent-filter>
        <action android:name="android.provider.Telephony.SMS_RECEIVED"/>
    </intent-filter>
</receiver>
```

（7）运行该项目，查看效果。

6.3.2 动态注册

实际上，Android 提供了两种注册广播的形式。

（1）一种是在 AndroidManifest.xml 文件中进行静态注册，一经注册，不管程序是否启动，都会发挥作用。因此，这种方式适合程序需要长期的监测某个广播的情形，比如监测用户的短信，上面的短信收发示例即是以本方式实现的。

（2）程序中动态注册。程序动态注册的接收者只在程序运行过程中有效，当用来注册的 Activity 关掉后，广播也就失效了。动态注册方式实现也很简单，此处仍以幸运大抽奖为例简单介绍。

可以在原项目基础上，修改如下内容：

（1）在 MainActivity 中添加关于 MyBroadcastReceiver 的对象声明，其中 MyBroadcast Receiver 是本项目实现的广播接收者类。关键代码如下：

```
private MyBroadcastReceiver receiver;
```

（2）动态注册广播：在 onCreate()方法中添加动态注册的代码。首先，创建一个 MyBroadcast Receiver 的实例，并创建一个 IntentFilter 实例，然后调用 registerReceiver()方法注册广播，关键代码如下：

```
receiver=new MyBroadcastReceiver();
IntentFilter filter=new IntentFilter("cn.edu.neusoft.broadcastreceivercodedemo");
registerReceiver(receiver,filter);
```

（3）解除广播：重载 onDestroy()方法，调用 unregisterReceiver()方法解除广播。

```
unregisterReceiver(receiver);
```

如果在 Activity 的 onCreate()方法中添加动态注册广播代码，那么通常在 onDestroy()方法中解除注册，这样便能在 Activity 销毁时解除广播。而如果在 onResume()方法中添加动态注册广播代码，那么通常在 onStop()方法中解除广播，这样便能在 Activity 活动时注册广播，而在 Activity 不可见时解除广播。

（4）删除 AndroidManifest.xml 文件中的有关广播的内容。

6.4 Notification

6.4.1 Notification 简介

目前大部分用户都会在手机上安装微信、QQ 等应用软件。如果微信、QQ 接收了新的消息，而用户又没有单击查看时，手机屏幕最上边的状态栏会显示微信或 QQ 的小图标，这就是 Notification 的实现效果。Notification，俗称通知，是一种具有全局效果的通知，它展示在屏幕的顶端，实时提醒用户有什么软件应该更新、有什么最新消息到达。它首先呈现为一个图标的形式，当用户向下滑动状态栏时，展示出通知具体的内容。

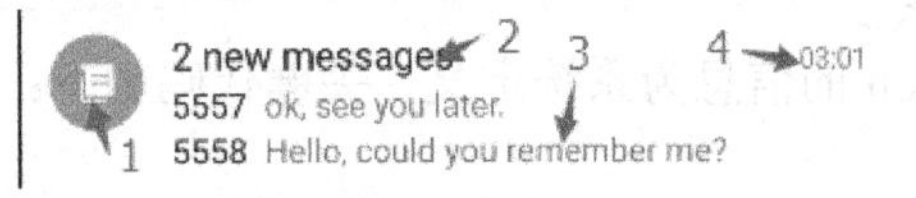

图 6-13　Notification 标准视图

Notification 的示例如图 6-13 所示。标注 1 为图标，标注 2 为标题，标注 3 为通知内容，标注 4 为接收到该通知的时间。

6.4.2 PendingIntent

Notification 显示的消息有限，一般仅用于提示概要信息，用户很多时候需要了解消息详情。为达到此目的，需要给 Notification 绑定一个 Intent，当用户单击 Notification 时，通过这个 Intent 启动一个 Activity 来显示详细内容。在 Notification 中，并不使用常规的 Intent 去传递一个意图，而是使用 PendingIntent。

Intent 和 PendingIntent 有一定的区别。Intent 用来处理马上发生的意图。PendingIntent 可以看作是对 Intent 的一个封装，但它不是立刻执行某个行为（从字面意思上看是延迟的 Intent），而是满足某些条件或触发某些事件后才执行指定的行为。PendingIntent 包含 Intent 及 Context，因此就算 Intent 所属程序结束，PendingIntent 依然有效，可以在其他程序中使用。PendingIntent 常用在通知栏及短信发送系统中。

PendingIntent 提供了多个静态的方法，用于获得适用于不同场景的 PendingIntent 对象，静态方法介绍如表 6-2 所示。

表 6-2　PendingIntent 常用方法

方法	描述
getActivity(Context context, int requestCode, Intent intent, int flags)	启动一个 Activity
getService(Context context, int requestCode, Intent intent, int flags)	启动一个 Service
getBroadcast(Context context, int requestCode, Intent intent, int flags)	取得一个广播

静态方法中传递的几个参数都很常规，这里仅介绍一个 flag 参数，用于标识 PendingIntent 的构造选择，具体如表 6-3 所示。

表 6-3　PendingIntent 的常规参数

flag 参数	含义
FLAG_CANCEL_CURRENT	如果构建的 PendingIntent 已经存在，则取消前一个，重新构建一个
FLAG_NO_CREATE	如果前一个 PendingIntent 已经不存在了，将不再构建它
FLAG_ONE_SHOT	表明这里构建的 PendingIntent 只能使用一次
FLAG_UPDATE_CURRENT	如果构建的 PendingIntent 已经存在，则替换它，经常使用

6.4.3　Notification 的实现

Notification 的使用过程一般分为 4 个步骤，接下来以一个简单的示例说明此过程。

【例 6-8】 Notification 的简单应用：设计两个 Button，一个 Button 用于发送通知消息，另一个 Button 用于取消通知消息。当单击发送广播消息的 Button 时，可以在通知栏里查看到此消息的存在，实现效果如图 6-14 所示。

实现步骤如下：

（1）修改 XML 布局文件：新建项目，对应的布局文件结构如图 6-15 所示，代码略。

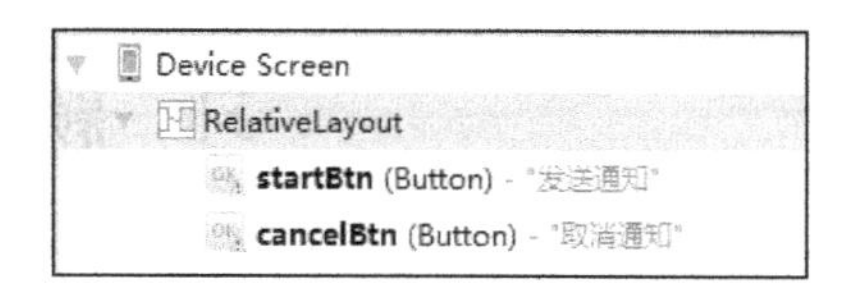

图 6-14　实现效果图　　　　图 6-15　布局结构

（2）声明属性变量：在 MainActivity 中声明属性变量，其中，NotificationManager 是通知栏的管理者，而 NotificationCompat.Builder 用于实例化通知栏构造器。

```
NotificationManager mNotificationManager;
NotificationCompat.Builder mNotificationBuilder;
Button btn_start,btn_cancle;
```

```
Context context;
```

（3）Notification 使用步骤 1：获得状态通知栏的管理 NotificationManager。它是一个系统 Service，需要通过调用 getSystemService()方法获得实例。关键代码如下：

```
mNotificationManager=(NotificationManager)getSystemService(Context.NOTIFICATION_SERVICE);
```

（4）Notification 使用步骤 2：实例化通知栏构造器 NotificationCompat.Builder。关键代码如下：

```
mNotificationBuilder=new NotificationCompat.Builder(context);
```

（5）Notification 使用步骤 3：对 Builder 实例进行配置。关键代码如下：

```
Intent notificationIntent=new Intent(context, MainActivity.class);
PendingIntent contentIntent=PendingIntent.getActivity(context, 0, notificationIntent, 0);
mNotificationBuilder.setContentTitle("通知栏标题")
    .setContentText("通知栏内容：")
    .setContentIntent(contentIntent)
    .setDefaults(Notification.DEFAULT_VIBRATE)// 向通知添加声音、闪灯和振动效果的最简单、使用默认(defaults)属性，可以组合多个属性
    .setTicker("通知来了")
    .setWhen(System.currentTimeMillis())
    .setSmallIcon(R.mipmap.gps);
```

（6）Notification 使用步骤 4：发送通知请求。在本示例中需要实现“发送通知”Button 的 OnClickListener 监听器，关键代码如下：

```
mNotificationManager.notify(1,mNotificationBuilder.build());
```

notify()方法中的第一个参数为标志位，应用程序中需唯一。

“取消通知”Button 的 OnClickListener 监听器关键代码如下：

```
mNotificationManager.cancel(1);//参数为本通知的标志
```

（7）运动该项目，查看效果。

【项目延伸】

学习本章内容之后，读者可以继续完善音乐播放器的项目，可完善的地方包括：

（1）在音乐播放器中显示播放列表，显示存放在 SD 卡中的歌曲信息；可以选择音乐列表中的某个曲目播放；播放方式可以有循环播放、单曲播放等。

（2）将启动服务和绑定服务结合，即使退出音乐播放器界面，仍能控制音乐播放器。

习　题　6

简答题：

（1）简述 Service 的概念与用途。

（2）简述 Service 两种启动方式的差异。

（3）简述 Service 的生命周期。

（4）简述子线程和主线程都有哪些通信方式。

（5）设计应用程序，使用 BroadcastReceiver 的知识，实现电量的显示。

第7章　数 据 存 储

作为一个完整的应用程序，数据存储操作几乎是必不可少的。为了适用于不同的需求，Android 系统共提供了 4 种数据存储方式，分别是：SharePreference、File、SQLite 数据库和 Content Provider。由于 Android 系统中数据基本都是私有的，存放于"data/data/程序包名"目录下，程序中的数据存储可以采用前 3 种存储方式。但是若要实现数据共享，正确方式是使用 Content Provider。

本章的学习目标

- 重点
  - （1）SharePreference存储方式及使用
  - （2）File存储方式及使用
  - （3）SQLite数据库存储方式及使用
  - （4）Content Provider使用
- 难点
  - （1）SQLite数据存储
  - （2）Content Provider使用

【项目导学】

自从手机问世以来，通讯录便是一直存在的、必不可少的一个手机应用程序。手机用户可以在程序中进行存储、删除和修改联系人等操作。通过本章的学习，读者可以自行开发一个简易通讯录程序，从而对数据存储知识做一个总结与提升。如图 7-1 是本章案例的界面效果，包括联系人列表和详细信息。

图 7-1　通讯录实现效果

7.1 简 单 存 储

在实际的软件运行过程中，用户经常会根据自己的习惯修改应用程序的设置，或者根据喜好设定个性化内容。为了能够持久地保存配置信息和个性化内容，Android 为开发人员提供了一种简单的数据存储方法——SharedPreferences。这是一种轻量级的数据保存方式，通过 SharedPreferences，开发人员可以将 NVP（Name/Value Pair，名称/值对）保存到 Android 的文件系统中，并且它屏蔽了对文件系统的操作过程，开发人员仅通过 SharedPreferences 提供的函数就能方便地实现对 NVP 的保存和读取。

SharedPreferences 支持 3 种访问模式，如表 7-1 所示。

表 7-1　SharedPreferences 的访问模式

访问模式	解释
MODE_PRIVATE	私有
MODE_WORLD_READABLE	全局读
MODE_WORLD_WRITEABLE	全局写

SharedPreferences 的常用方法如表 7-2 所示。

表 7-2　SharedPreferences 的常用方法

方法名称	描　述
public abstract SharedPreferences.Editor edit()	使其处于可编辑状态
public abstract Boolean contains(String key)	判断一个 key 是否存在
public abstract Map<String,?> getAll()	读取全部的数据
public abstract Boolean getBoolean(String key, Boolean defValue)	读取 boolean 型数据，如果读取失败，返回指定的默认值 defValue
public abstract float getFloat()(String key, float defValue)	读取 float 型数据，如果读取失败，返回指定的默认值 defValue
public abstract int getInt()(String key, int defValue)	读取 int 型数据，如果读取失败，返回指定的默认值 defValue
public abstract long getLong()(String key, long defValue)	读取 long 型数据，如果读取失败，返回指定的默认值 defValue
public abstract String getSting()(String key, String defValue)	读取 String 型数据，如果读取失败，返回指定的默认值 defValue

使用 SharedPreferences 之前，首先需要使用 getSharedPreferences()函数创建实例，该函数的格式如下：

```
publicSharedPreferences getSharedPreferences(String name, int mode)
```

创建实例后，如果要保存数据，则必须首先通过 SharedPreferences 类提供的 edit 方法才可以使其处于可编辑状态，此方法返回 SharedPreferences.Editor 接口实例，该接口的常用方法如表 7-3 所示。

表 7-3　SharedPreferences.Editor 接口方法

方法名称	描　述
public abstract clear()	清除所有的数据
public abstract boolean commit()	提交更新的数据
public abstract putBoolean(String key, boolean value)	保存 boolean 类型数据
public abstract putFloat(String key, float value)	保存 float 类型数据
public abstract putInt(String key, int value)	保存 int 类型数据
public abstract putLong(String key, long value)	保存 long 类型数据
public abstract putString(String key, String value)	保存 String 类型数据
public abstract remove(String key)	删除指定 key 的数据

【例 7-1】　本示例程序实现了登录界面中的“记住我”功能：用户选择“记住我”按钮后，下次登录则可以在用户名和密码处，自动调出之前记录的内容。登录界面如图 7-2 所示。

实现步骤如下：

（1）修改 XML 布局文件：新建项目，对应的布局文件结构如图 7-3 所示，代码略。

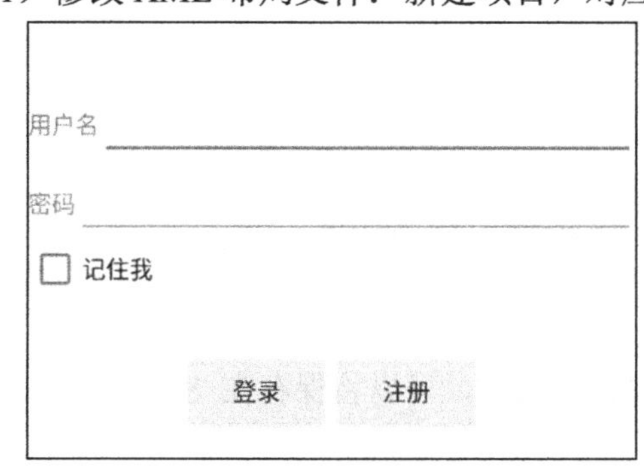

图 7-2　登录界面

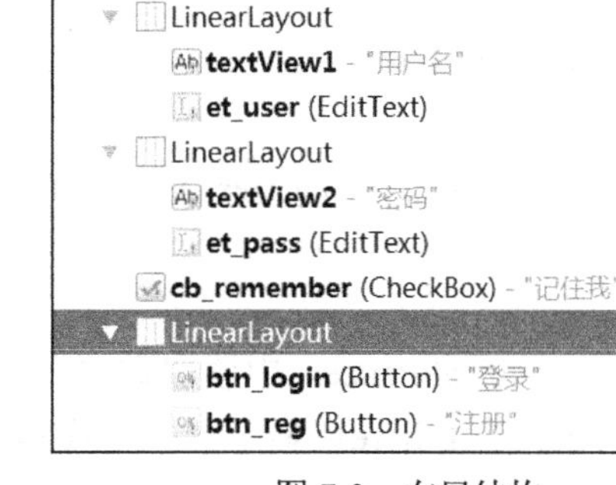

图 7-3　布局结构

（2）控件变量的声明与初始化。在 MainActivity 中添加对布局文件中相关控件的变量声明和初始化，关键代码如下：

```
private EditText et_user,et_pass;
private CheckBox cb_remember;
private Button btn_login;
@Override
protected void onCreate(Bundle savedInstanceState) {
    super.onCreate(savedInstanceState);
    setContentView(R.layout.activity_main);
    et_user=(EditText)findViewById(R.id.et_user);
    et_pass=(EditText)findViewById(R.id.et_pass);
    cb_remember=(CheckBox)findViewById(R.id.cb_remember);
    btn_login=(Button)findViewById(R.id.btn_login);
}
```

（3）声明 SharedPreferences 的名称。将需要设置的简单存储和存储的内容以常量的方式进行声明，关键代码如下：

```
private final static String SP_INFOS="login";
private final static String USERNAME="uname";
private final static String USERPASS="upass";
```

（4）保存数据到 SharedPreferences。当选择“记住我”按钮，并在页面退出时，可以将用户输入的数据保存到 SharedPreferences 中，关键代码如下：

```
public void rememberMe(String uname,String upass)
{
    SharedPreferences sp=getSharedPreferences(SP_INFOS, MODE_PRIVATE);
    SharedPreferences.Editor editor=sp.edit();
    editor.putString(USERNAME, uname);
    editor.putString(USERPASS, upass);
    editor.commit();
}
    @Override
protected void onStop() {
    super.onStop();
    if(cb_remember.isChecked())
    {
        this.rememberMe(et_user.getText().toString(), et_pass.getText().toString());
    }
}
```

（5）从 SharedPreferences 中读取数据。当页面启动后，可以将保存在 SharedPreferences 的数据读取出来并在 EditText 显示，关键代码如下：

```
    @Override
protected void onStart() {
    super.onStart();
    checkIfRemember();
}
public void checkIfRemember()
{
    SharedPreferences sp=getSharedPreferences(SP_INFOS, MODE_PRIVATE);
    String username=sp.getString(USERNAME, null);
    String userpass=sp.getString(USERPASS, null);
    if(username!=null&&userpass!=null)
    {
        et_user.setText(username);
        et_pass.setText(userpass);
        cb_remember.setChecked(true);
    }
}
```

（6）运行该项目，查看效果。

本示例程序中，生成的 SharedPreferences 文件为 login.xml。打开 DDMS，之后选择 File Explorer\data\data\<package name>\shared_prefs\目录下可以找到该文件。该文件的内容如下：

```
<?xml version='1.0' encoding='utf-8' standalone='yes' ?>
<map>
    <string name=" uname ">test</string>
    <string name="upass ">11</string>
</map>
```

7.2 文件存储

SharedPreferences 的本质其实仍然是借助于文件系统实现保存的。另外，使用 SharedPreferences 仅能够保存少量的配置数据，如果想存储更多类型或复杂的数据，则可以选择文件存储。

Activity 类中对文件操作的常用函数如表 7-4 所示。

表 7-4 Activity 类中文件操作的常用函数

方法	描述
public FileInputStream openFileInput(String name)	设置要打开的文件输入流
public FileOutputStream openFileOutput (String name, int mode)	设置要打开的文件输出流，指定操作的模式。操作的模式可以为 MODE_APPEND, MODE_PRIVATE, MODE_WORLD_READABLE, MODE_WORLD_WRITEABLE

使用 openFileInput()或 openFileOutput()函数读写文件时，文件名称中不能包含任何的分隔符（\），只能是文件名称，并且文件会默认保存在“File Explorer\data\data\<package name>\files\”目录中。

【例 7-2】 下面的示例程序中设置了 3 个 Button，第一个 Button 实现文件写操作，第二个 Button 实现文件的追加操作，第三个 Button 实现文件的读操作。程序运行效果如图 7-4 所示。

实现步骤如下：

（1）修改 XML 布局文件：新建项目，对应的布局文件结构如图 7-5 所示，代码略。

图 7-4 示例程序运行效果

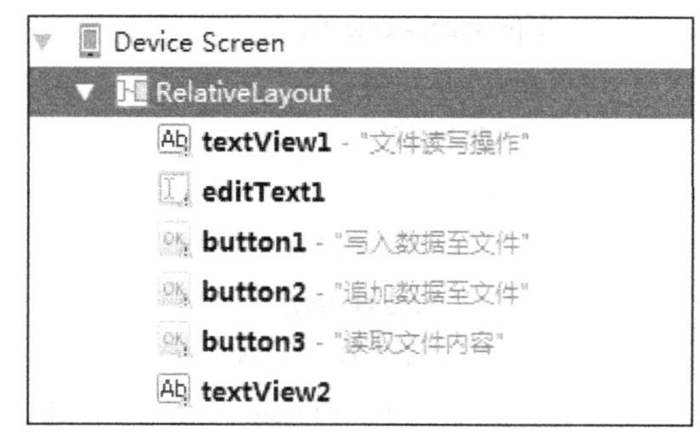

图 7-5 布局结构

（2）控件变量的声明与注册。在 MainActivity 中添加对布局文件中相关控件的变量声明和注册，关键代码如下：

```
//声明控件
TextView textView;
Button button1,button2,button3;
EditText editText;
@Override
protected void onCreate(Bundle savedInstanceState) {
    super.onCreate(savedInstanceState);
    //初始化
    setContentView(R.layout.activity_main);
    textView=(TextView)findViewById(R.id.textView2);
    button1=(Button)findViewById(R.id.button1);
    button2=(Button)findViewById(R.id.button2);
    button3=(Button)findViewById(R.id.button3);
    editText=(EditText)findViewById(R.id.editText1);
}
```

（3）声明文件的名称：

```
static final String FILENAME="myfile.txt";
```

（4）文件写操作。关键代码如下：

```
button1.setOnClickListener(new OnClickListener() {
  //写入文件
  public void onClick(View v) {
      FileOutputStream fos=null;
      try {
            fos=openFileOutput(FILENAME, Context.MODE_PRIVATE);
            String text=editText.getText().toString();
            fos.write(text.getBytes());
            Toast.makeText(MainActivity.this, "文件写入成功！", Toast.LENGTH_SHORT).show();
        } catch (Exception e) {
            // TODO Auto-generated catch block
            e.printStackTrace();
        }finally{
            if (fos!=null) {
              try {
                  fos.flush();
                  fos.close();
              } catch (IOException e) {
                  // TODO Auto-generated catch block
                  e.printStackTrace();}
```

```
            }//if
        }//finally
    }
});
```

（5）文件追加操作。只需要将第（4）步中的打开文件方式由 Context.MODE_PRIVATE 改为 Context.MODE_APPEND 即可，其余代码完全相同，因此代码略。

（6）文件读操作。关键代码如下：

```
button3.setOnClickListener(new OnClickListener() {//读出文件
    public void onClick(View v) {
        textView.setText("");
        FileInputStream fis=null;
        try {
            fis=openFileInput(FILENAME);
            if (fis.available()==0) {
                textView.setText("对不起,该文件内容为空");
                return;
                }
            byte[] bytes=new byte[fis.available()];
            while(fis.read(bytes)!=-1);
            String text=new String(bytes);
            textView.setText(text);
            Toast.makeText(MainActivity.this, "文件读取完毕！",
            Toast.LENGTH_SHORT).show();
            } catch (Exception e) {
                // TODO Auto-generated catch block
                e.printStackTrace();}
        }
    });
```

（7）运行该项目，查看效果。

7.3 数据库存储

7.3.1 SQLite 简介

SQLite 是 D. Richard Hipp 用 C 语言编写的开源嵌入式数据库引擎，是一款轻型的关系数据库，为应用于嵌入式产品而设计的。SQLite 数据库占用资源非常低，在嵌入式设备中，可能只需要几百 K 字节的内存就够了。它能够支持 Windows/Linux/UNIX 等主流的操作系统，同时能够与很多程序语言相结合，比如 C#、PHP、Java 等，还有 ODBC 接口。

SQLite 数据库的特点如下：

① 支持 ACID 事务；

② 无须安装和管理配置；

③ 存储在单一磁盘文件中的一个完整的数据库；

④ 数据库文件可以在不同字节顺序的机器间自由地共享；

⑤ 支持数据库大小至 2TB；

⑥ 足够小，大致 3 万行 C 代码，250KB；

⑦ 在大部分普通数据库操作中，速度比一些流行的数据库快；

⑧ 良好注释的源代码，并且有 90%以上的测试覆盖率；

⑨ 没有额外依赖，独立性强；

⑩ 源代码完全开源，可以用于任何用途，包括出售；

⑪ 支持多种开发语言，包括 C，PHP，Perl，Java，ASP，.NET 等。

SQLite 采用的是动态数据类型，可以根据存入值自动判断。SQLite 具有 5 种数据类型，具体如表 7-5 所示。

表 7-5　SQLite 支持的 5 种数据类型

类型	说明
NULL	空值
INTEGER	有符号整数
REAL	浮点数
TEXT	文本字符串
BLOB	数据块

SQLite 支持的数据类型虽然只有 5 种，但实际上也接受 varchar(n)、char(n)、decimal(p,s) 等数据类型，只不过在运算或保存时会转成对应的 5 种数据类型。

此外，SQLite 可以保存任何类型的数据到任何字段中，无论这列声明的数据类型是什么类型。例如，可以在 Integer 字段中存放字符串，或者在布尔型字段中存放浮点数，或者在字符型字段中存放日期型值。但有一种例外情况：定义为 INTEGER PRIMARY KEY 的字段只能存储 64 位整数，当向这种字段中保存除整数以外的数据时，将会产生错误。

7.3.2　手动建库

如果有的读者已经有了数据库方面的开发经验，可以将相关的思想移植到 Android 的数据库开发过程中。通常传统的数据库操作都是借助于 DBMS 工具完成的。同样，SQLite 数据库也可以利用 sqlite3 工具，通过手工输入 SQL 命令来完成建立数据库的过程。

sqlite3 是 SQLite 数据库自带的一个 SQL 命令执行工具，它基于命令行，并可以显示命令执行结果。sqlite3 工具是被集成在 Android 系统中，用户在命令行界面中输入 sqlite3 即可启动 sqlite3 工具，并显示版本信息。表 7-6 是 sqlite3 中的部分常见命令。

由于该过程全部是在命令行完成的，因此对开发人员有一定的难度。为此，我们可以借助于相关的数据库可视化管理工具进行实现。本书中选择的是 SQLiteSpy 工具。SQLiteSpy 是一个快速且紧凑的数据库 SQLite 的 GUI 管理软件。它的图形用户界面使得它很容易探讨、分析和操纵 sqlite3 数据库。该工具为绿色软件，下载解压后，即可使用。如图 7-6 所示为 SQLiteSpy 打开界面效果。

表 7-6　sqlite3 中的部分常见命令

命　令	含　义
sqlite>.help	输出帮助信息
sqlite>.database	查看数据库文件信息命令
sqlite>.quit 或 sqlite>.exit	退出终端命令
sqlite>.show	列出当前显示格式的配置
sqlite>.schema	显示数据库结构
sqlite>.dump	将数据库以 SQL 文本形式导出
sqlite>.mode	设置显示模式，有多种显示模式，默认的是 list 显示模式
sqlite>.headers on/off	显示/关闭标题栏
sqlite>.separator　分隔符	设置分隔符

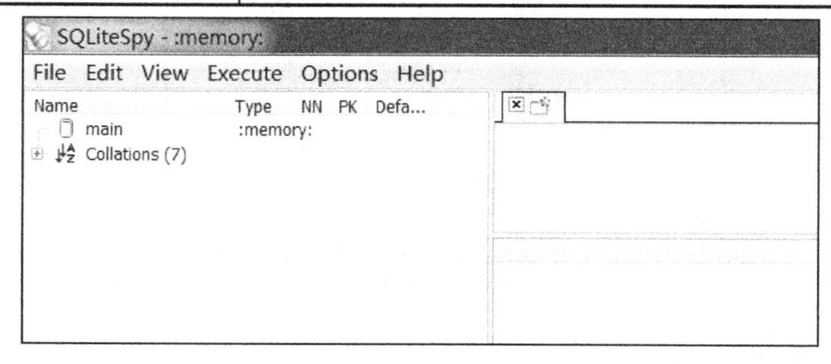

图 7-6　SQLiteSpy 打开界面

下面利用该工具进行手动建库。

（1）新建数据库文件。在图 7-6 中，选择“File”→“New Database”命令新建一个数据库文件，效果如图 7-7 所示。

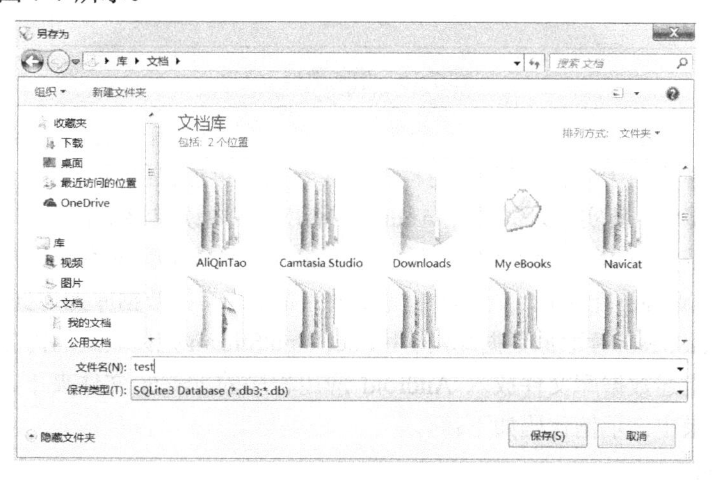

图 7-7　新建数据库文件

（2）执行 SQL 语句。打开新建的文件，输入命令：create table if not exists personInfo(ID integer primary key autoincrement,Name varchar,Phone_number varchar,Address varchar,E_mail varchar)，如图 7-8 所示，随后按 F9 键执行。

```
create table
if not exists personInfo
(ID integer primary key autoincrement,
Name varchar,
Phone_number varchar,
Address varchar,
E_mail varchar)
```

图 7-8　SQL 语句运行界面

（3）查看结果。如图 7-9 所示，可以看到已经生成了 personInfo 表，而且其中有 5 个字段。

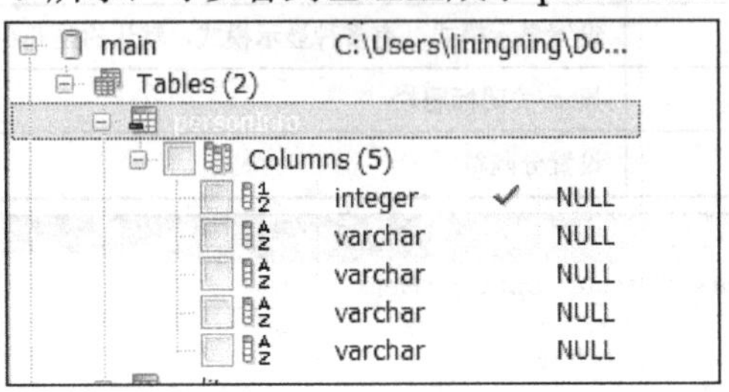

图 7-9　运行效果

（4）增加数据。表创建完毕后，可以通过 insert 语句增加相关的数据。如图 7-10 所示。

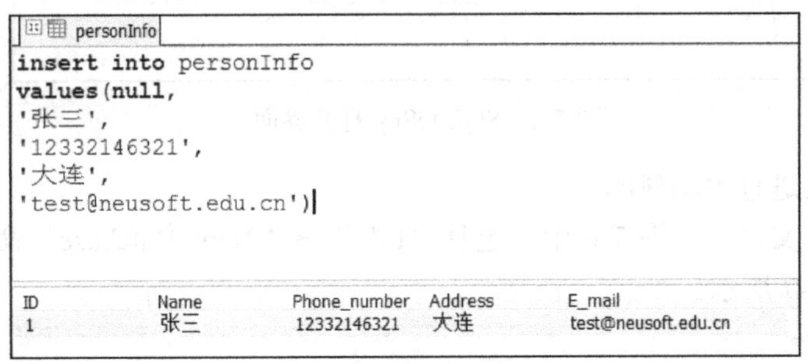

图 7-10　增加数据

通过上述步骤，开发人员可以新建一个数据库文件，并在其中创建表，增加数据。那么，如何将该数据库文件应用于 Android 应用程序中呢？读者可能已经发现，上述过程中的数据库，本质就是一个文件。其实，只需要在 Android 应用程序中读取该文件，并通过数据库相关操作对其进行打开、关闭和增、删、改、查。而 Android 系统下数据库应该存放在 data/data/<package name>/databases 目录下，所以我们需要做的是把已有的数据库上传到这个目录下。操作方法是用 FileInputStream 读取原数据库，再用 FileOutputStream 把读取到的内容写入这个目录。

因此，可以将上述数据库文件放入 Android 应用程序的 assets 文件夹下，然后通过 Java 程序复制到上述目录中。示例代码如下：

```
public class BaseDBUtil {
    static final String DB_DIR = "database";
    static final String DB_NAME="test.db3";
    private static String databasePath;
    public SQLiteDatabase database;
    public void closeDB(){
```

```
        if(database != null && database.isOpen()){
            database.close();
            database = null;
        }
    }
    public int openDB(Context context){
        databasePath=getDatabasePath(context);
        try {
            if(database == null || !database.isOpen()){
                database = SQLiteDatabase.openDatabase(databasePath, null, SQLiteDatabase.OPEN_
                        READWRITE);
            }
        } catch (SQLiteException e) {
            return -1;
        }
        return 0;
    }

    private static String getDatabasePath(Context context) {
        ApplicationInfo applicationInfo;
        String packageName = context.getPackageName();
        String path = "";
        try {
            applicationInfo = context.getPackageManager().getApplicationInfo(
                    packageName, PackageManager.GET_META_DATA);
            String dbDir = applicationInfo.dataDir + File.separator + DB_DIR;
            File file = new File(dbDir);
            if (!file.exists()) {
                file.mkdir();
            }
            path = applicationInfo.dataDir + File.separator + DB_DIR
                    + File.separator + DB_NAME;
        } catch (PackageManager.NameNotFoundException e) {
        }
        return path;
    }

    //-1 代表失败   0 代表无须复制，1 代表复制成功
    public static    Integer copyDatabaseFile(Context context) {
```

```
        databasePath=getDatabasePath(context);
        Integer res = -1;
        try {
            // InputStream inputStream = context.getResources().getAssets().open(DB_NAME);
             InputStream inputStream =context.getClass().getClassLoader().getResourceAsStream
             ("assets/"+DB_NAME);
             if (databasePath != null) {
                  File file = new File(databasePath);
                  if (!file.exists())
                       file.createNewFile();
                  else{//如果已有数据库文件
                       res=0;
                       return res;
                  }
                  FileOutputStream outputStream = new FileOutputStream(file);
                  byte[] buffer = new byte[1024 * 4];
                  int count = 0;
                  while ((count = inputStream.read(buffer)) != -1) {
                       outputStream.write(buffer, 0, count);
                  }
                  outputStream.close();
             }
             inputStream.close();
             res = 1;// 代表成功

        } catch (IOException e) {
             e.printStackTrace();
        }
        return res;
    }
}
```

上述代码实现了数据的打开和关闭操作，以及数据库的复制。由于数据库复制工作需要从 asset 文件夹复制到 data/data/<package name>/ databases 文件夹下，因此需要获取目标文件夹的名称，即 getDatabasePath()方法的含义。

上述代码通过调用，则可以实现数据库文件的拷贝。调用代码如下：

```
public class MainActivity extends AppCompatActivity {
    @Override
    protected void onCreate(Bundle savedInstanceState) {
        super.onCreate(savedInstanceState);
        setContentView(R.layout.activity_main);
```

```
        int r= BaseDBUtil.copyDatabaseFile(this);
        Toast.makeText(this, r + "", Toast.LENGTH_LONG).show();
    }
}
```

运行效果如图 7-11 所示。

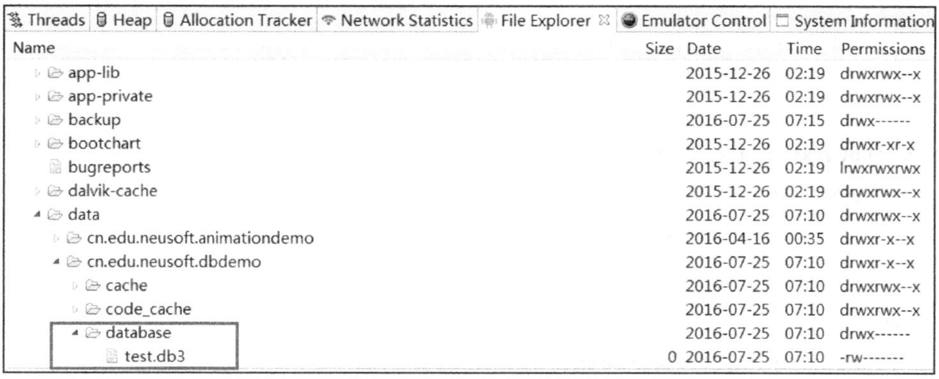

Threads | Heap | Allocation Tracker | Network Statistics | File Explorer | Emulator Control | System Information

Name	Size	Date	Time	Permissions
app-lib		2015-12-26	02:19	drwxrwx--x
app-private		2015-12-26	02:19	drwxrwx--x
backup		2016-07-25	07:15	drwx------
bootchart		2015-12-26	02:19	drwxr-xr-x
bugreports		2015-12-26	02:19	lrwxrwxrwx
dalvik-cache		2015-12-26	02:19	drwxrwx--x
data		2016-07-25	07:10	drwxrwx--x
cn.edu.neusoft.animationdemo		2016-04-16	00:35	drwxr-x--x
cn.edu.neusoft.dbdemo		2016-07-25	07:10	drwxr-x--x
cache		2016-07-25	07:10	drwxrwx--x
code_cache		2016-07-25	07:10	drwxrwx--x
database		2016-07-25	07:10	drwx------
test.db3	0	2016-07-25	07:10	-rw-------

图 7-11　手动建库运行效果

7.3.3　代码建库

提到数据库相关的代码操作，大家首先想到的应该都是增、删、改、查。但是在进行操作之前，开发人员也需要对表的信息进行创建等工作。上一节提供了手动建库的方式，另外也可以通过在 Java 代码中直接执行“create table…”等语句创建表。Android 提供了一个非常重要的帮助类 SQLiteOpenHelper，用于帮助创建、更新和打开一个数据库。

SQLiteOpenHelper 类提供的常用方法如表 7-7 所示。

表 7-7　SQLiteOpenHelper 类中的常用方法

方法名称	描　述
public SQLiteOpenHelper(Context context, String name, SQLiteDatabase.CursorFactory factory, int verson)	构造方法，指明要操作的数据库的名称及版本号
public synchronized void close()	关闭数据库
public synchronized SQLiteDatabase getReadableDatabase()	以只读的方式创建或者打开数据库
public synchronized SQLiteDatabase getWriteableDatabase()	以修改的方式创建或者打开数据库
public abstract void onCreate(SQLiteDatabase db)	创建数据表格
public abstract void onUpgrade(SQLiteDatabase db, int oldVersion, int newVersion)	更新数据库
public void onOpen(SQLiteDatabase db)	打开数据库

继承 SQLiteOpenHelper 类时，需要重写 onCreate()和 onUpgrade()两个方法。onCreate()方法只是在第一次使用数据库时才会被调用，当数据库版本有更新时，才会调用 onUpgrade()方法。程序人员不应该直接调用这两个方法，而应由 SQLiteOpenHelper 类来决定何时调用这两个函数。

SQLiteOpenHelper 的示例代码如下：

```
private static class DBOpenHelper extends SQLiteOpenHelper  {
    private static final String DB_CREATE=" create table if not exists "+TABLE_NAME+" ("+ID+"
```

```
integer primary key autoincrement,"+NAME+" varchar,"+PHONE_NUMBER+" varchar,"+ADDRESS+" varchar,
"+EMAIL+" varchar)";
    public DBOpenHelper(Context context, String name,SQLiteDatabase.CursorFactory factory, int version)
    {
        super(context, name, factory, version);
    }

    @Override
    public void onCreate(SQLiteDatabase arg0) {
        arg0.execSQL(DB_CREATE); //执行时，若表不存在，则创建
    }

    @Override
    public void onUpgrade(SQLiteDatabase arg0, int arg1, int arg2) {
        // 数据库被改变时，将原先的表删除，然后建立新表
        arg0.execSQL("DROP TABLE IF EXISTS "+DB_TABLE);
        onCreate(arg0);
    }
}
```

程序员可以直接调用 getReadableDatabase()或者 getWriteableDatabase()方法，这两个函数会根据数据库是否存在、版本号和是否可写等情况，决定在返回数据库实例前，是否需要建立数据库。一旦函数调用成功，数据库实例将被缓存并且被返回。

打开数据库的示例代码如下：

```
private DBOpenHelper dbOpenHelper;
private SQLiteDatabase db;
……
public void openDB() throws SQLiteException
    {
        dbOpenHelper=new DBOpenHelper(context, "people.db", null, 1);
        try{
            db=dbOpenHelper.getWritableDatabase();
        }
        catch(SQLiteException ex)
        {
            db=dbOpenHelper.getReadableDatabase();
        }
    }
```

当然，如果程序开发人员不希望使用 SQLiteOpenHelper 类，也可以直接使用 SQL 命令建立数据库。使用这种方式时，首先调用 openOrCreateDatabases()函数创建数据库实例，然后调用 execSQL()函数执行 SQL 命令，完成数据库和数据库表的建立。

示例代码如下：

```
db. openOrCreateDatabases("my_contact.db", MODE_PRIVATE, null);
db. execSQL(DB_CREATE);
```

数据库不使用时一定要调用 close()方法关闭数据库。示例代码如下：

```
public void close(){
    if(db!=null){
        db.close();
        db=null;
    }
}
```

7.3.4 数据操作

Android 提供了一个名为 SQLiteDatabase 的类，该类封装了一些操作数据库的 API，使用该类可以完成对数据进行添加、查询、更新和删除操作，这些操作简称为 CRUD 操作。CRUD 操作的一些常用库函数介绍如下。

1．插入操作

```
public long insert (String table, String nullColumnHack, ContentValues values)
```

参数解释如下：

table：数据库表名。

nullColumnHack：代表强行插入 null 值的数据列的列名。当 values 参数为 null 或不包含任何键-值对时，该参数有效。

values：要插入表中的一行记录。

向数据表中添加一条新的记录时，必须借助 ContentValues 类。ContentValues 类是一个数据承载容器，其功能与 HaspMap 类的功能类似，都是采用“键-值”对的形式保存数据。唯一不同的是，在 ContentValues 类中所设置的键必须都是 String 类型的数据，而设置的值都是基本数据类型的封装类。利用 ContentValues 类提供的 put()方法可以向 ContentValues 实例中添加数据元素。

2．查询操作

```
public Cursor query (String table, String[] columns, String selection, String[] selectionArgs,String groupBy, String having,String orderBy)
```

参数解释如下：

table：数据库表名。

columns：要查询的列名，相当于 select 语句中 select 关键字后面的部分。

selection：查询条件子句，相当于 select 语句中 where 关键字后面的部分，在条件子句中允许使用占位符“？”。

selectionArgs：用于为 selection 子句中的占位符传入数值，值在数据中的位置与占位符在语句中的位置必须一致，否则会出现异常。

groupBy：分组，相当于 select 语句中 group by 关键字后面的部分。

having：用于对分组过滤。

orderBy：排序。

通过query语句返回的查询结果不是完整的数据集合，而是该集合的指针，该指针是Cursor类型，Cursor类支持在查询结果中以多种方式移动。

Cursor类常用的方法如表7-8所示。

表7-8 Cursor类常用的方法

方法名称	描述
moveToFirst	将指针移动到第一条数据上
moveToNext	将指针移动到下一条数据上
moveToPrevious	将指针移动到上一条数据上
getCount	获取集合中的条目个数
getColumnIndexOrThrow	返回指定属性名称的列号，如果不存在，则产生异常
getColumnName	返回指定列号的属性名称
getColumnIndex	根据属性名称返回列号
moveToPosition	将指针移动到指定位置的数据上
getPosition	返回当前的指针位置

3．更新操作

```
public int update (String table, ContentValues values, String whereClause, String[] whereArgs)
```

参数解释如下：

table：数据库表名。

values：更新的数据。

whereClause：满足该whereClause子句的记录将会被更新。

whereArgs：用于为whereClause子句传入参数。

4．删除操作

```
public int delete (String table, String whereClause, String[] whereArgs)
```

参数同update()函数，这里不再赘述。

【例7-3】下面根据以上的知识点，来实现本章的章节案例——简易通讯录。

实现步骤如下：

（1）布局文件：新建PhoneBook项目，在生成的布局文件中，按照图7-12所示的结构进行界面布局，实现了通讯录列表的界面。

图7-12 布局结构

（2）MainActivity类中进行数据获取：初始化ListView，并准备相关的适配器类和布局文件。

下面是对应的适配器MyAdapter类：

```
public class MyAdapter extends BaseAdapter{
    private LayoutInflater inflater;
```

```
private List<PeopleInfo> list;
private Context context;
public MyAdapter(Context context, List<PeopleInfo> list) {
    inflater = LayoutInflater.from(context);
    this.list = list;
    this.context=context;
}
@Override
public int getCount() {
    return list.size();
}
@Override
public Object getItem(int position) {
    return list.get(position);
}
@Override
public long getItemId(int position) {
    return position;
}
@Override
public View getView(int position, View convertView, ViewGroup parent) {
    ViewHolder viewHolder = null;
    if (convertView == null) {
        convertView = inflater.inflate(R.layout.person_item, null);
        viewHolder = new ViewHolder();
        viewHolder.tv_name = (TextView) convertView.findViewById(R.id.tv_name);
        viewHolder.tv_phone = (TextView) convertView.findViewById(R.id.tv_phone);
        viewHolder.btn_edit = (Button) convertView.findViewById(R.id.btn_edit);
        viewHolder.btn_del = (Button) convertView.findViewById(R.id.btn_del);
        convertView.setTag(viewHolder);
    } else {
        viewHolder = (ViewHolder) convertView.getTag();
    }
    viewHolder.tv_name.setText(list.get(position).getName());
    viewHolder.tv_phone.setText(list.get(position).getPhone_number());
    return convertView;
}
public static class ViewHolder {
    TextView tv_phone;
    TextView tv_name;
```

```
        Button btn_edit,btn_del;
    }
}
```

其中，person_item.xml 对应的结构图如图 7-13 所示。

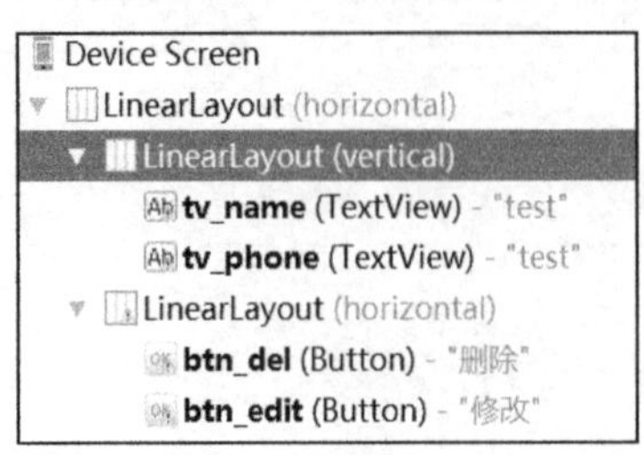

图 7-13　结构布局

（3）PeopleInfo 类实现。在第（2）步的适配器类中，为了实现通讯录信息的存储，需要借助于 PeopleInfo 类来完成，其中包括用户的 ID、姓名、电话号码、地址和邮箱。

```
public class PeopleInfo {
    public int ID;
    public String Name;
    public String Phone_number;
    public String Address;
    public String E_mail;
    public PeopleInfo(String name,String phone_number,String address,String e_mail)     {
        this.Name=name;
        this.Phone_number=phone_number;
        this.Address=address;
        this.E_mail=e_mail;
    }
    ……//上述 5 个属性，对应的 get/set 方法
}
```

（4）准备数据。适配器准备完毕后，只需要将需要显示的数据获取，ListView 就可以按照适配器的样式进行数据显示。而本案例的数据来源于数据库，因此为了显示数据，首先需要准备数据库连接方面的工作，然后进行查询。

下面是根据本案例数据库的内容准备的 SQLiteOpenHelper 子类。该类继承于 SQLiteOpenHelper，并利用该类实现数据库的表创建操作。代码如下：

```
class MyOpenHelper extends SQLiteOpenHelper{
    public static final String TABLE_NAME="personInfo";
    public static final String ID="ID";
    public static final String NAME="Name";
    public static final String PHONE_NUMBER="Phone_number";
    public static final String ADDRESS="Address";
    public static final String EMAIL="E_mail";
```

```
    public MyOpenHelper(Context context, String name, CursorFactory factory,int version) {
        super(context, name, factory, version);
    }
    @Override
    public void onCreate(SQLiteDatabase db) {
        db.execSQL("drop table if exists "+TABLE_NAME);
        db.execSQL("create table if not exists "+TABLE_NAME+" ("+
  ID+" integer primary key autoincrement,"+NAME+" varchar,"+PHONE_NUMBER+" varchar,"+ADDRESS+"
varchar,"+EMAIL+" varchar)");
    }
  @Override
    public void onUpgrade(SQLiteDatabase db, int oldVersion, int newVersion) {
    }
}
```

随后在 MainActivity 类中，对 MyOpenHelper 类进行应用：

```
myHelper=new MyOpenHelper(this, DB_NAME, null, 1);
db=myHelper.getWritableDatabase();
```

获取了上述的 db 对象以后，开发人员就可以进行增、删、改、查操作了。在 MainActivity 类中通过以下方法读取数据库中的联系人信息，代码如下：

```
private List<PeopleInfo> getBasicInfo() {
    Cursor c=db.query(TABLE_NAME,new String[]{},null,null,null,null,ID);
    List<PeopleInfo> list=new ArrayList<PeopleInfo>();
    for(c.moveToFirst();!c.isAfterLast();c.moveToNext())
    {
        String name=c.getString(c.getColumnIndex(NAME));
        String phone_number=c.getString(c.getColumnIndex(PHONE_NUMBER));
        String address=c.getString(c.getColumnIndex(ADDRESS));
        String email=c.getString(c.getColumnIndex(EMAIL));
        PeopleInfo d=new PeopleInfo(name,phone_number,address,email);
        d.setID(c.getInt(c.getColumnIndex(ID)));
        list.add(d);
    }
    c.close();
    return list;
}
```

（5）将该适配器应用于 ListView 控件中。在 MainActivity 类的 onCreate()方法中，增加如下代码：

```
List<PeopleInfo> list=this.getBasicInfo();
adapter=new MyAdapter(this, list);
lv.setAdapter(adapter);
```

（6）增加按钮功能实现。增加按钮主要实现界面的跳转，进入增加页。

```
btn_add.setOnClickListener(new OnClickListener() {
    @Override
    public void onClick(View v) {
        Intent intent=new Intent(MainActivity.this,NewPersonActivity.class);
        startActivity(intent);
    }
});
```

上述第（6）步代码中的 NewPersonActivity 是一个新建的 Activity 类，主要是实现联系人的新增和修改功能，对应的布局文件结构如图 7-14 所示。

图 7-14　布局结构

（7）清空按钮功能实现。代码如下：

```
btn_clear.setOnClickListener(new OnClickListener() {
    @Override
    public void onClick(View v) {
        if(deleteAll()>0)
        {
            Toast.makeText(MainActivity.this,  "清空成功！", Toast.LENGTH_LONG).show();
            finish();
            startActivity(new Intent(MainActivity.this,MainActivity.class));
        }
    }
});
```

其中，deleteAll()方法同样是借助于 MainActivity 类中的 db 对象完成删除操作的。对应的代码如下：

```
public int deleteAll()
{
    return db.delete(TABLE_NAME, null, null);
```

```
}
```

（8）新增/修改功能实现。在第（6）步新建的 NewPersonActivity 类中，进行新增和修改功能的实现。新增和修改的区别在于跳入当前类时，是否有 id 的参数传递。如果有，说明是修改；否则是新增。采用 flag 变量进行标识，flag 为 0 时为新增，为 1 时则为修改。NewPersonActivity 类的代码如下：

```
public class NewPersonActivity extends Activity {
    private EditText et_name,et_phone,et_address,et_email;
    private Button btn_ok,btn_back;
    private MyOpenHelper myHelper;
    public static final String DB_NAME="my_contact";
    public static final String TABLE_NAME="personInfo";
    public static final String NAME="Name";
    public static final String PHONE_NUMBER="Phone_number";
    public static final String ADDRESS="Address";
    public static final String EMAIL="E_mail";
    private SQLiteDatabase db;
    private int flag=0;//标识新增或修改
    private int id=0; //标识修改 ID
    @Override
    protected void onCreate(Bundle savedInstanceState) {
        super.onCreate(savedInstanceState);
        setContentView(R.layout.activity_new_person);
        myHelper=new MyOpenHelper(this, DB_NAME, null, 1);
        db=myHelper.getWritableDatabase();
        et_name=(EditText)findViewById(R.id.et_name);
        et_phone=(EditText)findViewById(R.id.et_phone);
        et_address=(EditText)findViewById(R.id.et_address);
        et_email=(EditText)findViewById(R.id.et_email);
        btn_ok=(Button)findViewById(R.id.button1);
        btn_back=(Button)findViewById(R.id.button2);
        if(getIntent().getIntExtra("id",0)>0)//判断是新增还是修改
            {
                id=getIntent().getIntExtra("id",0);
                setPersonInfo(id);
                flag=1;
            }
    }
    //修改时，初始化数据
    private void setPersonInfo(int id) {
        Cursor c=db.query(TABLE_NAME,new String[]{},"ID="+id,null,null,null,null);
```

```
        if(c.moveToFirst())
        {
            String name=c.getString(c.getColumnIndex(NAME));
            String phone_number=c.getString(c.getColumnIndex(PHONE_NUMBER));
            String address=c.getString(c.getColumnIndex(ADDRESS));
            String email=c.getString(c.getColumnIndex(EMAIL));
            PeopleInfo d=new PeopleInfo(name,phone_number, address, email);
            d.setID(c.getInt(c.getColumnIndex("ID")));
            et_name.setText(d.getName());
            et_phone.setText(d.getPhone_number());
            et_address.setText(d.getAddress());
            et_email.setText(d.getE_mail());
        }
        c.close();
    }
}
```

下面根据 flag 的值对确定按钮进行增加或修改操作：增加调用 insert()方法，修改调用 update()方法。而两个方法都需要借助于 ContentValues 类进行数据传递。

```
btn_ok.setOnClickListener(new OnClickListener() {
    @Override
    public void onClick(View v) {
        ContentValues value=new ContentValues();
        value.put(NAME, et_name.getText().toString());
        value.put(PHONE_NUMBER, et_phone.getText().toString());
        value.put(ADDRESS, et_address.getText().toString());
        value.put(EMAIL, et_email.getText().toString());
        long result;
        if(flag==0)
          result=db.insert(TABLE_NAME, null, value);
        else
          result=db.update(TABLE_NAME, value, "ID="+id, null);
        db.close();
        if(result>0)
            {
                Toast.makeText(NewPersonActivity.this, "操作成功！", Toast.LENGTH_LONG).show();
                Intent intent=new Intent(NewPersonActivity.this,MainActivity.class);
                startActivity(intent);
            }
    }
});
```

（9）实现通讯录列表中的修改按钮操作。在 MyAdapter 适配器类中，对其中的修改按钮 btn_edit 增加监听：跳转到 NewPersonActivity 类中，并传递 id 参数。

```
final int id=list.get(position).getID();
 viewHolder.btn_edit.setOnClickListener(new OnClickListener() {
    @Override
    public void onClick(View v) {
        Intent intent=new Intent((MainActivity)context,NewPersonActivity.class);
        intent.putExtra("id", id);
        ((MainActivity)context).startActivity(intent);
    }
});
```

（10）实现通讯录列表中的删除按钮操作。在 MyAdapter 适配器类中，对其中的删除按钮增加监听，并调用 delete()方法删除一条记录。

```
viewHolder.btn_del.setOnClickListener(new OnClickListener() {
    @Override
    public void onClick(View v) {
        db.delete(TABLE_NAME, "ID="+id, null);
        Intent intent=new Intent((MainActivity)context,MainActivity.class);
        ((MainActivity)context).startActivity(intent);
    }
});
```

其中，db 对象是通过构造函数进行初始化完成的。

```
 public MyAdapter(Context context, List<PeopleInfo> list) {
 ……
   myHelper=new MyOpenHelper(context, DB_NAME, null, 1);
   db=myHelper.getWritableDatabase();
 }
```

（11）运行该项目，查看效果。

上述步骤实现了通讯录列表功能，并可以进行新增、修改、删除和清空操作。运行该项目后，在“Android Device Monitor”→“File Explorer”视图下的 data/data 文件夹下，可以看到如图 7-15 所示文件（cn.edu.neusoft.phonebook 是本项目的包名）。

Name	Size	Date	Time	Permissions
cn.edu.neusoft.phonebook		2016-05-15	08:12	drwxr-x--x
cache		2016-05-15	08:12	drwxrwx--x
code_cache		2016-05-15	08:12	drwxrwx--x
databases		2016-05-15	08:12	drwxrwx--x
my_contact	20480	2016-05-20	02:50	-rw-rw----
my_contact-journal	12824	2016-05-20	02:50	-rw-------

图 7-15　数据库文件

本案例略显复杂，涉及的类和布局文件如图 7-16 所示。其中，MainActivity 类主要显示通讯录页面，并可以进行新增和清除操作，MyAdapter 类提供了通讯录子项的内容的修改和删除功能，读者可以参考源代码进行查看。

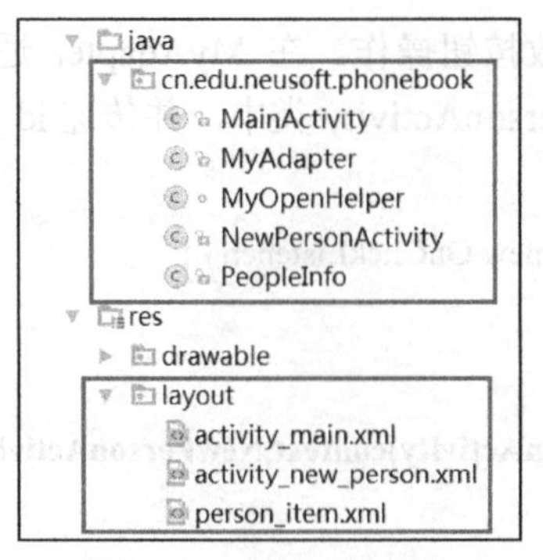

图 7-16 项目目录结构

【说明】 在上述案例中，多次调用了 MyOpenHelper 类进行 db 对象的初始化，从而借助于 db 对象进行增、删、改、查等相关操作；对于表数据的增加和修改，借助于 ContentValues 对象实现；查询借助于 Cursor 进行遍历。那么，是否可以简化数据库的创建相关工作，而增、删、改、查的目标直接依附于 Java 的实体类？例如一个 PeopleInfo 对象，代表一条数据，而查询的结果，直接是 PeopleInfo 对象集合。

为了解决上述问题，本节引入了第三方工具，从而大大降低了数据库开发方面的难度。

7.3.5 第三方工具——xUtils

随着 Android 应用开发的不断发展，目前已经有越来越多的第三方工具可以使用。而数据库操作历来是项目开发过程中的重点和难点，因此也衍生了一系列的第三方框架。本节以 xUtils 为例，进行介绍。xUtils 是 github 网站上的一个 Android 开源工具项目，最初源于 Afinal 框架，并进行了大量重构，使得 xUtils 支持大文件上传、更全面的 http 请求协议支持（10 种谓词）、拥有更加灵活的 ORM、更多的事件注解支持且不受混淆影响。本节只针对 xUtils 的数据库操作进行介绍和使用，其特点集中在强大的功能和简单的使用上。

下面将上一节的数据库创建和表创建的工作交由 xUtils 完成。

将数据库的核心操作——创建数据库、表数据的增、删、改、查，归纳提取为以下代码：

```
//创建数据库
DaoConfig config = new DaoConfig(context);
config.setDbName("my-contact"); //设置数据库名
config.setDbVersion(1);  //设置数据库版本
DbUtils db = DbUtils.create(config);//db 含有丰富的方法
 //创建表
db.createTableIfNotExist(PeopleInfo.class); //创建一个表 User
 //删除表
db.dropTable(PeopleInfo.class);
 //查询数据
 List<PeopleInfo> results= db.findAll(Selector.from(PeopleInfo.class));
PeopleInfo d = db.findById(PeopleInfo.class, id);
 //增加数据
PeopleInfo p=new PeopleInfo(name,phone_num,address,email);
```

```
p.setID(id);
db.save(p);
//修改数据
PeopleInfo p=new PeopleInfo(name,phone_num,address,email);
db.update(p);
//删除数据
 db.deleteAll();
    db.deleteById(PeopleInfo.class, id);
```

通过上述示例代码，可以看出使用 xUtils 框架，基本摆脱了 SQL 语句的要求，只需要将 Java 的实体类（PeopleInfo 类）定义完毕，即可直接映射到数据库的表中。

【例 7-4】下面通过 xUtils 框架重新实现简易通讯录的案例。

实现步骤如下：

（1）新建项目后，导入相关 jar 包，复制到当前项目的 app/libs 文件夹下，如图 7-17 所示。

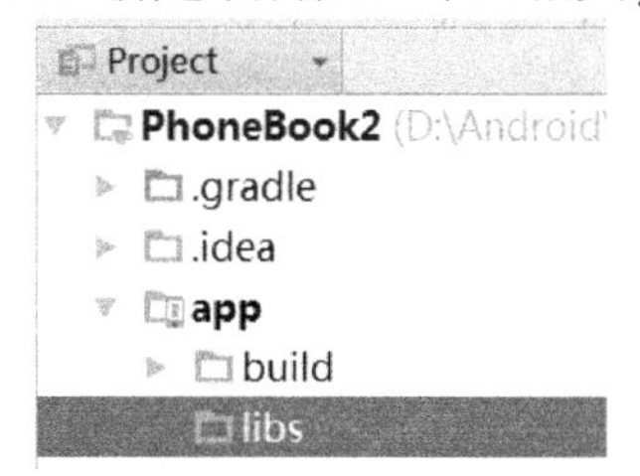

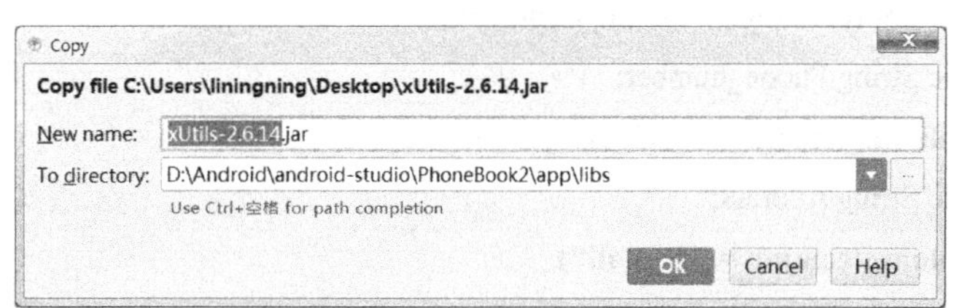

图 7-17　复制相关 jar 文件

（2）将该 jar 包进行如图 7-18 所示的设置。

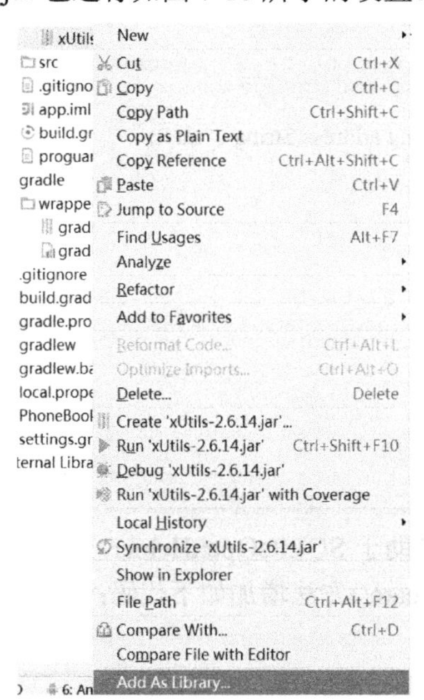

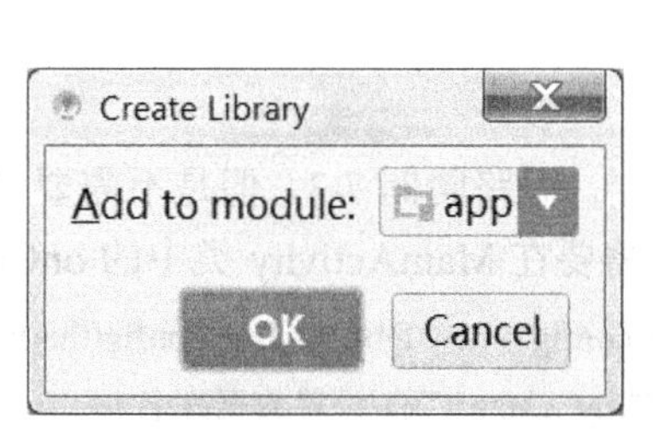

图 7-18　Add As Library 操作

（3）布局文件：在生成的布局文件中，按照图 7-13 所示的结构进行界面布局，实现了通讯录列表的界面。（同例 7-3 的布局文件）

（4）MainActivity 类中进行数据获取：初始化 ListView，并准备相关的适配器类和布局文件。（同例 7-3）

（5）PeopleInfo 类实现。类似于例 7-3，不同的地方是将 ID 列增加@Id 注解。如果主键没有命名为 id 或_id 的时候，需要为主键增加注解。对于 int 和 long 类型，默认为自增长，若想取消，需要增加@ NoAutoIncrement 注解。

另外，也需要对表和字段加注解。

```
@Table(name = "PeopleInfo")
public class PeopleInfo {
    @Id
    @Column(column = "ID")
    public int ID;
    @Column(column = "Name")
    public String Name;
    @Column(column = "Phone_number")
    public String Phone_number;
    @Column(column = "Address")
    public String Address;
    @Column(column = "E_mail")
    public String E_mail;
    //如果有其他构造函数，必须有该无参构造函数，否则运行时会出错
    public PeopleInfo()
    {
    }
    public PeopleInfo(String name,String phone_number,String address,String e_mail)        {
        this.Name=name;
        this.Phone_number=phone_number;
        this.Address=address;
        this.E_mail=e_mail;
    }
//对应的 get/set 方法
    ……
}
```

（6）准备数据。思路同例 7-3，但是不需要借助于 SQLiteOpenHelper 子类进行实现，代码量大大缩减。只需要在 MainActivity 类中的 onCreate()方法增加如下代码：

```
DbUtils.DaoConfig config = new DbUtils.DaoConfig(this);
config.setDbName("my_contact"); //设置数据库名
config.setDbVersion(1);   //设置数据库版本
db = DbUtils.create(config);//
try {
    db.createTableIfNotExist(PeopleInfo.class); //创建一个表 PeopleInfo
```

```
    List<PeopleInfo> results= db.findAll(Selector.from(PeopleInfo.class));
}catch (DbException e)
{
    e.printStackTrace();
}
```

其中，findAll()方法可以查找表中的所有数据，代码简单易于理解。

（7）将该适配器应用于ListView控件中。在MainActivity类的onCreate()方法中，增加如下代码，其中第3个参数就是当前的db对象，省略了适配器类中的初始化。

```
MyAdapter myAdapter=new MyAdapter(this,results,db);
lv.setAdapter(myAdapter);
```

（8）增加按钮功能实现。代码同例7-3的步骤（6）。

（9）清空按钮功能实现。代码如下：

```
btn_clear.setOnClickListener(new View.OnClickListener() {
    @Override
    public void onClick(View v) {
        try {
            db.deleteAll(PeopleInfo.class);
            Toast.makeText(MainActivity.this,
                    "清空成功！", Toast.LENGTH_LONG).show();
            finish();
            startActivity(new Intent(MainActivity.this, MainActivity.class));
        } catch (DbException e) {
            e.printStackTrace();
        }
    }
});
```

其中，deleteAll()方法是DbUtils类中定义的方法，用于删除表中的所有内容。

（10）新增/修改功能实现，思路同例7-3中第（8）步。之前新建的NewPersonActivity类中，进行新增和修改功能的实现。新增和修改的区别在于跳入当前类时，是否有id的参数传递。如果有，说明是修改；否则是新增，采用了flag变量进行标识。NewPersonActivity类的代码如下：

```
public class NewPersonActivity extends Activity {
    private EditText et_name, et_phone, et_address, et_email;
    private Button btn_ok, btn_back;
    private int flag = 0;
    private int id = 0;
    DbUtils db;
   @Override
    protected void onCreate(Bundle savedInstanceState) {
        super.onCreate(savedInstanceState);
```

```
        setContentView(R.layout.activity_new_person);
        DbUtils.DaoConfig config = new DbUtils.DaoConfig(this);
        config.setDbName("my_contact"); //设置数据库名
        config.setDbVersion(1);   //设置数据库版本
        db = DbUtils.create(config);//db 含有丰富的方法

        et_name = (EditText) findViewById(R.id.et_name);
        et_phone = (EditText) findViewById(R.id.et_phone);
        et_address = (EditText) findViewById(R.id.et_address);
        et_email = (EditText) findViewById(R.id.et_email);
        btn_ok = (Button) findViewById(R.id.button1);
        btn_back = (Button) findViewById(R.id.button2);

        if (getIntent().getIntExtra("id", 0) > 0)//判断是新增还是修改
        {
            id = getIntent().getIntExtra("id", 0);
            setPersonInfo(id);
            flag = 1;
        }
    }
    //修改时，初始化数据
    private void setPersonInfo(int id) {
        try {
            PeopleInfo d = db.findById(PeopleInfo.class, id);
            et_name.setText(d.getName());
            et_phone.setText(d.getPhone_number());
            et_address.setText(d.getAddress());
            et_email.setText(d.getE_mail());
        } catch (DbException e) {
        }
    }
}
```

上述代码中的 flag 为 0 时则为新增，为 1 时则为修改。根据 flag 的值对确定按钮进行增加或修改操作：增加调用 insert()方法，修改调用 update()方法。

```
btn_ok.setOnClickListener(new OnClickListener() {
@Override
public void onClick(View v) {
    try{
        String name=et_name.getText().toString();
        String phone_num=et_phone.getText().toString();
```

```
        String address=et_address.getText().toString();
        String email=et_email.getText().toString();
        PeopleInfo p=new PeopleInfo(name,phone_num,address,email);
        if(flag==0)
            db.save(p);
        else
        {
            p.setID(id);
            db.update(p);
        }
         Toast.makeText(NewPersonActivity.this, "操作成功！", Toast.LENGTH_LONG).show();
         Intent intent=new Intent(NewPersonActivity.this,MainActivity.class);
         startActivity(intent);
         } catch (DbException e) {
      }
   }
});
```

上述代码通过 save()和 update()方法即可实现增加和修改功能。

（11）实现通讯录列表中的修改按钮操作。在 MyAdapter 适配器类中，对其中的修改按钮增加监听，跳转到 NewPersonActivity 类中，并传递 id 参数，同例 7-3 中步骤（9）。

（12）实现通讯录列表中的删除按钮操作。在 MyAdapter 适配器类中，对其中的删除按钮增加监听，并调用 deleteById ()方法删除一条记录。

```
viewHolder.btn_del.setOnClickListener(new OnClickListener() {
    @Override
    public void onClick(View v) {
    try {
    db.deleteById(PeopleInfo.class, id);
    Intent intent = new Intent((MainActivity) context, MainActivity.class);
    ((MainActivity) context).startActivity(intent);
     }catch (DbException e)
     {
     }
    }
});
```

其中，db 对象是通过构造函数进行初始化完成的。

```
DbUtils db;
public MyAdapter(Context context, List<PeopleInfo> list,DbUtils db) {
    inflater = LayoutInflater.from(context);
    this.list = list;
    this.context=context;
```

```
    this.db=db;
}
```

（3）运行项目，查看效果。

【说明】 上述代码实现的效果与例 7-3 一样，但是通过引入第三方工具，省去了开发人员创建数据库和表的烦琐过程，只需要通过注解，就可以将 Java 实体类和表建立起映射关系。而所有的增、删、改、查也可以借助于第三方工具类中的方法实现，几乎省去了 SQL 语句语法的约束。本书只介绍了第三方工具 xUtils 的 DbUtils 工具类中的几种方法，还有很多其他方法和功能没有详细介绍，读者可以自行查阅相关网站进行学习。

7.4 ContentProvider

7.4.1 ContentProvider 简介

大家在微信中，可以获取本地相册的资源；在支付宝中，可以获取手机通讯录联系人等信息。那么问题来了，对于毫不相关的应用程序之间，应该如何建立数据共享呢？这就是 ContentProvider 需要解决的问题。

ContentProvider，即内容提供者。在 Android 系统中，各应用程序运行在不同的进程空间，因此不同应用程序之间的数据不可以直接访问。但 Android 中的 ContentProvider 机制可支持在多个应用中存储和读取数据。使用 ContentProvider 指定需要共享的数据，而其他应用程序则可以在不知道数据来源、存储方式、存储路径的情况下，对共享数据进行增、删、改、查等操作，因此增强了应用程序之间的数据共享能力。Android 内置的许多数据都是使用 ContentProvider 形式，如视频文件、音频文件、图像文件、通讯录等。

在创建 ContentProvider 之前，首先要创建底层的数据源，数据源可以是数据库、文件系统或网络等，然后继承 ContentProvider 类实现基本数据操作的接口函数。调用者不能调用 ContentProvider 的接口函数，而是需要使用 ContentResolver 对象，通过 Uri 间接调用 ContentProvider。

ContentProvider 的常用操作方法如表 7-9 所示。

表 7-9　ContentProvider 的常用操作方法

方法名称	描　述
public abstract int delete(Uri uri, String selection, String selectionArgs)	根据指定的 Uri 删除记录，并返回删除记录的条目数量
public abstract String getType(Uri uri)	根据指定的 Uri，返回操作的 MIME 类型
public abstract Uri insert(Uri uri, ContentValues values)	根据指定的 Uri 增加记录，并且返回增加后的 Uri，在此 Uri 中会附带有新数据的_id
public abstract Cursor query(Uri uri, String[] projection, String selection, String[] selectionArgs, String sortOrder)	根据指定的 Uri 执行查询操作，所有的查询结果通过 Cursor 对象返回
public abstract int update(Uri uri, ContentValues values, String selection, String[] selectionArgs)	根据指定的 Uri 进行记录的更新操作，并且返回更新记录的条目数量

表 7-9 列出的 ContentProvider 常用操作方法中，都有 Uri 类型的参数。

Uri 是通用资源标识符，用来定位远程或本地的可用资源，Uri 的语法结构如下：

```
scheme://<Authority>/<data_path>/<id>
```

Uri 各组成部分的解释如下。

① scheme：ContentProvider 的 scheme 已限定为：content://。

② Authority：主机名，用于唯一标识一个 ContentProvider，外部调用者可以根据此标识访问该 ContentProvider。通常可将 Authority 设置为包名和类名的全称，以保证唯一性。

③ data_path：数据路径，可用来表示待操作的数据。如果该 ContentProvider 仅提供一个数据集，数据路径可以省略。但是若该 ContentProvider 提供多个数据集，则数据路径必须指明是哪一个数据集。如果数据集是 contact，数据路径可设置为 contact。

④ id：数据集中的每一条记录都有一个唯一的 id。如果 Uri 中包含需要获取的记录的 id，则只对该记录进行操作；如果 Uri 中没有 id，则表示操作数据集中的所有记录。

如果访问 neusoft.edu.cn 包下面的数据集 contact，Uri 举例如下。

- 如果要操作 contact 表中 id 为 10 的记录，构建的 Uri 为 content://neusoft.edu.cn/contact/10。
- 如果要操作 contact 表中 id 为 10 的记录的 name 字段，构建的 Uri 为 content://neusoft.edu.cn/contact10/name。
- 如果要操作 contact 表中的所有记录，构建的 Uri 为 content://neusoft.edu.cn/contact。

ContentProvide 操作的数据不一定来自数据库，也可以是文件等其他存储方式，比如，操作 Mml 文件中 contact 节点下的 name 节点，可以构建这样的路径：/contact/name。

如果要把一个字符串转换成 Uri，可以使用 Uri 类中的 parse()方法，如下：

```
Uri uri = Uri.parse("content://neusoft.edu.cn/contact")
```

Uri 类常用操作方法如表 7-10 所示。

表 7-10　Uri 类常用操作方法

方法名称	描　述
public static String encode(String s)	对字符串编码
public static String decode(String s)	对编码后的字符串解码
public static Uri fromFile(File file)	从指定的文件中读取 Uri
public static Uri withAppendedPath(Uri baseUri, String pathSegment)	在已有地址之后添加数据
public static Uri parse(String uriString)	将给出的字符串地址变为 Uri 对象

Android 系统提供了两个用于操作 Uri 的工具类，分别为 UriMatcher 和 ContentUris。使用这两个工具类可以轻松方便地解析 Uri，并从 Uri 中获取数据。

（1）UriMatcher

工具类 UriMatcher 用于匹配 Uri，该类的常用方法如表 7-11 所示。

表 7-11　UriMatcher 类常用方法

方法名称	描　述
public UriMatcher(int code)	实例化 UriMatcher 类的对象
public void addURI(String authority, String path, int code)	增加一个指定的 URI 地址
public int match(Uri uri)	与传入的 Uri 比较，如果匹配成功，则返回相应的 code；如果匹配失败，则返回-1

下面介绍 UriMatcher 的用法。

首先注册所有的需要匹配的 Uri 路径，示例代码如下：

```
UriMatcher  uriMatcher = new UriMatcher(UriMatcher.NO_MATCH);
uriMatcher.addURI("com.sqlite.provider.contactprovider", "contact", 1);
uriMatcher.addURI("com.sqlite.provider.contactprovider", "contact/#", 2);
```

常量 UriMatcher.NO_MATCH 表示不匹配任何路径的返回码（-1）。如果 match()方法匹配 content://com.sqlite.provider.contactprovider/contact 路径，返回匹配码为 1。"#"号为通配符，如果 match()方法匹配 content://com.sqlite.provider.contactprovider/contact/230 路径，返回匹配码为 2。

注册完需要匹配的 Uri 后，就可以使用 uriMatcher.match(uri)方法对输入的 Uri 进行匹配，如果匹配成功则返回匹配码。匹配码是调用 addURI()方法传入的第三个参数，假设匹配 content://com.changcheng.sqlite.provider.contactprovider/contact 路径，返回的匹配码为 1。

（2）ContentUris

ContentUris 用于获取 Uri 路径后面的 id 部分，它有两个比较实用的方法：

- withAppendedId(uri, id)方法，用于为路径加上 id 部分；
- parseId(uri)方法，用于从路径中获取 id 部分。

当外部应用需要对 ContentProvider 中的数据进行添加、删除、修改和查询操作时，可以使用 ContentResolver 类来完成。要获取 ContentResolver 对象，可以使用 Activity 提供的 getContentResolver()方法。ContentResolver 使用 insert、delete、update、query 方法来操作数据。

ContentResolver 类的常用方法如表 7-12 所示。

表 7-12　ContentResolver 类常用方法

方法名称	描　述
public final int delete(Uri uri, String selection, String selectionArgs)	调用指定 ContentProvider 对象中的 delete()方法
public final String getType(Uri uri)	调用指定 ContentProvider 对象中的 getType()方法
public final Uri insert(Uri uri, ContentValues values)	调用指定 ContentProvider 对象中的 insert()方法
public final Cursor query(Uri uri, String[] projection, String selection, String[] selectionArgs, String sortOrder)	调用指定 ContentProvider 对象中的 query()方法
public final int update(Uri uri, ContentValues values, String selection, String[] selectionArgs)	调用指定 ContentProvider 对象中的 update()方法

ContentResolver 类是一个抽象类，需要通过 android.app.Activity 类中的方法对其实例化，该方法如表 7-13 所示。

表 7-13　ContentResolver 实例化方法

方法名称	描　述
public ContentResolver getContentResolver()	取得 ContentResolver 类的对象

7.4.2　访问系统 ContentProvider

1．通过 ContentProvider 访问短信

每一个系统的 ContentProvider 都拥有一个公共的 Uri 以供访问。使用时，根据这个 Uri 以及提供的属性字段就可实现访问。

【例 7-5】　通过 ContentProvider 获取短信信息。运行结果如图 7-19 所示。

实现步骤如下：

（1）布局文件：在新建的 ContentProvider_sms 项目中，按照图 7-20 所示结构进行界面布局（代码略）。

图 7-19　示例程序运行效果

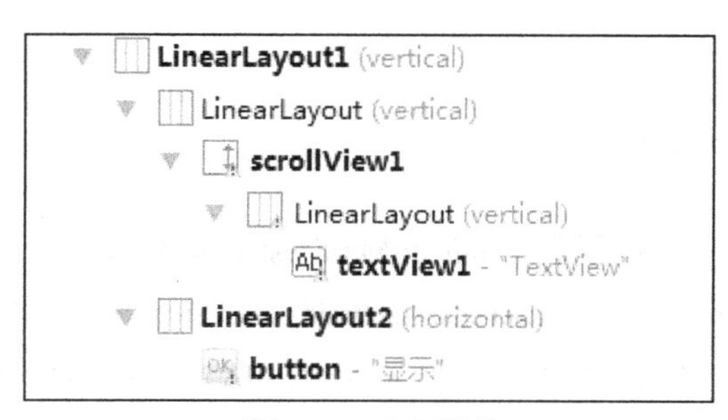

图 7-20　布局结构

（2）编写 MainActivity 代码

属性变量的声明与初始化：对布局文件中控件与 ContentResolver 对象进行初始化，关键代码如下：

```
textView = (TextView) findViewById(R.id.textView1);
button=(Button)findViewById(R.id.button);

ContentResolver resolver = getContentResolver();
String[]projection = new String[] { "address","date","body"};
final static UriSMSURI = Uri.parse("content://sms/");
SimpleDateFormatsfd1 = new SimpleDateFormat("yyyy-MM-dd hh:mm:ss");
```

“显示” Button 的代码实现：当单击“显示” Button 时，需要显示与 10086 通信的短信信息，该 Button 的监听器代码如下：

```
Cursor cursor = resolver.query(SMSURI, projection, " address =10086",    null, null);
textView.setText(convertToSms(cursor));
```

convertToSms()方法用于将 resolver.query()返回的查询结果，由 Cursor 对象指向的数据集合转换为短信字符串数组，代码如下：

```
String convertToSms(Cursor cursor) {
    String text = "";
    if (cursor != null) {
        int cnt = cursor.getCount();
        cursor.moveToFirst();
        for (int i = 0; i < cnt; i++) {
            text += cursor.getString(cursor.getColumnIndex("address")) + "; ";
            Long long1=Long.valueOf(cursor.getString(
                cursor .getColumnIndexOrThrow("date")));
            Date date1 = new Date(long1);
            String time = sfd1.format(date1);
```

```
                text += time + ";       ";
                text += cursor.getString(cursor .getColumnIndex("body")) + "; ";
                text += "\n";
                cursor.moveToNext();
            }
        }
        return text;
}
```

（3）添加授权：AndroidManifest.xml 中需要添加 SMS 相关授权，示例代码如下：

```
<uses-permission android:name="android.permission.READ_SMS"/>
<uses-permission android:name="android.permission.WRITE_SMS"/>
```

（4）运行该项目，查看效果。

2. 通过 ContentProvider 访问短信

存放通话记录的内容提供者源码路径为：

```
com/android/providers/contacts/CallLogProvider.java
```

通话记录的内容提供者提供的常用属性字段有：

① CallLog.Calls.CONTENT_URI：通话记录数据库。

② CallLog.Calls.NUMBER：通话号码。

③ CallLog.Calls.CACHED_NAME：通话人姓名。

④ CallLog.Calls.TYPE：通话类型。

呼叫记录有 3 种类型：

来电：CallLog.Calls.INCOMING_TYPE（常量值：1）

已拨：CallLog.Calls.OUTGOING_TYPE（常量值：2）

未接：CallLog.Calls.MISSED_TYPE（常量值：3）

⑤ CallLog.Calls.DATE：通话时间。

⑥ CallLog.Calls.DURATION：通话时长。

【例 7-6】 通过 ContentProvider 调用通话记录的显示。运行结果如图 7-21 所示。

实现步骤如下：

（1）布局文件：在新建的 ContentProvider_calllog 项目中，按照如图 7-22 所示结构进行界面布局（代码略）。

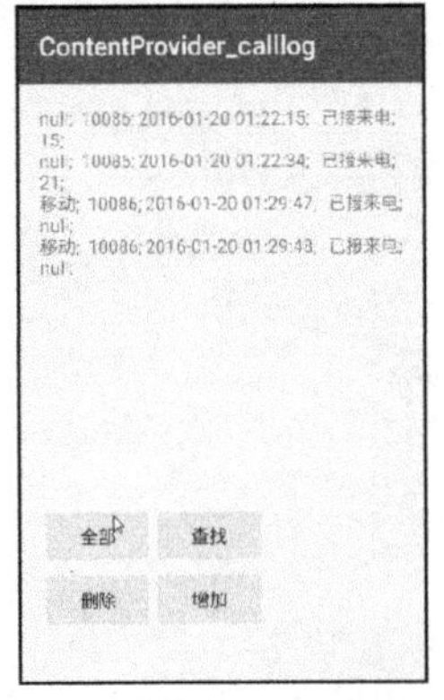

图 7-21 示例程序运行效果

图 7-22 布局结构

（2）编写 MainActivity 代码

属性变量的声明与初始化：对布局文件中的控件与 ContentResolver 对象进行初始化，关键代码如下：

```
textView = (TextView) findViewById(R.id.textView1);
button_all = (Button) findViewById(R.id.button1);
button_find = (Button) findViewById(R.id.button2);
button_delete = (Button) findViewById(R.id.button3);
button_add = (Button) findViewById(R.id.button4);

ContentResolver resolver = getContentResolver();
String[]projection = new String[] {
      CallLog.Calls.CACHED_NAME,
      CallLog.Calls.NUMBER,
     CallLog.Calls.DATE,
     CallLog.Calls.TYPE,
     CallLog.Calls.DURATION };
final static Uri CALLLOGURI = CallLog.Calls.CONTENT_URI;
SimpleDateFormat dateFormat = new SimpleDateFormat("yyyy-MM-dd hh:mm:ss");
```

“全部”Button 的代码实现：当单击“全部”Button 时，需要显示与所有联系人的通话记录，该 Button 的监听器代码如下：

```
Cursor cursor = resolver.query(CALLLOGURI, projection, null, null, null);
startManagingCursor(cursor);
//将 cursor 交友 activity 管理，其生命周期便与 activity 同步，省去了手动管理
textView.setText(convertToCalls(cursor));
```

“查找”Button 的代码实现：当单击“查找”Button 时，需要显示与联系人“移动”的通话记录，该 Button 的监听器代码如下：

```
Cursor cursor = resolver.query(CALLLOGURI, projection,
                        CallLog.Calls.CACHED_NAME + "=?",
                        new String[]{"移动"},
                        null);
textView.setText(convertToCalls(cursor));
```

“删除”Button 的代码实现：当单击“删除”Button 时，需要删除与联系人“移动”的通话记录，该 Button 的监听器代码如下：

```
int cnt=resolver.delete(CALLLOGURI,
                  CallLog.Calls.CACHED_NAME + "=?",
                  new String[]{"移动"});
if (cnt>0) {
     Toast.makeText(getApplicationContext(),
                  "delete sucess",
                  Toast.LENGTH_SHORT).show();
}
```

“增加”Button 的代码实现：当单击“增加”Button 时，需要手动增加与联系人“移动”的通话记录，该 Button 的监听器代码如下：

```
ContentValues values=new ContentValues();
values.put(CallLog.Calls.CACHED_NAME, "移动");
values.put(CallLog.Calls.NUMBER, "10086");
values.put(CallLog.Calls.DATE, System.currentTimeMillis());
values.put(CallLog.Calls.TYPE, CallLog.Calls.INCOMING_TYPE);
Uri uri=resolver.insert(CALLLOGURI, values);
Toast.makeText(getApplicationContext(), uri.toString(), Toast.LENGTH_SHORT).show();
```

convertToCalls()方法用于将 resolver.query()返回的查询结果，由 Cursor 对象指向的数据集合转换为通话记录字符串数组，代码如下：

```
String convertToCalls(Cursor cursor) {
    String text = "";
    if (cursor != null) {
        int cnt = cursor.getCount();
        cursor.moveToFirst();
        for (int i = 0; i < cnt; i++) {
            text += cursor.getString(cursor
                        .getColumnIndex(CallLog.Calls.CACHED_NAME)) + ";   ";
            text += cursor.getString(cursor
                        .getColumnIndex(CallLog.Calls.NUMBER)) + "; ";
            String timeStr = cursor.getString(cursor
                        .getColumnIndexOrThrow(CallLog.Calls.DATE));
            Long long1 = Long.valueOf(timeStr);
            Date date1 = new Date(long1);
            String time = dateFormat.format(date1);
            text += time + ";   ";

            int type = Integer.parseInt(cursor.getString(cursor
                        .getColumnIndex(CallLog.Calls.TYPE)));
            switch (type) {
                case CallLog.Calls.INCOMING_TYPE:
                    text += "已接来电;  ";
                    break;
                case CallLog.Calls.OUTGOING_TYPE:
                    text += "已拨打;  ";
                    break;
                case CallLog.Calls.MISSED_TYPE:
                    text += "未处理;  ";
                    break;
```

```
                default:
                    break;
                }
                text += cursor.getString(cursor
                        .getColumnIndex(CallLog.Calls.DURATION)) + "; ";
            text += "\n";
            cursor.moveToNext();
        }
    }
    return text;
}
```

（3）添加授权：AndroidManifest.xml 中需要添加通话记录相关授权，示例代码如下：

```
<uses-permission android:name="android.permission.READ_CALL_LOG"/>
<uses-permission android:name="android.permission.WRITE_CALL_LOG"/>
```

（4）运行该项目，查看结果。

【项目延伸】

在简易通讯录的基础上，增加打电话和发短信的功能。

习　题　7

1．简答题：

简述使用 SQLite 开发项目时对 SQLite 数据库的操作流程。

2．编程题：

（1）开发一个简单的项目，要求项目第一次启动时，显示欢迎引导界面；以后再次启动时不再显示欢迎引导界面，而是直接进入主界面中（提示：可以使用简单存储实现）。

（2）开发一个项目，要求可以读取并显示手机通讯录里的联系人信息。

第8章　后台处理与网络通信

手机应用渗透到各行各业，数量难以计数，其中大多数应用都会使用到网络，与服务器、物联网的交互势不可挡。读者可以打开自己的手机，粗略统计一下个人常用的软件，诸如支付宝、微信、淘宝、微博、美团等，均借助于网络的力量发挥着强大的作用。因此，在Android开发过程中，不可避免地需要进行网络通信编程。

但是网络通信，是一个费时费力的过程，很有可能带来不良的用户体验，因此在Android 3.0以后，网络通信过程全部要求在非主线程（UI线程）中进行，虽然这种方式提高了代码的编写难度，却大大改善了用户体验，满足了用户的使用需求。为此，本章讲解在Android系统中，如何创建子线程，并利用子线程进行复杂工作，以及子线程如何借助于Handler机制更新主线程的界面内容；Android提供了多种网络访问方式，本章针对一些常用的重要的网络访问方式进行介绍，然后借助于子线程进行实现；由于直接使用子线程的方式带来了编程难度，因此引入了异步任务类的概念和使用；最后在掌握了网络通信原理的基础上，利用网络通信框架Volley进行网络数据JSON对象、数组和图片资源的获取，提高了网络通信的效率，也降低了网络通信编码的难度。

通过本章的学习和实践，使读者熟悉Android的多种方式与网络进行通信，并通过案例的实现过程讲解网络开发部分的使用方法。

本章的学习目标

- 重点
  - （1）使用Thread+Handler进行消息传递
  - （2）异步任务使用
  - （3）获取网络数据资源
  - （4）JSON格式及解析
- 难点
  - （1）异步任务使用
  - （2）获取网络数据资源

【项目导学】

目前的天气预报功能随处可见，由于手机独特的优势，该应用几乎已经成为每个手机的必备软件之一。顺应潮流，通过本章的学习，读者可以自行开发一个天气预报应用程序，安装到自己的手机中使用。

想做一个天气预报软件并不难，主要需要把握以下几点。

（1）天气信息是通过专业网站进行获取的，因此开发人员需要确定数据来源网站，本章中选择的是中国天气网。因此，需要学习通过网络获取文本和图片资源的相关知识。

（2）由于网络通信是一件很影响效率的工作，而Android在高版本中已经禁止其运行在主线程上，因此需要引入多线程、异步任务的思想和概念，最后将网络通信+异步任务的理念融合于Volley框架中。

（3）在网络通信过程中通常采用的不是随意的字符串，而是比较专业的格式，例如XML

或 JSON 等，由于中国天气网返回的数据格式为 JSON，因此需要掌握 JSON 的定义和解析，并引入 Google 公司的 GSON 来降低编码复杂度。

8.1 概 述

Android 完全支持 Java 开发工具包（JDK）提供的网络通信 API，如果读者有 Java 网络编程经验，则完全适用于 Android 应用的网络编程。另外，Android 本身还内置了 HttpClient，可以发送 HTTP 请求并处理响应。下面介绍目前 Android 的几种常见的网络通信方式。

（1）针对 TCP/IP 的 Socket、ServerSocket 编程：在通信的两端各建立一个 Socket，从而在通信的两端之间形成网络虚拟链路。基于该链路，两端的程序就可以通过 I/O 流的方式进行通信。

（2）针对 UDP 的 DatagramSocket、DatagramPackage。这里需要注意的是，鉴于 Android 设备通常是手持终端，IP 都是随着上网进行分配的，不是固定的。因此，开发中需要考虑与普通互联网应用的差异性。

（3）针对直接 URL 的 HttpURLConnection。

（4）Google 集成了 Apache HTTP 客户端，可使用 HTTP 进行网络编程。

（5）使用 WebService。Android 可以通过开源包如 jackson 去支持 Xmlrpc 和 Jsonrpc，另外也可以用 Ksoap2 去实现 Web Service。

（6）直接使用 WebView 视图组件显示网页。基于 WebView 进行开发，Google 已经提供了一个基于 chrome-lite 的 Web 浏览器，直接就可以进行上网浏览网页。另外，目前比较流行的混合式开发概念，就是基于该种方式进行的。其原理就是嵌入一个 WebView 组件，可以在这个组件中载入页面，相当于内嵌的浏览器，从而实现 Android 和 iOS 的跨平台性，降低了代码的复杂度。

本书中主要讲解其中的（3）和（4）的相关方式和案例，因此首先需要学习或回顾一下 HTTP 的相关概念。

HTTP：超文本传输协议（Hypertext Transfer Protocol）。它是基于应用层的协议，在上网浏览网页的时候，浏览器和 Web 服务器之间通过 HTTP 在 Internet 上进行数据的发送和接收。并且是基于请求/响应模式的、无状态的协议。

介绍 HTTP 协议工作原理之前，需要首先介绍 HTTP URL。URL 里包含了查找某个资源的路径，给出某 URL，浏览器等就可以根据这个 URL 去找相应的资源。URL 的格式为：http://host[":"port][abs_path]。其中：

host： Internet 主机域名或 IP 地址。

port： 端口号，拥有被请求资源的服务器主机监听该端口的 TCP 连接，默认为 80。

abs_path： 请求资源的 URI（Uniform Resource Identifier，统一资源标识符），即资源在服务器上的相对路径。若没有，则 URL 最后添加/。

【说明】 在浏览器地址中输入 www.csdn.net，浏览器自动转换为 http://www.csdn.net/，这里 www.csdn.net 为主机域名，端口未给出则为 80，abs_path 也未给出，则最后添加/。若例子为 http:// www.csdn.net/index.html，abs_path 为/ index.html。

了解了 HTTP URL 之后，接下来介绍 HTTP 协议的基本工作原理。

HTTP 协议工作原理可分为 4 步。

（1）首先客户机与服务器需要建立连接。输入网址、打开网页或单击超级链接，HTTP 的工作就开始了。

（2）建立连接后，客户机发送一个请求给服务器，请求方式的格式为：统一资源标识符（URL）、协议版本号，后边是 MIME 信息，包括请求修饰符、客户机信息和可能的内容。

（3）服务器接到请求后，给予相应的响应信息，其格式为一个状态行，包括信息的协议版本号、一个成功或错误的代码，后边是 MIME 信息，包括服务器信息、实体信息和可能的内容。

（4）客户端接收服务器所返回的信息通过浏览器显示在用户的显示屏上，然后与服务器断开连接。

如果在以上过程中的某一步出现错误，那么产生错误的信息将返回到客户端，由显示屏输出。对于用户来说，这些过程是由 HTTP 自己完成的，用户只要用鼠标单击，等待信息显示即可。

许多 HTTP 通信是由一个用户代理初始化的，并且包括一个申请在源服务器上资源的请求。最简单的情况可能是，在用户代理和源服务器之间通过一个单独的连接来完成。在 Internet 上，HTTP 通信通常发生在 TCP/IP 连接之上。默认端口是 TCP 80，当然其他的端口也是可用的。但这并不预示着 HTTP 协议在 Internet 或其他网络的其他协议之上才能完成。HTTP 只预示着一个可靠的传输。

这个过程就好像打电话订货一样，用户可以打电话给商家，告诉他自己需要什么规格的商品，然后商家再回复什么商品有货、什么商品缺货。用户是通过电话线用电话联系（HTTP 是通过 TCP/IP）的，当然也可以通过传真，只要商家那边也有传真即可。

以上简要介绍了 HTTP 协议的宏观运作方式，下面介绍 HTTP 协议工作原理的内部操作过程：在 WWW 中，“客户”与“服务器”是一个相对的概念，只存在于一个特定的连接期间，即在某个连接中的客户在另一个连接中可能作为服务器。基于 HTTP 协议的客户-服务器模式的信息交换过程，分 4 个过程：建立连接、发送请求信息、发送响应信息、关闭连接。

有了以上的理论基础，下面进入 Android 中的网络知识学习。

8.2 后台线程

8.2.1 子线程

在第 6 章已经提过在 Android 系统中，Activity、Service 和 BroadcastReceiver 都是工作在主线程上的，因此任何耗时的操作都会降低用户界面的响应速度，甚至导致用户界面失去响应。为避免不良的用户体验，需要启动独立的线程（Thread）来处理耗时的内容。

上述的过程在生活中也很常见。例如：客户到饭店进行就餐，如果只有一名工作人员接待了客户进行点餐，点餐后，该工作人员按照客户的需求去厨房烹饪。那么，随后进入的客户，将无从找到工作人员，从而大大降低了客户的满意度。为了改善这一问题，毋庸置疑，至少在饭店需要配备两名工作人员，一名负责接待客户，另一名则负责烹饪。这两名工作人员其实就是主线程和子线程的角色。其中，招待客户的工作人员主要负责处理客户的需求，因此是主线程；负责烹饪的厨师则为子线程。

下面对 Android 程序中的主线程和子线程进行任务确认和分工。

1. 主线程

当一个程序首次启动时，Android 会启动一个 Linux 进程和一个主线程。主线程负责处理与 UI 相关的事件，并把相关的事件分发到对应的组件进行处理。所以主线程通常又被称作 UI 线程。顾名思义，Android UI 操作必须在 UI 线程中执行。由于 Android 的 UI 是单线程（Single-threaded）的，当其任务繁重时，则需要其他线程来进行配合工作。

2. 子线程

非 UI 线程即为子线程，子线程一般都是后台线程，用于进行数据、系统等其他非 UI 的操作。建议把所有运行慢的、耗时的操作移出主线程，放到子线程中。通常，子线程需要开发人员对其进行定义、启动、终止等操作控制。

8.2.2 Handler 消息传递机制

在独立的子线程中，完成了工作任务，想更新 UI 界面进行通知，却会出现错误。因为在 Android 中，只有主线程才可以更新 UI，从而避免多个子线程都更新 UI 而引发混乱。那么，子线程应该如何和 UI 界面进行沟通呢？

事实上，针对上述问题，Android 系统提供了多种解决方式。比如，可以借助于广播；可以通过 Handler 与消息（Message）相结合的方式，子线程通知主线程更新；或者可以通过 Handler.Post()的方式更新。本节主要介绍利用 Handler 实现该功能的过程和原理。

Android 系统中存在着消息队列，通过消息队列可以完成主线程和子线程之间的消息传递。当一个子线程发出一个消息之后，首先进入一个消息队列，发送消息的方法即刻返回，而另外一个线程（主线程）在消息队列中将消息逐一取出，然后对消息进行处理。发送消息和接收消息不是同步进行处理的。这种机制通常用来处理耗时相对比较长的操作。消息的工作过程如图 8-1 所示。

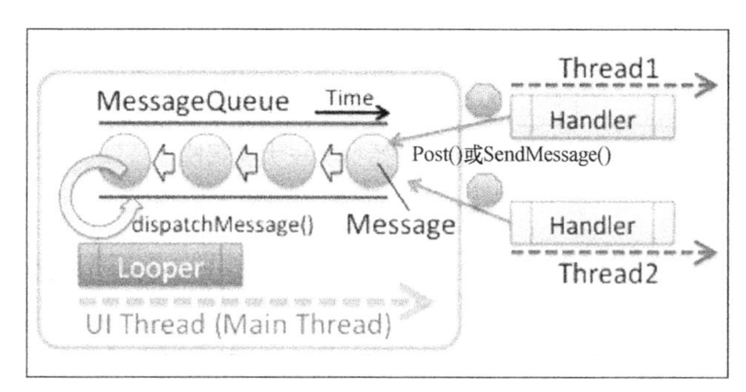

图 8-1　消息工作过程

消息处理有 4 个核心类：Message、MessageQueue、Looper 和 Handler。Message 类的主要功能是进行消息的封装；MessageQueue 用来存放 Handler 发送过来的消息，并按照先进先出（FIFO）规则执行；Looper 负责不断地从 MessageQueue 中抽取 Message 执行；最后详细介绍 Handler 的使用。

1. Handler 创建消息

每一个消息都需要被指定的 Handler 处理，通过 Handler 创建消息便可以完成此功能。Android 消息机制中引入了消息池。Handler 创建消息时，首先查询消息池中是否有消息存在，如果有，则直接从消息池中取出，否则重新初始化一个消息实例。使用消息池的好处是：消息不被使用时，并不作为垃圾回收，而是放入消息池，可供下次 Handler 创建消息时使用，从而提高了消息对象的复用，减少系统垃圾回收的次数。

2．Handler 发送消息

程序人员不需要为 UI 线程创建 MessageQueue 和 Looper，而是 UI 线程自动创建，UI 线程中初始化 Handler 后，Handler 便可以应用 UI 线程消息队列 MessageQueue 和消息循环 Looper 的引用，从而，子线程可以通过该 Handler 将消息发送到 UI 线程的消息队列 MessageQueue 中。

3．Handler 处理消息

UI 主线程通过 Looper 循环查询消息队列，当发现有消息存在时，会将消息从消息队列中取出。首先分析消息，通过消息的参数判断该消息对应的 Handler，然后将消息分发到指定的 Handler 进行处理。

【例 8-1】 幸运大抽奖。在 HandlerDemo 项目中，有两个按钮，单击“开始抽奖”即进入名单滚动环节，单击“大奖揭晓”按钮，名单停止滚动，显示的名字即为中奖的幸运者。效果如图 8-2 所示。

图 8-2　抽奖前→开始抽奖→大奖揭晓

实现步骤如下：

（1）布局文件：在新建的 HandlerDemo 项目中，按照如图 8-3 所示结构进行界面布局（代码略）。

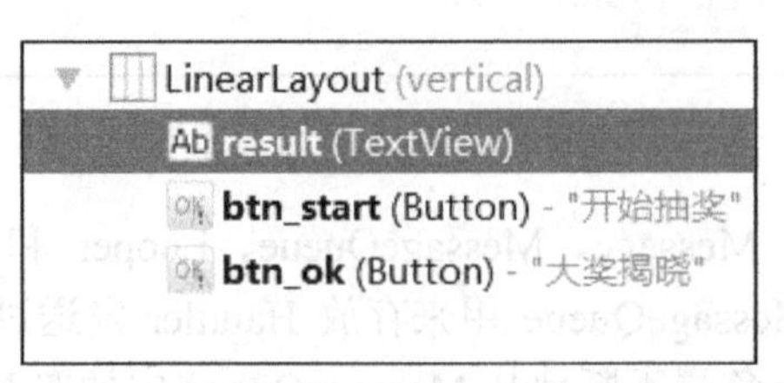

图 8-3　布局结构

（2）Activity 类：完成对应控件的初始化工作，当需要初始化的控件比较多时，建议将其放于 init()方法中，便于理解。核心代码如下：

```
Button btn_start, btn_ok;
TextView tv_result;
@Override
```

```
protected void onCreate(Bundle savedInstanceState) {
    super.onCreate(savedInstanceState);
    setContentView(R.layout.activity_main);
    init();
}
private void init()
{
    btn_start = (Button) findViewById(R.id.btn_start);
    btn_ok= (Button) findViewById(R.id.btn_ok);
    tv_result = (TextView) findViewById(R.id.result);
}
```

（3）定义子线程：包括子线程的定义、启动和销毁。在类中，声明一个线程：

```
private Thread luckThread;
```

在 onCreate()方法中对其进行初始化。其中，run()方法中实现了每隔 1000ms 从数组中随机抽选一个幸运者的功能，存放在变量 luckman 中，该过程放置于 while 循环中，根据 flag 变量的设置可以将其终止，flag 默认值为 true。

```
luckThread=new Thread(){
    @Override
    public void run() {
        String[] names={"张彤","王月月","陈晓遇","孙兆玲","马千里"};
        while(flag){
            try {
                Thread.sleep(1000);
                Random rand =new Random();
                int r=rand.nextInt(names.length);
                String luckman=names[r];
            } catch (InterruptedException e) {
                e.printStackTrace();
            }
        }
    }
};
```

在开始抽奖中将线程启动：

```
btn_start.setOnClickListener(new View.OnClickListener() {
    @Override
    public void onClick(View v) {
        if(!luckThread.isAlive())
        luckThread.start();
    }
});
```

在大奖揭晓中将线程销毁：

```
btn_ok.setOnClickListener(new View.OnClickListener() {
    @Override
    public void onClick(View v) {
        if (luckThread!=null    && luckThread.isAlive()) {
            luckThread.interrupt();
            luckThread = null;
            flag=false;//标识子线程工作结束
            Toast.makeText(getApplicationContext(),
          "大奖已经诞生了！", Toast.LENGTH_LONG).show();
        }
    }
});
```

（4）定义 Handler 对象：上述代码已经完成了子线程的定义，可以选出幸运者，并且可以通过按钮控制线程的工作与否。但是如何在 UI 中显示幸运者？这才是这个例子的核心。

声明 Handler：在该类中进行声明。

```
private Handler mHandler;
```

Handler 初始化：在 OnCreate()方法中完成。

```
mHandler=new Handler();
```

（5）发送消息：在子线程中，准备好 luckman 变量以后，需要考虑如何将其发送给 UI 线程，因此此处需要借助于消息发送。以下三行代码准备了 Message 消息，并将 luckman 变量放置于其中的 obj 对象中，然后借助于 Handler 进行 sendMessage()操作。

```
Message msg=new Message();
msg.obj=luckman;
mHandler.sendMessage(msg);
```

（6）接收消息：在 Handler 对象的初始化中，增加消息处理方法 handleMessage，然后将参数中的 Message 对象，即第（5）步的内容进行获取，只需要获取其中的 obj 对象然后显示到对应的控件（tv_result）中。

```
mHandler=new Handler(){
    @Override
    public void handleMessage(Message msg) {
        super.handleMessage(msg);
        tv_result.setText(msg.obj.toString());
    }
};
```

（7）运行项目，验证结果。

【案例延伸】 在上述的代码中，对于多线程编程不是很熟悉的读者，需要正确控制好线程的状态，似乎也不是那么容易的事情，如果处理不当，会增加不少编码负担。而上述的代码，主要是利用多线程做了一个定时处理，每隔一秒抽选一个候选人。Handler 的 postDelayed 也可以完成该功能。将之前的代码进行如下改造：

```
TextView tv_result;
Handler mhandler;
Runnable runnable;
Button btn_start, btn_ok;
@Override
protected void onCreate(Bundle savedInstanceState) {
    super.onCreate(savedInstanceState);
    setContentView(R.layout.activity_main);
    init();
    mhandler=new Handler()
    {
        @Override
        public void handleMessage(Message msg) {
            super.handleMessage(msg);
            tv_result.setText(msg.obj.toString());
        }
    };
    runnable=new Runnable(){
@Override
        public void run() {
          String[] names={"张彤","王月月","陈晓遇","孙兆玲","马千里"};
            Random rand =new Random();
            int r=rand.nextInt(names.length);
            String lunckman=names[r];
            Message msg=new Message();
            msg.obj=lunckman;
            mhandler.sendMessage(msg);
            mhandler.postDelayed(this, 1000);//定时操作
        }
    };
}
private void init()
{
    btn_start = (Button) findViewById(R.id.btn_start);
    btn_ok= (Button) findViewById(R.id.btn_ok);
    tv_result = (TextView) findViewById(R.id.result);
    btn_start.setOnClickListener(new View.OnClickListener() {
        @Override
        public void onClick(View v) {
             mhandler.postDelayed(runnable, 1000);// 打开定时器，执行操作
```

```
        }
    });
    btn_ok.setOnClickListener(new View.OnClickListener() {
        @Override
        public void onClick(View v) {
            mhandler.removeCallbacks(runnable);//停止工作
            Toast.makeText(getApplicationContext(), "大奖已经诞生了！", Toast.LENGTH_LONG).show();
        }
    });
}
```

上述代码中，多线程的启动和停止，修改为 Handler 的 postDelayed 和 removeCallbacks 方法，同时将子线程完成的工作全部定义到 runnable 对象中，在其中调用 postDelayed 方法，避免了循环书写，大大简化了代码量。

8.2.3 异步任务

Handler 模式需要为每一个任务创建一个新的线程，任务完成后通过 Handler 实例向 UI 线程发送消息，完成界面的更新，这种方式对于整个过程的控制比较精细，但也是有缺点的。例如代码相对臃肿；避免不了来回的消息发送和接收；在多个任务同时执行时，不易对线程进行精确的控制。因此，Android 提供了专门的机制来解决这一问题，这就是异步任务（AsyncTask）。

AsyncTask 是 Android 提供的轻量级的异步类，是抽象类，位于 android.os 包中。因此需要自定义子类，继承于 AsyncTask，在类中实现异步操作，并提供接口来反馈当前异步执行的程度（可以通过接口实现 UI 进度更新），最后反馈执行的结果给 UI 主线程。

为了简化操作，Android 1.5 提供了工具类 Android.os.AsyncTask，它使创建异步任务变得更加简单，不再需要编写任务线程和 Handler 实例即可完成相同的工作。

异步任务的处理机制如图 8-4 所示。

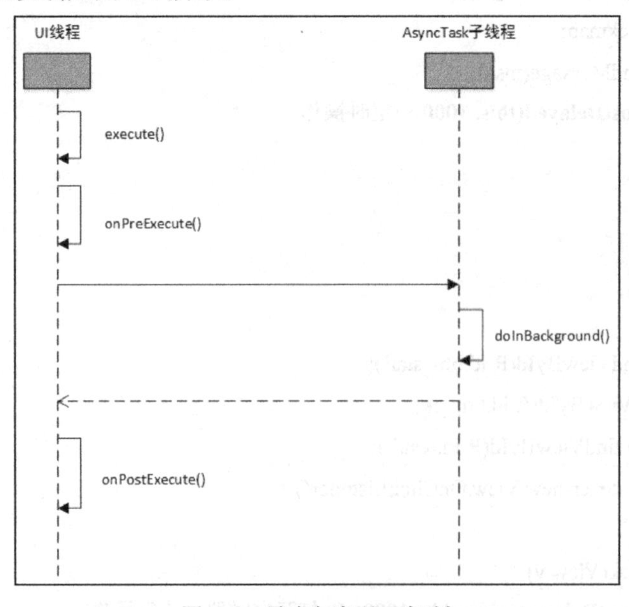

图 8-4　异步任务处理机制

一个异步任务的执行一般包括以下几个步骤。

（1）execute(Params... params)，执行一个异步任务，需要开发人员在代码中调用此方法，触发异步任务的执行。

（2）onPreExecute()，在 execute(Params... params)被调用后立即执行，一般用来在执行后台任务前对 UI 做一些标记。

（3）doInBackground(Params... params)，在 onPreExecute()完成后立即执行，用于执行较为费时的操作，此方法将接收输入参数和返回计算结果。在执行过程中，可以调用 publishProgress(Progress... values)来更新进度信息。

（4）onProgressUpdate(Progress... values)，在调用 publishProgress(Progress... values)时，此方法被执行，直接将进度信息更新到 UI 组件上。

（5）onPostExecute(Result result)，当后台操作结束时，此方法将会被调用，计算结果将作为参数(Result result)传递到此方法中，直接将结果显示到 UI 组件上。

将上述 5 个方法进行整理，可以归纳出以下的代码结构：

```
public class MyActivity extends Activity
{
    public void onCreate(Bundle savedInstanceState)
    {
        super.onCreate(savedInstanceState);
        setContentView(R.layout.activity_main);
        MyTask myTask = new MyTask (this);
        myTask.execute();
    }
   class MyTask extends AsyncTask{
       @Override
       protected Object doInBackground(Object[] params) {
           return null;
       }
       @Override
       protected void onPostExecute(Object o) {
           super.onPostExecute(o);
       }
       @Override
       protected void onPreExecute() {
           super.onPreExecute();
       }
       @Override
       protected void onProgressUpdate(Object[] values) {
           super.onProgressUpdate(values);
       }
    }
}
```

开发人员在 doInBackground 中做完某件事情，然后将结果返回给 onPostExecute 的参数，从而用于界面更新显示，避免了 Handler 的发送和接收消息处理，减少了代码量。其中 doInBackground 是必须重载的方法，其他方法可选。

在使用的时候，需要注意以下几个问题。

① 异步任务的实例必须在 UI 线程中创建；

② execute(Params... params)方法必须在 UI 线程中调用；

③ 不要手动调用 onPreExecute()、doInBackground(Params... params)、onProgress Update (Progress...values)、onPostExecute(Result result)这几个方法；

④ 不能在 doInBackground(Params... params)中更改 UI 组件的信息；

⑤ 一个任务实例只能执行一次，如果执行第二次将会抛出异常。

【例 8-2】 利用后台异步任务更新进度条显示，效果如图 8-5 所示。

图 8-5　异步任务运行效果图

实现步骤如下：

（1）布局文件。布局效果如图 8-6 所示。

图 8-6　布局结构

（2）Activity 类：启动异步任务。在 execute()方法中有两个参数，通过 MyAsynTask 类中的 doInBackground()中进行获取。

```
Button btn_start;
ProgressBar pb;
@Override
 protected void onCreate(Bundle savedInstanceState) {
     super.onCreate(savedInstanceState);
     setContentView(R.layout.activity_main);
     btn_start=(Button)findViewById(R.id.btn_start);
```

```
    pb=(ProgressBar)findViewById(R.id.pb);
    btn_start.setOnClickListener(new View.OnClickListener() {
        @Override
        public void onClick(View v) {
            new MyAsynTask().execute(1,500);
        }
    });
}
```

（3）自定义异步任务类：在 onPreExecute()中清空进度条的进度；在 doInBackground()方法中获取 execute()调用时传递过来的两个参数 params[0]和 params[1]，然后按照指定的进度间隔和休眠时间进行进度更新；在 onProgressUpdate()中将进度信息更新到 UI 组件上；最后在 onPostExecute()方法中提示 doInBackground()的返回结果，即“更新完毕……”。

```
class MyAsynTask extends AsyncTask<Integer,Integer,String>
{
    @Override
    protected String doInBackground(Integer... params) {
        String ret=null;
        Integer bushu,sleeptime;
        //对应于 execute()中的两个参数
        bushu=params[0];
        sleeptime=params[1];
        for(Integer i=1;i<=10;i+=bushu)
        {
            publishProgress(i);
            SystemClock.sleep(sleeptime);
        }
        ret="更新完毕……";
        return ret;
    }
    @Override
    protected void onPreExecute() {
        pb.setProgress(0);
        btn_start.setEnabled(false);
        super.onPreExecute();
    }

    @Override
    protected void onProgressUpdate(Integer... values) {
        int p=pb.getMax()/10*values[0];
        pb.setProgress(p);
```

```
            super.onProgressUpdate(values);
        }

    @Override
    protected void onPostExecute(String s) {
            btn_start.setEnabled(true);
            Toast.makeText(MainActivity.this,s,Toast.LENGTH_LONG).show();
    }
}
```

【说明】 上述代码中：class MyAsynTask extends AsyncTask<Integer,Integer,String>的 3 个参数 Integer、Integer、String 分别对应于 doInBackground()、onProgressUpdate()和 onPostExecute()方法中的 3 个参数。默认情况下为 Object 或 Object 数组类型。

由于异步任务经常和网络资源获取有关，将结合 8.3 节完成网络图片下载的案例。

8.3 获取网络数据资源

除了对传输层的 TCP/UDP 支持良好外，Android 对 HTTP（超文本传输协议）也提供了很好的支持，这里包括两种接口：

（1）标准 Java 接口(java.net)——URL 和 URLConnection，可以实现简单的基于 URL 请求、响应功能；

（2）Apache 接口(org.appache.http)——HttpClient，使用起来功能更强大，在处理 Session、Cookie 等细节方面，有更好的支持。

使用以上的接口，主要功能集中在：应用程序向服务器端发送请求，服务器端响应请求，返回所需资源。

在 HTTP 协议中，发送请求方式有 get 和 post 两种。get 是把参数数据队列加到提交表单的 action 属性所指的 URL 中，值和表单内各个字段一一对应，在 URL 中可以看到；post 是通过 HttpPost 机制，将表单内各个字段与其内容放置在 HTML HEADER 内一起传送到 action 属性所指的 URL 地址，用户看不到这个过程。相对而言，post 的安全性要比 get 高一些。

8.3.1 通过 URL 获取网络资源

URL（Unifrom Resource Locator）对象代表统一资源定位器，可以定位到互联网的资源上。如果用户已经知道网络上某个资源的 URL（如图片、音乐和视频文件等），那么就可以直接通过使用 URL 来进行网络连接，获得资源。资源获取过程如下：

（1）创建 URL 对象。

（2）调用常用的方法来获取对应的资源。例如，使用 openStream()方法，打开与此 URL 的连接，并返回读取到的数据流。

（3）将获得的数据流进行处理。例如，显示到 ImageView 上。

【例 8-3】 下面以获取网络上的图片为例进行图片资源获取（示例网址：http://pic1.workercn. cn/ufile/201112/20111202145248571.jpg），效果如图 8-7 所示。

图 8-7　运行效果

实现步骤如下：

（1）布局文件：新建项目 URLDemo，在布局文件中，准备一个 ImageView 控件。

（2）初始化并准备异步任务类。

```
private ImageView img;
@Override
protected void onCreate(Bundle savedInstanceState) {
    super.onCreate(savedInstanceState);
    setContentView(R.layout.activity_main);
    img=(ImageView)findViewById(R.id.imageView);
    MyTask myTask=new MyTask();
    myTask.execute();
}
```

上述代码中的 MyTask 类结构如下：

```
class MyTask extends AsyncTask{
    @Override
    protected Object doInBackground(Object[] params) {
    }
    @Override
    protected void onPostExecute(Object o) {
        super.onPostExecute(o);
    }
}
```

（3）获取网络资源：在 doInBackground()方法中执行联网以获取网络资源，获取到的图片信息作为返回结果，传给 onPostExecute()中的参数。

```
protected Object doInBackground(Object[] params) {
    Drawable drawable=null;
    try {
        //设置要读取的资源路径
        String url="http://pic1.workercn.cn/ufile/201112/20111202145248571.jpg ";
        //1.实例化 URL
        URL objURL = new URL(url);
        //2.读取数据流
        InputStream in=objURL.openStream();
        //3.处理输入流：转化成图片
        drawable = Drawable.createFromStream(in, null);
     }catch (MalformedURLException e)
        {……}
        catch (IOException e2)
        {……}
    return drawable;
}
```

（4）资源显示：在 onPostExecute()方法中进行图片显示。

```
protected void onPostExecute(Object o) {
    super.onPostExecute(o);
    img.setImageDrawable((Drawable)o);
}
```

（5）增加上网权限：在 Manifest 文件下增加以下代码：

```
<uses-permission android:name="android.permission.INTERNET" />
```

（6）运行该项目，查看结果。

上述案例，是程序直接与 URL 资源建立连接，然后以数据流的形式获取其中的资源。如果需要在建立的连接上发送请求，读取 URL 引用的资源，则需要 8.3.2 节内容来完成。

【案例延伸】上述代码，是在异步任务类的 doInBackground()方法中通过 URL 方式获取了网络的图片，然后将获得的图片结果传给 onPostExecute()方法，并进行显示。因此，可以将 doInBackground()方法的返回值和 onPostExecute()方法的参数改成 Drawable 对象，读者可以自行改造完成。

8.3.2 通过 URLConnection 获取网络资源

URLConnection 用于应用程序和 URL 之间建立连接，借助于 URLConnection 这一桥梁，可以向 URL 发送请求，读取 URL 资源。实现步骤如下：

（1）创建 URL 对象。

（2）建立与 URL 的连接。由于 URLConnection 为抽象类，其对象不能直接实例化，通常通过 openConnection 方法获得。

（3）获取返回的 InputStream。

（4）将 InputStream 进行处理，例如，显示到相应的控件上。

（5）关闭流操作。

【例 8-4】 将例 8-3 用 URLConnection 方式实现。代码如下：

```
private ImageView img;
@Override
protected void onCreate(Bundle savedInstanceState) {
    super.onCreate(savedInstanceState);
    setContentView(R.layout.activity_main);
    img=(ImageView)findViewById(R.id.imageView);
    MyTask myTask=new MyTask();
    myTask.execute();
}
class MyTask extends AsyncTask {
    @Override
    protected Object doInBackground(Object[] params) {
        Drawable drawable=null;
        try {
            //设置要读取的资源路径
            String url="http://pic1.workercn.cn/ufile/201112/20111202145248571.jpg ";
            //1.实例化 URL
            URL objURL = new URL(url);
            //2.建立与 URL 的连接
            URLConnection conn=objURL.openConnection();
            conn.connect();
            //3.获取返回的 InputStream
            InputStream is=conn.getInputStream();
            //4.将 InputStream 进行处理
            drawable=Drawable.createFromStream(is,null);
            //5.关闭连接
            is.close();
            }catch (MalformedURLException e) {}
            catch (IOException e2) {}
        return drawable;
    }
    @Override
    protected void onPostExecute(Object o) {
        super.onPostExecute(o);
        img.setImageDrawable((Drawable)o);
    }
}
```

URLConnection 还有一个子类 HttpURLConnection，它在 URLConnection 的基础上增加了

一些用于操作 HTTP 资源的便捷方法，读者可以自行学习。

在以上建立的连接上，应用程序不仅可以从服务器端获取各种资源，也可以向服务器传送各种资源，主要就是将上述的输入流换成输出流，然后对输出流进行处理。

```
OutputStream out=conn.getOutputStream();
```

8.3.3 通过 HTTP 获取网络资源

Android 除了提供以上标准的 Java 网络接口（java.net）之外，还提供了 Apache 的网络接口和 Android 的网络接口。Android SDK 默认集成了 Apache 网络接口。一般通过以下步骤来访问网络资源：

（1）创建 HttpGet 或 HttpPost 对象，将要请求的 URL 通过构造方法传入 HttpGet 或 HttpPost 对象。

（2）使用 DefaultHttpClient 类的 execute 方法发送 HTTP GET 或 HTTP POST 请求，并返回 HttpResponse 对象。如果使用 HttpPost 方法提交 HTTP POST 请求，还需要使用 HttpPost 类的 setEntity 方法设置请求参数。

（3）通过 HttpResponse 接口的 getEntity 方法返回响应信息，并进行相应的处理。

HttpGet 的使用方法如下：

```
DefaultHttpClient client = new DefaultHttpClient();
HttpGet get = new HttpGet("http://10.0.2.2/AndroidWeb/TestHello?name=admin");
HttpResponse response = client.execute(get);
HttpEntity entity = response.getEntity();
System.out.println(EntityUtils.toString(entity));
```

HttpPost 的使用方法如下：

```
DefaultHttpClient client = new DefaultHttpClient();
HttpPost post = new HttpPost("http:// 10.0.2.2/AndroidWeb/TestHello");
//设置请求参数
List<BasicNameValuePair> params = new ArrayList<BasicNameValuePair>();
params.add(new BasicNameValuePair("name","admin"));
//设置编码
UrlEncodedFormEntity entity = new UrlEncodedFormEntity(params,"UTF-8");
post.setEntity(entity);
//发送请求
HttpResponse response = client.execute(post);
HttpEntity entity = response.getEntity();
System.out.println(EntityUtils.toString(entity));
```

【说明】 这种方式在 Android 5.1 已经不建议使用，Android 6.0 版本不予以支持了。

8.3.4 Eclipse 下的 Tomcat 安装与配置

本书中的案例，服务器方由 Eclipse 下的 Tomcat 配置运行。下面介绍环境搭建过程。

（1）安装 JDK：由于在 Android Studio 环境安装过程中也需要该过程，因此此处默认已安装完成。

（2）Eclipse 安装。Eclipse 是绿色软件，不需要安装，只需要下载后解压即可。但是由于 Eclipse 需要进行 Web 开发，所以下载的是 Eclipse Java EE 版本。

（3）Tomcat 安装。下载相关软件，单击安装即可。

（4）设置 Tomcat。在 Eclipse 下的“Windows”→“Preferences”→“Tomcat”选项中，设置 Tomcat home 值为第（3）步中的安装路径即可，如图 8-8 所示。

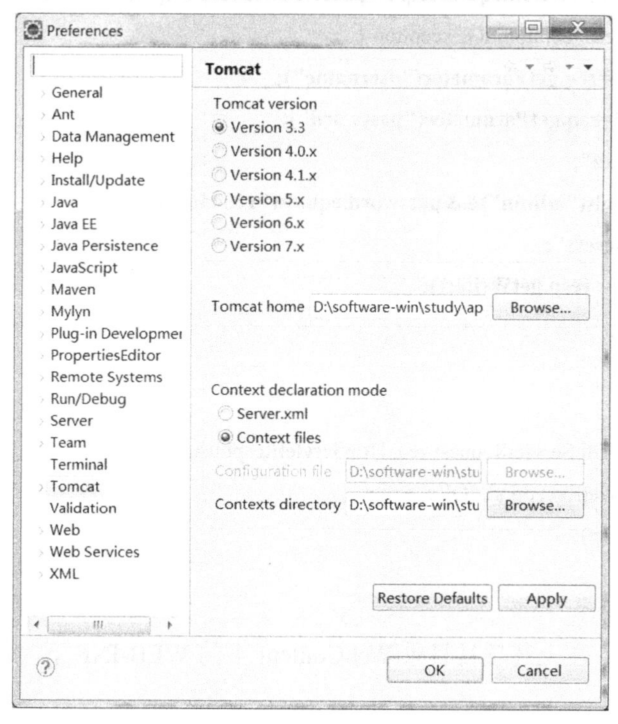

图 8-8　Eclipse 下的 Tomcat 配置

（5）新建 Servlet 类：环境安装成功以后，在“File”→“New”→“Other...”下创建 Dynamic Web Project，如图 8-9 所示。创建成功后，在 src 目录下新建 LoginServlet 类，结构如图 8-10 所示。

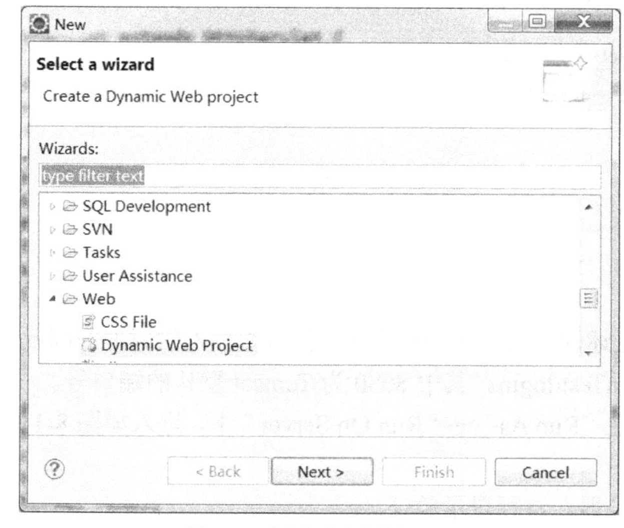

图 8-9　新建动态网站

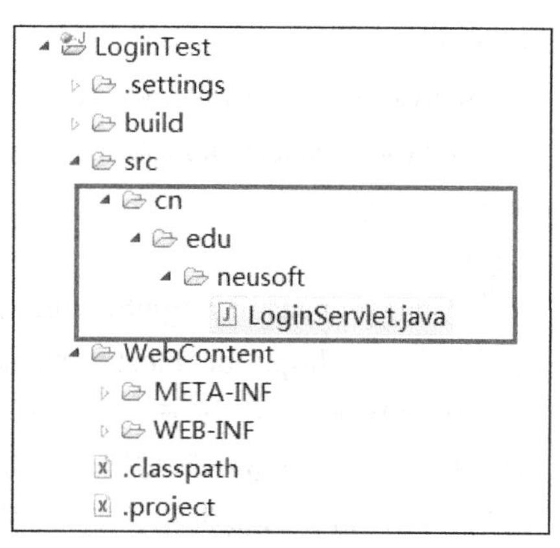

图 8-10　新建 LoginServlet 类

（6）增加代码：在 LoginServlet 类中完成以下代码，根据 username 和 password 的值进行验证，确认登录是否成功。

```
public class LoginServlet extends HttpServlet {
    @Override
    protected void doGet(HttpServletRequest req, HttpServletResponse resp)
            throws ServletException, IOException {
        String username=req.getParameter("username");
        String password=req.getParameter("password");
        String result="fail";
        if(username.equals("admin")&&password.equals("123456"))
            result="success";
        PrintWriter out = resp.getWriter();
        out.write(result);
    }
    @Override
    protected void doPost(HttpServletRequest req, HttpServletResponse resp)
            throws ServletException, IOException {
        this.doGet(req, resp);
    }
}
```

（7）新建 web.xml。在上述项目目录 WebContent 下的 WEB-INF 下，新建 web.xml，内容如下：

```
<web-app xmlns:xsi="http://www.w3.org/2001/XMLSchema-instance"
     xsi:schemaLocation="http://java.sun.com/xml/ns/javaee
 http://java.sun.com/xml/ns/javaee/web-app_2_5.xsd" >
    <servlet>
        <servlet-name>Login</servlet-name>
        <servlet-class>cn.edu.neusoft.LoginServlet</servlet-class>
    </servlet>
    <servlet-mapping>
        <servlet-name>Login</servlet-name>
        <url-pattern>/login</url-pattern>
    </servlet-mapping>
</web-app>
```

其中，cn.edu.neusoft.LoginServlet 是上述的类名，/login 是地址栏需要输入的地址。因此该请求的网址为：http://localhost:8080/LoginTest/login。其中 8080 为 Tomcat 默认的端口号。

（8）运行 Web 项目。右击当前项目，在“Run As”→“Run On Server”下，进入如图 8-11 所示对话框，单击“Finish”按钮，启动项目。

随后，客户端可以根据搭建运行的服务器，进行登录验证。

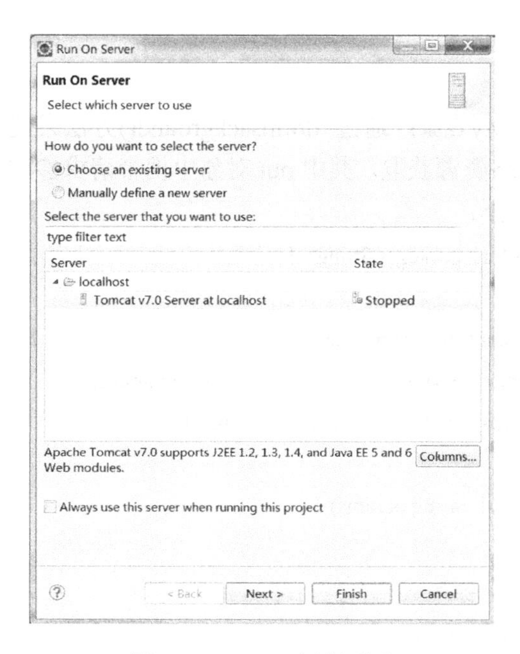

图 8-11　Tomcat 运行项目

8.3.5　登录案例

【例 8-5】 针对上一节搭建的服务器，下面进行登录验证。登录的过程就是客户端通过用户名和密码向服务器端发送请求，服务器端根据参数进行处理，返回处理结果：success 或 fail。

实现步骤如下：

（1）布局文件：新建项目后，在生成的布局文件中，准备登录效果，结构如图 8-12 所示。

图 8-12　登录布局结构

（2）增加监听：在对应的 Activity 类中，增加 btn_login 按钮的登录事件监听：

```
btn_login.setOnClickListener(new View.OnClickListener() {
    @Override
    public void onClick(View v) {
        String username = zhanghao.getText().toString();
        String password = mima.getText().toString();
        MyTask myTask=new MyTask();
        myTask.execute(username,password);
```

```
    }
});
```

（3）准备异步任务类 MyTask：通过 doInBackground()方法发送 Post 请求，然后通过 HttpURLConnection 进行网络资源获取，其中 out 对象中携带请求参数，返回的 in 对象中读取服务器的响应结果。代码如下：

```
class MyTask extends AsyncTask<String,Integer,String> {
    @Override
    protected String doInBackground(String[] params) {
        String param = "username=" + params[0] + "&password=" + params[1];
        return this.sendPost("http://10.0.2.2/LoginTest/login", param);
    }
    public String sendPost(String url, String params) {
        String result="";
        try {
            URL realurl = new URL(url);
            HttpURLConnection    conn = (HttpURLConnection) realurl.openConnection();
            conn.setConnectTimeout(6000); // 设置超时时间
            conn.setRequestMethod("POST");
            DataOutputStream out = new DataOutputStream(conn.getOutputStream());
            out.writeBytes(params);
            out.flush();
            out.close();
            InputStream in = conn.getInputStream();
            BufferedReader reader = new BufferedReader(new InputStreamReader(in));
            String line = "";
            while ((line = reader.readLine()) != null) {
                result=line;
            }
        } catch (MalformedURLException eio) {
          eio.printStackTrace();
        } catch (IOException e) {
            e.printStackTrace();
        }
        return result;
    }
    @Override
    protected void onPostExecute(String s) {
        Toast.makeText(MainActivity.this,s,Toast.LENGTH_LONG).show();
    }
}
```

（4）运行项目。上述代码运行以后，是将服务器的返回结果以 Toast 的形式显示到界面上。效果如图 8-13 所示。

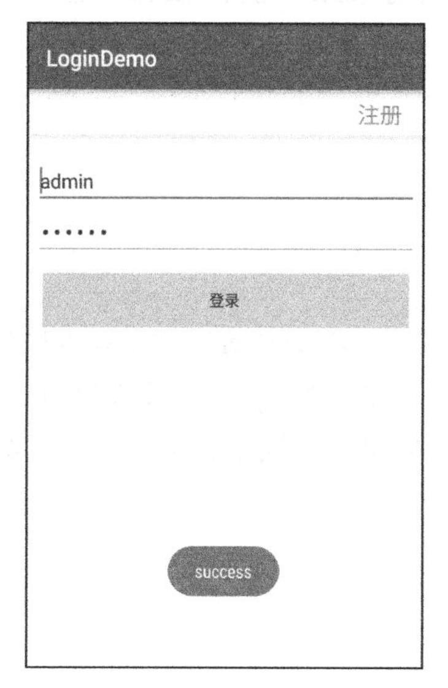

图 8-13　登录成功运行效果

【案例延伸】 本项目是在服务器端验证：用户名为 admin，密码为 123456，代表成功。在真实项目中，用户名和密码的内容通常源自数据库，即服务器端应该通过匹配数据库的内容进行登录验证。有兴趣的读者可以将其实现。

8.4　JSON

8.4.1　概述

JSON（JavaScript Object Notation）是 JavaScript 的一个子集，是一种轻量级的数据交换格式，易于人阅读和编写，同时也易于机器解析和生成。JSON 采用与编程语言无关的文本格式，但是也使用了类 C 语言（包括 C，C++，C#，Java，JavaScript，Perl，Python 等）的习惯，这些特性使 JSON 成为理想的数据交换格式。

1．JSON 的结构

JSON 的结构基于下面两点。

① “名称/值”对的集合：不同语言中，它被理解为对象（object）、记录（record）、结构（struct）、字典（dictionary）、哈希表（hash table）、键列表（keyed list）等。

② 值的有序列表：多数语言中被理解为数组（array）。

这些都是常见的数据结构。事实上，大部分现代计算机语言都以某种形式支持它们，这使得一种数据格式在同样基于这些结构的编程语言之间交换成为可能。

2．JSON 的形式

JSON 的形式主要有以下两种。

（1）对象

对象是一个无序的“‘名称/值’对”集合。一个对象以“{”（左花括号）开始，“}”（右花括号）结束。每个“名称”后跟一个“:”（冒号）；“‘名称/值’对”之间使用“,”（逗号）

分隔，即为 {key:value,key:value,...}的键值对结构。在面向对象的语言中，key 为对象的属性，value 为对应的属性值。取值方法为对象.key 获取 value，这个 value 的类型可以是数字、字符串、数组、对象等。

```
{
  "市名": "北京",
  "编码": "101010100"
}
```

（2）数组

数组是值（value）的有序集合。一个数组以“[”（左方括号）开始，“]”（右方括号）结束。值之间使用“,”（逗号）分隔。即为["数据库","体育","英语",...]，取值方式和所有语言中一样，使用索引获取，字段值的类型可以是数字、字符串、数组、对象等。

```
[
  {
    "市名": "天津",
    "编码": "101030100"
  },
  {
    "市名": "宝坻",
    "编码": "101030300"
  },
  {
    "市名": "东丽",
    "编码": "101030400"
  }
]
```

【例 8-6】 在项目 CityCodeDemo 中，通过 Spinner 控件，读取中国的城市名称，并通过选择获得该城市对应的编码值。案例效果如图 8-14 所示。

实现步骤如下：

（1）准备 JSON 数据：本案例的数据存储在文件中，因此需要在图 8-15 的位置新建 assets 文件夹，并将 citycode.json 文件放置于此。文件内容格式如下（截取部分代码）：

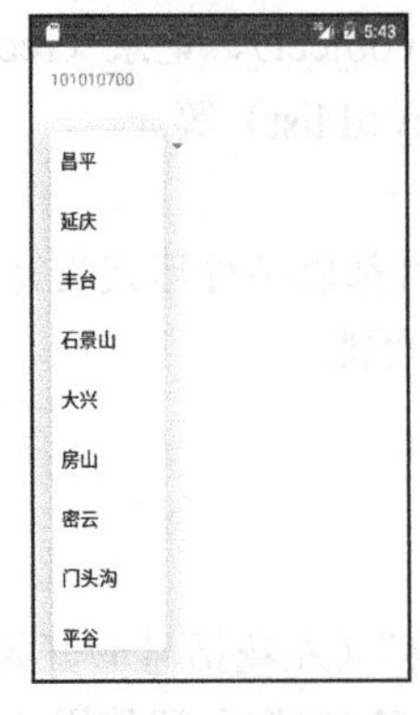

图 8-14　运行效果

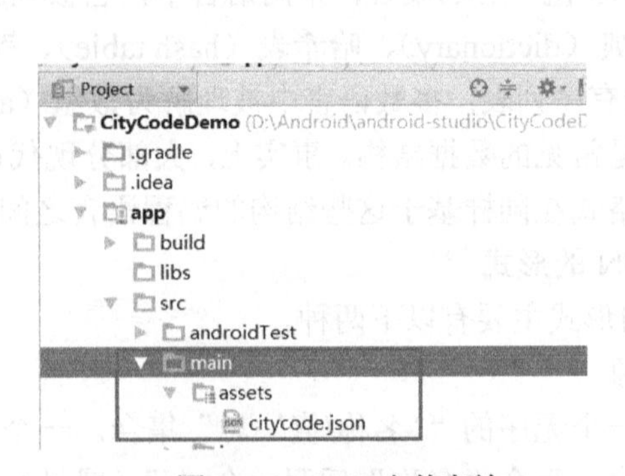

图 8-15　JSON 文件存放

```
{
  "城市代码": [
            {
            "省": "北京",
            "市": [
                {
                    "市名": "北京",
                    "编码": "101010100"
                },
                {
                    "市名": "朝阳",
                    "编码": "101010300"
                },
                {
                    "市名": "顺义",
                    "编码": "101010400"
                },
                {
                    "市名": "怀柔",
                    "编码": "101010500"
                }
              ]
          }
      ]
}
```

（2）布局文件：分别添加 id 为 cityCode 和 cityList 的 TextView 和 Spinner 控件，以便 Activity 调用。代码略。

（3）启动异步任务，进行文件读取：在 MainActivity 类中，创建异步任务，由其完成 JSON 文件的读入工作，核心代码如下：

```
@Override
protected void onCreate(Bundle savedInstanceState) {
    super.onCreate(savedInstanceState);
    setContentView(R.layout.activity_main);
    tv=(TextView)findViewById(R.id.cityCode);
    sp=(Spinner)findViewById(R.id.cityList);
    ReadJsonTask mytask=new ReadJsonTask();
    mytask.execute();
}
```

上述调用的异步任务类的内容如下：

```
class ReadJsonTask extends AsyncTask
```

```
{
    @Override
    protected List<CityCode> doInBackground(Object[] params) {
        List<CityCode> result = new ArrayList<CityCode>();
        try{
            InputStream in = MainActivity.this.getResources().getAssets().open("citycode.json");
            int length = in.available(); //获取文件的字节数
            byte[]   buffer = new byte[length];//创建 byte 数组
            in.read(buffer);//将文件中的数据读到 byte 数组中
            String line=new String(buffer);
            result= convertToBean(line);
        }
        catch(Exception e){
        }
    return result;
    }
}
```

该类通过 MainActivity.this.getResources().getAssets().open("citycode.json");读取了 assets 文件夹下的 citycode.json 文件内容，并通过流的转换，将数据转入字符串 line 变量中。

（4）定义 CityCode 实体类：装载 JSON 的解析结果。

```
public class CityCode {
    String code;
    String city;
    public String getCity() {
        return city;
    }
    public void setCity(String city) {
        this.city = city;
    }
    public String getCode() {
        return code;
    }
    public void setCode(String code) {
        this.code = code;
    }
}
```

（5）解析 JSON 内容：随后，在 ReadJsonTask 类中实现上述提到的 convertToBean 方法。该方法实现了将字符串转换为对应的 CityCode 实体对象列表。

```
public List<CityCode> convertToBean(String json)
{
```

```
    List<CityCode> result=new ArrayList<CityCode>();
    try {
        JSONObject obj = new JSONObject(json);
        JSONArray jsons = obj.getJSONArray("城市代码");
        for (int n = 0; n < jsons.length(); n++) {
            JSONObject sheng = jsons.getJSONObject(n);
            JSONArray shi = sheng.getJSONArray("市");
            for (int i = 0; i < shi.length(); i++) {
                JSONObject rss = shi.optJSONObject(i);
                CityCode m = new CityCode();
                m.setCode(rss.getString("编码"));
                m.setCity(rss.getString("市名"));
                result.add(m);
            }
        }
    }catch (JSONException e)
    {
    }
    return result;
}
```

通过 obj = new JSONObject(json)代码，将 JSON 的内容转换为 JSON 对象，然后对照着 citycode.json 文件中的内容，进行解析。

（6）绑定界面控件：将得到的 List<CityCode>通过适配器，绑定到 Spinner 控件上，并为 Spinner 增加选择子项监听。

```
@Override
protected void onPostExecute(Object result) {
    super.onPostExecute(result);
    list=(List<CityCode>)result;
    String[] cities=new String[list.size()];
    for(int i=0;i<list.size();i++)
        cities[i]=list.get(i).getCity();
    ArrayAdapter adapter=new ArrayAdapter(MainActivity.this,android.R.layout.simple_spinner_item,cities);
    adapter.setDropDownViewResource(android.R.layout.simple_spinner_dropdown_item);
    sp.setAdapter(adapter);
    AdapterView.OnItemSelectedListener listener = new AdapterView.OnItemSelectedListener() {
        @Override
        public void onItemSelected(AdapterView<?> arg0, View arg1, int arg2,long arg3) {
            CityCode c = list.get(arg2);
            String id = c.getCode();
            tv.setText(id);
```

```
            }
            @Override
            public void onNothingSelected(AdapterView<?> arg0) {
            }
        };
        sp.setOnItemSelectedListener(listener);
    }
```

（7）运行项目，查看结果。

8.4.2 Google Gson 简述

Gson（又称 Google Gson）是 Google 公司发布的一个开放源代码的 Java 库，主要用途是序列化 Java 对象为 JSON 字符串，或反序列化 JSON 字符串成 Java 对象。

Gson 的解析非常简单，但是它的解析规则是必须有一个 JavaBean 文件，这个 JavaBean 文件的内容跟 JSON 数据类型是一一对应的。

Gson 有两个重要的方法，一是 toJson()，另一个是 fromJson()。下面以 Person 为 bean 类进行代码讲解。

（1）准备一个 Person 类，其中的内容如下：

```
public class Person {
    private String name;
    private int age;
    //下面是对应的 get/set 方法
    public String getName() {
        return name;
    }
    public void setName(String name) {
        this.name = name;
    }
    public int getAge() {
        return age;
    }
    public void setAge(int age) {
        this.age = age;
    }
}
```

（2）toJson()方法用于将 bean 对象换为 JSON 数据。

```
Gson gson = new Gson();
List<Person> persons = new ArrayList<Person>();
for (int i = 0; i <3; i++) {
    Person p = new Person();
    p.setName("name" + i);
```

```
        p.setAge(i * 10);
        persons.add(p);
}
String str = gson.toJson(persons);
```

上述的 str 内容为：

```
[
{"name":"name0","age":0},
{"name":"name1","age":10},
{"name":"name2","age":20}
]
```

（3）fromJson()方法用于将 JSON 数据转换为 bean 对象。

```
//转换为 Person 对象
Person person = gson.fromJson(str, Person.class);
//转换为 Person 对象列表
List<Person> ps = gson.fromJson(str, new TypeToken<List<Person>>(){}.getType());
```

【例 8-7】 下面在 GsonDemo 项目中，通过 Gson 实现天气情况显示，效果如图 8-16 所示。

实现步骤如下：

（1）导入第三方包：Gson 包为第三方 jar 包，需要导入到 Android Studio 的项目中，以 gson-2.2.4.jar 为例。首先，下载该包并且保存到工程中的 libs 文件夹下，然后右击，从快捷菜单中选择“Add As Library…”选项，按照提示，单击“OK”按钮即可完成导入。如图 8-17 所示。

图 8-16　运行效果

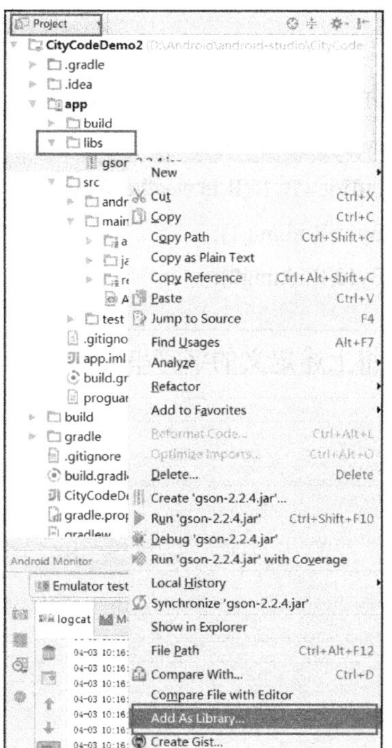

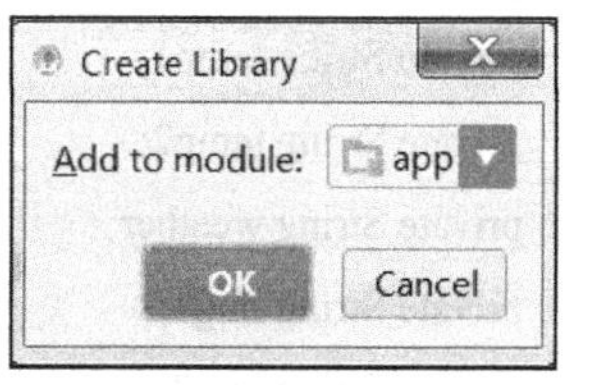

图 8-17　导入 jar 包操作过程

（2）布局文件：按照图 8-18 结构，对其进行设计，代码略。

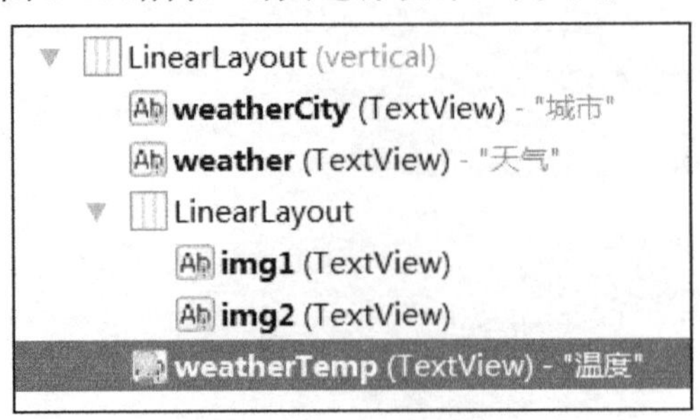

图 8-18　布局结构

（3）初始化工作：包括控件的初始化，以及天气信息的字符串准备工作。由于控件较多，因此将控件初始化放于 init 方法中。

```
private TextView tvWeatherCity,tvWeather,tvWeatherTemp,tvImg1,tvImg2;
private String weatherinfo="{\"city\":\"北京\",\"cityid\":\"101010100\",\"temp1\":\"-2℃\",\"temp2\":\"16℃
        \",\"weather\":\"晴\",\"img1\":\"n0.gif\",\"img2\":\"d0.gif\",\"ptime\":\"18:00\"}";
@Override
protected void onCreate(Bundle savedInstanceState) {
    super.onCreate(savedInstanceState);
    setContentView(R.layout.activity_main);
    init();
}
public void init()
{
    tvWeatherCity=(TextView)findViewById(R.id.weatherCity);
    tvWeather=(TextView)findViewById(R.id.weather);
    tvWeatherTemp=(TextView)findViewById(R.id.weatherTemp);
    tvImg1=(TextView)findViewById(R.id.img1);
    tvImg2=(TextView)findViewById(R.id.img2);
}
```

（4）JSON 数据解析：将上述定义的字符串转换成对应的 bean 类。因此，按照字符串的格式定义一个 Weather 类：

```
public class Weather {
    private String city;
    private String cityid;
    private String temp1;
    private String temp2;
    private String weather;
    private String img1;
    private String img2;
    private String ptime;
```

```
    //对应的 get/set 方法（省略）
    ……
}
```

在 OnCreate()方法中，进行转换：

```
Gson gson=new Gson();
Weather weather = gson.fromJson(weatherinfo, Weather.class);
```

（5）数据显示：将 Weather 对象的内容设置到对应的控件上。

```
public void setWeatherData(Weather weather)
{
    tvWeatherCity.setText(weather.getCity());
    tvWeather.setText(weather.getWeather());
    tvWeatherTemp.setText(weather.getTemp1()+"-"+ weather.getTemp2());
    tvImg1.setText(weather.getImg1());
    tvImg2.setText(weather.getImg2());
}
```

并在 OnCreate()方法中进行调用，最后 OnCreate()中的内容如下：

```
protected void onCreate(Bundle savedInstanceState) {
    super.onCreate(savedInstanceState);
    setContentView(R.layout.activity_main);
    //初始化
    init();
    //JSON 格式解析
    Gson gson=new Gson();
    Weather weather = gson.fromJson(weatherinfo, Weather.class);
    //设置到对应的控件上显示天气信息
    setWeatherData(weather);
}
```

（6）运行项目：由此可见，我们学习和引用的第三方包，都是为了简化程序开发，而不是增加代码开发难度的。

此时，我们已经准备好了天气预报开发的相关知识：可以通过异步任务从专业网站获取天气信息和图片，并将获取的 JSON 格式数据进行解析，显示到相应的控件上。但是同样为了简化开发，我们继续学习一种网络通信框架，然后再将天气预报例子进行实现。

8.5 网络通信框架 Volley

在程序设计中需要和网络通信时，大多使用的工具莫过于 AsyncTaskLoader、HttpURLConnection、AsyncTask、HTTPClient（Apache）等，为了将该过程进行整合和简化，在 Google I/O 2013 上发布了 Volley。Volley 是 Android 平台上的网络通信库，能使网络通信更快、更简单、更健壮。Volley 特别适合数据量不大但通信频繁的场景。

不使用 Volley，从网上下载资源的步骤大致如下：

（1）首先，在 AsyncTask 的 doInBackground()中，使用 HttpURLConnection 从服务器获取相关资源。

（2）然后，将下载的文字或图片资源在 AsyncTask 类的 onPostExecute()里设置到相应的控件中。

而在 Volley 下，上述只需要一个函数就可以完成上述步骤。

Volley 的使用过程可以总结为以下两步。

（1）声明 RequestQueue

首先需要获取一个 RequestQueue 对象。RequestQueue 是一个请求队列对象，它可以缓存所有的 HTTP 请求，然后按照一定的算法并发地发出这些请求。RequestQueue 内部的设计就是非常适合高并发的，因此程序人员不必为每一次 HTTP 请求都创建一个对象，基本上在每一个需要和网络交互的 Activity 中创建一个 RequestQueue 对象就足够了。

```
private RequestQueue mRequestQueue;
mRequestQueue =    Volley.newRequestQueue(this);
```

（2）为了获得请求的响应，我们需要根据响应的结果，调用不同的 Request 对象。由于返回结果主要分为字符串、JSON 格式和图片类型，因此经常用的是 StringRequest、JsonRequest 和 ImageRequest 对象。需要注意的是，每次使用 Request 对象时，最后一定要将其加入 RequestQueue 队列中。

下面以 StringRequest 为例进行对象实例化。

```
StringRequest stringRequest = new StringRequest("http://www.baidu.com",
                new Response.Listener<String>() {
    @Override
    public void onResponse(String response) {
        Log.d("TAG", response);
    }
}, new Response.ErrorListener() {
    @Override
    public void onErrorResponse(VolleyError error) {
        Log.e("TAG", error.getMessage(), error);
    }
});
```

上述代码中，初始化了一个 StringRequest 对象，StringRequest 的构造函数需要传入 3 个参数，第 1 个参数就是目标服务器的 URL 地址，第 2 个参数是服务器响应成功的回调，第 3 个参数是服务器响应失败的回调。事实上，开发人员主要是利用上述的第 2 个参数中的 onResponse 方法和第 3 个参数中的 onErrorResponse 方法，来完成数据获取成功和失败的操作。上述代码的目标服务器地址是百度的首页，然后在响应成功的回调里打印出服务器返回的内容，在响应失败的回调里打印出失败的详细信息。

最后，将这个 StringRequest 对象添加到 RequestQueue 里面就可以了，如下所示：

```
mRequestQueue.add(stringRequest );
```

【注意】 上述过程都需要在网络环境下完成，因此需要在 Manifest 文件中增加上网权限：

```
<uses-permission android:name="android.permission.INTERNET"></uses-permission>
```

8.5.1 通过 Volley 获取 JSON 数据

类似于 StringRequest，JsonRequest 也是继承自 Request 类的，不过由于 JsonRequest 是一个抽象类，因此无法直接创建它的实例，那么只能从它的子类入手。JsonRequest 有两个直接的子类：JsonObjectRequest 和 JsonArrayRequest，顾名思义，一个用于请求 JSON 数据，一个用于请求 JSON 数组。本节以 JsonObjectRequest 为例进行讲解。

```
JsonRequest jsonObjectRequest = new JsonObjectRequest("http://www.weather.com.cn/data/sk/101010100.html",
        new Response.Listener<JSONObject>() {
    @Override
    public void onResponse(JSONObject response) {
        //mNetworkJsonData 是已经定义好的 TextView 控件
        mNetworkJsonData.setText(response.toString());
    }
}, new Response.ErrorListener() {
    @Override
    public void onErrorResponse(VolleyError error) {
        mNetworkJsonData.setText("sorry,Error");
    }
});
```

上述代码的结构和 StringRequest 非常类似。只是由于相应数据格式为 JSON 格式，所以需要采用 JsonRequest 对象进行处理，并将获取的数据显示到 id 为 mNetworkJsonData 的 TextView 控件上。

最后再将这个 JsonObjectRequest 对象添加到 RequestQueue 里就可以了。

```
mRequestQueue.add(jsonObjectRequest);
```

8.5.2 通过 Volley 加载图片资源

根据上述的内容，读者也可以猜想到，在 Volley 框架中应该由 ImageRequest 来专门处理图片资源获取。而且 ImageRequest 的用法和上述对象的使用也极其相似，可参考下面的代码。不同的是，ImageRequest 的参数比较多，可以用来设置图片的宽度、高度、颜色属性等信息。

```
ImageRequest request = new
ImageRequest("http://pic32.nipic.com/20130829/12906030_124355855000_2.png",
        new Response.Listener<Bitmap>() {
    @Override
    public void onResponse(Bitmap arg0) {
        // imageView1 为定义好的 ImageView 控件
        imageView1.setImageBitmap(arg0);
    }
}, 100, 100, ScaleType.CENTER, Config.ARGB_8888,
    new Response.ErrorListener() {
        @Override
```

```
        public void onErrorResponse(VolleyError arg0) {
            // TODO Auto-generated method stub
            Toast.makeText(LoginActivity.this, arg0.toString(),
            Toast.LENGTH_SHORT).show();
        }
});
```

Volley 框架在请求网络图片方面也做了很多工作。在 ImageRequest 的基础上，它还提供了 ImageLoader 来实现图片加载。代码如下：

```
private void loadImageByVolley(){
    String imageUrl="http://pic32.nipic.com/20130829/12906030_124355855000_2.png";
    int maxMemory = (int) (Runtime.getRuntime().maxMemory() / 1024);
    // 使用最大可用内存值的 1/8 作为缓存的大小。
    int cacheSize = maxMemory / 8;
    final LruCache<String, Bitmap> lruCache = new LruCache<String, Bitmap>(cacheSize) {
        @Override
        protected int sizeOf(String key, Bitmap bitmap) {
            // 重写此方法来衡量每张图片的大小，默认返回图片数量。
            return bitmap.getByteCount() / 1024;
        }
    };
    ImageCache imageCache = new ImageCache() {
        @Override
        public void putBitmap(String key, Bitmap value) {
            lruCache.put(key, value);
        }
        @Override
        public Bitmap getBitmap(String key) {
            return lruCache.get(key);
        }
    };
    ImageLoader imageLoader = new ImageLoader(requestQueue, imageCache);
    ImageListener listener = ImageLoader.getImageListener(mImageView, R.drawable.error,R.drawable.error);
    imageLoader.get(imageUrl, listener);
}
```

上述代码使用了 ImageLoader，在使用该对象的同时，需要准备 ImageCache 对象，即实现图片的缓存功能，同时还可以过滤重复链接，避免重复发送请求。最后，使用 ImageLoader.getImageListener()方法创建一个 ImageListener 实例后，在 imageLoader.get()方法中加入此监听器和图片的 URL，即可加载网络图片。

此外，Volley 还提供了一个新的控件 NetworkImageView 来代替传统的 ImageView，这个控件的图片属性可以通过方法 setImageUrl(url, imageLoader)来设定。而且，这个控件在被从父控件分离时，会自动取消网络请求，即完全不用我们担心相关网络请求的生命周期问题。关于它的使用在例 8-8 示例代码中有所介绍。

【例 8-8】 在 VolleyDemo 项目中，通过 Volley 获取网络上的 JSON 数据和图片，并显示。效果如图 8-19 所示。

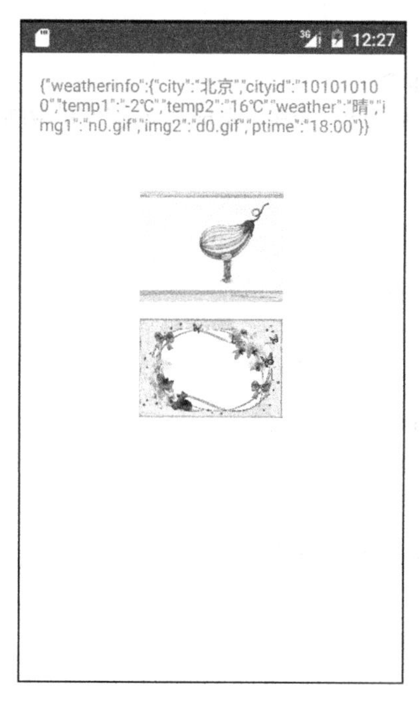

图 8-19 运行效果

实现步骤如下：

（1）准备 Volley 环境：最简单的方式是从网上下载 jar 包，将准备好的 jar 包复制到对应的位置上。然后，右击新粘贴的 jar 文件，在快捷菜单中单击“Add As Library”选项即可。

（2）布局文件：在垂直线性布局下，准备一个 TextView，一个 ImageView，以及一个 NetworkImageView。代码如下：

```
<TextView
    android:layout_gravity="center_horizontal"
    android:layout_width="wrap_content"
    android:layout_height="wrap_content"
    android:text=""
    android:id="@+id/netJsonData" />
<ImageView
    android:layout_gravity="center_horizontal"
    android:id="@+id/imageView"
    android:layout_width="120dip"
    android:layout_height="120dip"
    android:layout_centerInParent="true"/>
<com.android.volley.toolbox.NetworkImageView
```

```
    android:layout_gravity="center_horizontal"
    android:id="@+id/networkImageView"
    android:layout_width="120dip"
    android:layout_height="120dip"
    android:layout_centerHorizontal="true"
    android:layout_marginTop="80dip"/>
```

（3）RequestQueue 声明：在 Activity 类中，完成相关控件的初始化工作，以及 RequestQueue 的初始化，代码如下：

```
private TextView mNetworkJsonData;
private ImageView mImageView;
private NetworkImageView mNetworkImageView;
private RequestQueue requestQueue;
@Override
protected void onCreate(Bundle savedInstanceState) {
    super.onCreate(savedInstanceState);
    setContentView(R.layout.activity_main);
    requestQueue = Volley.newRequestQueue(this);
    init();
}
private void init(){
    mNetworkJsonData=(TextView)findViewById(R.id.netJsonData);
    mImageView=(ImageView) findViewById(R.id.imageView);
    mNetworkImageView=(NetworkImageView)findViewById(R.id.networkImageView);
}
```

（4）JSON 内容获取：通过 JsonRequest 获取 JSON 内容，参考本章 8.4 节的代码。如果结合 JSON 解析，可以将此处代码撰写得更人性化。

```
/**
 * 利用 Volley 获取 JSON 数据
 */
private void getJSONByVolley() {
    String JSONDataUrl = "http://www.weather.com.cn/data/cityinfo/101010100.html";
    JsonRequest jsonObjectRequest = new JsonObjectRequest(
        JSONDataUrl,
        null,
        new Response.Listener<JSONObject>() {
            @Override
            public void onResponse(JSONObject response) {
                mNetworkJsonData.setText(response.toString());
            }
        }
```

```
        new Response.ErrorListener() {
            @Override
            public void onErrorResponse(VolleyError arg0) {
                mNetworkJsonData.setText("sorry,Error");
            }
        });
    requestQueue.add(jsonObjectRequest);
}
```

（5）ImageLoader 方式获取图片：参考本章 8.5.2 节的代码。在 drawable 文件夹下，准备表示加载等待和出错的两张图片。

```
private void loadImageByVolley(){
    String imageUrl="http://pic32.nipic.com/20130829/12906030_124355855000_2.png";
    int maxMemory = (int) (Runtime.getRuntime().maxMemory() / 1024);
    // 使用最大可用内存值的 1/8 作为缓存的大小。
    int cacheSize = maxMemory / 8;
    final LruCache<String, Bitmap> lruCache = new LruCache<String, Bitmap>(cacheSize) {
        @Override
        protected int sizeOf(String key, Bitmap bitmap) {
            // 重写此方法来衡量每张图片的大小，默认返回图片数量
            return bitmap.getByteCount() / 1024;
        }
    };
  // final LruCache<String, Bitmap> lruCache = new LruCache<String, Bitmap>(20);
    ImageCache imageCache = new ImageCache() {
        @Override
        public void putBitmap(String key, Bitmap value) {
            lruCache.put(key, value);
        }
        @Override
        public Bitmap getBitmap(String key) {
            return lruCache.get(key);
        }
    };
    ImageLoader imageLoader = new ImageLoader(requestQueue, imageCache);
    ImageListener listener = ImageLoader.getImageListener(mImageView, R.drawable.error,R.drawable.error);
    imageLoader.get(imageUrl, listener);
}
```

（6）NetworkImageView 方式获取图片：该方式的使用更加简单，不需要通过 ImageListener 进行监听，直接通过控件调用 setImageUrl(imageUrl,imageLoader)即可。

```
private void showImageByNetworkImageView(){
    String imageUrl="http://img2.imgtn.bdimg.com/it/u=99623527,4144288843&fm=21&gp=0.jpg";
    final LruCache<String, Bitmap> lruCache = new LruCache<String, Bitmap>(20);
    ImageCache imageCache = new ImageCache() {
        @Override
        public void putBitmap(String key, Bitmap value) {
            lruCache.put(key, value);
        }
        @Override
        public Bitmap getBitmap(String key) {
            return lruCache.get(key);
        }
    };
    ImageLoader imageLoader = new ImageLoader(requestQueue, imageCache);
    mNetworkImageView.setImageUrl(imageUrl,imageLoader);
}
```

（7）方法调用。

```
private void init(){
    mNetworkJsonData=(TextView)findViewById(R.id.netJsonData);
    mImageView=(ImageView) findViewById(R.id.imageView);
    mNetworkImageView=(NetworkImageView)findViewById(R.id.networkImageView);
    getJSONByVolley();
    loadImageByVolley();
    showImageByNetworkImageView();
}
```

（8）权限增加：增加上网权限，运行查看效果。

【案例延伸】 上述代码，为读者展示通过 Volley 获取网络 JSON 数据和图片的开发过程。因此，只需要将获取的 JSON 内容通过 UI 控件重新规划和显示，图片显示的是天气预报结果的 JSON 相关数据，就是实现天气预报应用程序的思路。

8.6 项目实现——天气预报

【例 8-9】 结合本章的内容，在项目 WeatherDemo 中，获取北京城市的天气预报情况。实现效果如图 8-20 所示。

实现步骤如下：

（1）导入网络通信框架 Volley 包：步骤见 8.5 节。

（2）布局文件：按照图 8-21 所示结构，对其进行设计，代码略。

（3）RequestQueue 声明：在 Activity 类中，完成相关控件的初始化工作，以及 RequestQueue 的初始化，并且定义了需要联网的服务器地址。代码如下：

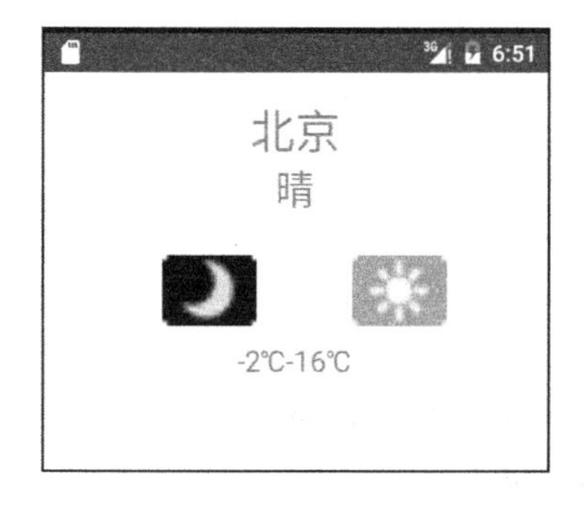

图 8-20　运行效果

图 8-21　布局结构

```
private TextView tvWeatherCity,tvWeather,tvWeatherTemp;
private ImageView img1,img2;
private static final String IMGURL="http://m.weather.com.cn/img/";
private static final String CITYINFOURL="http://www.weather.com.cn/data/cityinfo/";
private String citycode="101010100";//城市代码
private RequestQueue requestQueue;
@Override
protected void onCreate(Bundle savedInstanceState) {
    super.onCreate(savedInstanceState);
    setContentView(R.layout.activity_main);
    requestQueue= Volley.newRequestQueue(this);
    init();
}
public void init()
{
    tvWeatherCity=(TextView)findViewById(R.id.weatherCity);
    tvWeather=(TextView)findViewById(R.id.weather);
    tvWeatherTemp=(TextView)findViewById(R.id.weatherTemp);
    img1=(ImageView)findViewById(R.id.img1);
    img2=(ImageView)findViewById(R.id.img2);
}
```

所谓天气预报信息的获取和显示，其实就是将文本（JSON 数据解析）和图片分别进行显示。所以后续工作依然集中在 JSON 数据和图片获取上，只是需要将获取的 JSON 格式数据以用户的角度进行分解和显示。

（4）JSON 数据获取并解析：此处引入 ProgressDialog 对话框，显示等待信息，在成功获取数据后，通过 dismiss()将其关闭即可。

```
private void getJSONByVolley(String JSONDataUrl) {
    final ProgressDialog progressDialog = ProgressDialog.show(this, "耐心等待", "...读取天气预报中...");
    JsonObjectRequest jsonObjectRequest = new JsonObjectRequest(
            Request.Method.GET,
```

```
        JSONDataUrl,
        null,
        new Response.Listener<JSONObject>() {
            @Override
            public void onResponse(JSONObject response) {
                try {
                    JSONObject weatherinfo=response.getJSONObject("weatherinfo");
                    Weather weather=convertToBean(weatherinfo);
                    if (progressDialog.isShowing()&&progressDialog!=null) {
                        progressDialog.dismiss();
                    }
                } catch (JSONException e) {
                    e.printStackTrace();
                }
            }
        },
        new Response.ErrorListener() {
            @Override
            public void onErrorResponse(VolleyError arg0) {
            }
        });
    requestQueue.add(jsonObjectRequest);
}
```

上述代码与之前的 JSON 内容获取结构是相同的，只是，此次在网络成功响应的 onResponse 方法中，将网络返回的 response 数据进行了处理，获取其中的“weatherinfo”信息，并将其传递给 convertToBean 方法，从而转换为 Weather 对象。

```
public Weather convertToBean(JSONObject json)
{
    Weather w=new Weather();
    try {
        w.setCity(json.getString("city"));
        w.setCityid(json.getString("cityid"));
        w.setImg1(json.getString("img1"));
        w.setImg2(json.getString("img2"));
        w.setTemp1(json.getString("temp1"));
        w.setTemp2(json.getString("temp2"));
        w.setWeather(json.getString("weather"));
        w.setPtime(json.getString("ptime"));
    } catch (JSONException e) {
        e.printStackTrace();
```

```
    }
    return w;
}
```

当然，此处需要 Weather 实体类：

```
public class Weather {
    private String city;
    private String cityid;
    private String temp1;
    private String temp2;
    private String weather;
    private String img1;
    private String img2;
    private String ptime;
    //对应的 get/set 方法（省略）
    ……

}
```

（5）图片信息获取：采用 ImageLoader 的形式进行网络图片加载。该方法中有两个参数，第一个参数是网络图片名称，与服务器地址构成网络图片地址；第二个参数是图片显示的控件。

```
private void loadImageByVolley(String img,ImageView imgView){
    final LruCache<String, Bitmap> lruCache = new LruCache<String, Bitmap>(20);
    ImageLoader.ImageCache imageCache = new ImageLoader.ImageCache() {
        @Override
        public void putBitmap(String key, Bitmap value) {
            lruCache.put(key, value);
        }
        @Override
        public Bitmap getBitmap(String key) {
            return lruCache.get(key);
        }
    };
    ImageLoader imageLoader = new ImageLoader(requestQueue, imageCache);
    ImageLoader.ImageListener listener = ImageLoader.getImageListener(imgView, R.drawable.error,
    R.drawable.error);
    imageLoader.get(IMGURL+img, listener);
}
```

（6）数据和图片显示：在第（4）和（5）步中，已经准备好了数据内容和图片获取方法，最后需要将它们分别显示到对应的控件中。目前天气数据内容放置于 getJSONByVolley 方法的 weather 对象中；loadImageByVolley 方法只需要准备好服务器图片地址和对应的显示控件即可。

```
public void setWeatherData(Weather weather)
```

```
{
    tvWeatherCity.setText(weather.getCity());
    tvWeather.setText(weather.getWeather());
    tvWeatherTemp.setText(weather.getTemp1()+"-"+ weather.getTemp2());
    loadImageByVolley(weather.getImg1(), img1);
    loadImageByVolley(weather.getImg2(),img2);
}
```

选择适当的位置，调用 setWeatherData 方法。由于 setWeatherData 依赖于 Weather 对象的内容，所以可以将其写到 getJSONByVolley 中，即 Weather weather=convertToBean(weatherinfo); 之后。

（7）在 onCreate 中调用 getJSONByVolley：通过 getJSONByVolley 先获取 Weather 对象内容，然后根据其内容在 TextView 上显示城市、天气情况、气温信息；根据图片名称到图片服务器上请求相应的图片内容加载到对应的 ImageView 控件上。

（8）加入上网权限，运行结果。

【案例延伸】Gson 引入：在学习了 Gson 以后，可以考虑由 convertToBean 方法做的事情交由 Gson 包来完成。导入 Gson 包后，只需要将下面的代码：

```
Weather weather=convertToBean(weatherinfo);
```

替换为：

```
Gson gson=new Gson();
Weather weather=gson.fromJson(weatherinfo.toString(),Weather.class);
```

从而省略了 convertToBean 方法的定义，大大缩短了代码量。

【项目延伸】

在上述项目的基础上，增加城市选择功能，实现如图 8-22 所示效果。

图 8-22　运行效果

习　题　8

1．选择题：

（1）下述不属于子线程的工作范畴的是（　　）

A．读取数据库内容　B．网络通信　C．更新 ListView 内容　D．复杂计算

（2）在 http://localhost:8080/LoginTest/login 中，8080 是指（　　）

A．端口　B．应用程序　C．服务器　D．IP

（3）下面不属于 AsynTask 类中的方法的是（　　）

A．onProgressUpdate　B．execute　C. onPreExecute　D．doInBackground

（4）在 Android 中，如果子线程需要更新 UI，需要借助于（　　）

A．Activity　B．Thread　C．Handler　D．URL

2．填空题：

（1）在 HTTP 协议中，发送请求方式有 get 和（　　）两种。

（2）Gson 有两个重要的方法，一个就是 toJson( )方法，一个就是（　　）方法。

3．简答题：

（1）简述 Handler 的作用。

（2）简述通过 URL 获取网络资源的步骤。

（3）举例说明 JSON 格式的定义。

（4）简述使用 AsyncTask 类的注意事项。

4．编程题：

模仿书中登录案例的过程，实现注册的功能。

第9章　综合实例——校园订餐 App

9.1 功 能 介 绍

9.1.1 需求分析

本项目是针对校园订餐设计与实现的一个 App。该软件主要解决的是在校师生就餐时面临的一系列问题，师生可以只通过一个手机 App 就可以让就餐变得更加快捷。软件中有菜谱查看、收藏、下订单等功能，用户不必到食堂就可以看到所有食堂的每一道饭菜，也可以通过手机内置的点餐功能进行点餐或者订餐，从而让用户足不出户就能就餐。另外，还有诸多的功能等待读者进行拓展开发。客户端总体框架如图 9-1 所示。

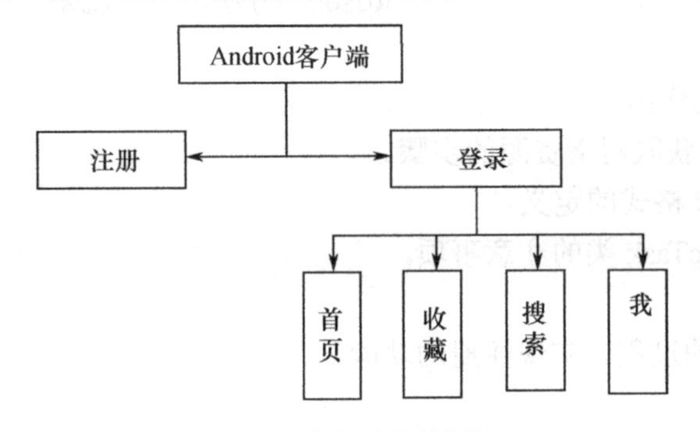

图 9-1　客户端整体框架

本系统采用 C/S 模式为客户端提供数据，该模式在 IT 技术中已经有多年的积累经验，是一种成熟稳定的设计模式。在服务端使用免费开源的 Tomcat 作为 Web 容器，虽然比不上 Apache 大型服务软件，但对于一个简单应用来说已经是绰绰有余了。网络数据库使用 MySQL 5.5 版本，该数据库最大的好处便是开源的。

9.1.2 开发环境搭建

当前应用分为服务器端和客户端两部分——服务器端负责提供数据和维护数据，客户端负责信息的发布和显示。该系统的物理架构主要由后台数据库服务器、Web 服务器、无线网络、Android 校园餐厅软件前端等部分组成。客户端即 Android 系统智能手机，通过无线网络访问后台服务器，相关数据信息由后台数据库服务器提供。运行过程中要保证 Web 服务器始终处于开启状态。图 9-2 为本应用的系统体系框架。

本系统的 Web 服务器端采用 Eclipse+Tomcat+MySQL 的组合进行开发，同时以 JSON 格式向客户端提供餐厅数据；客户端建立了 Android Studio 的开发环境，将菜谱信息分类发布到 Android 手机客户端中。用户只需要下载客户端软件（.apk 文件），安装至手机中即可。Web 服务器和数据库服务器由开发者在服务器中进行搭建和发布。

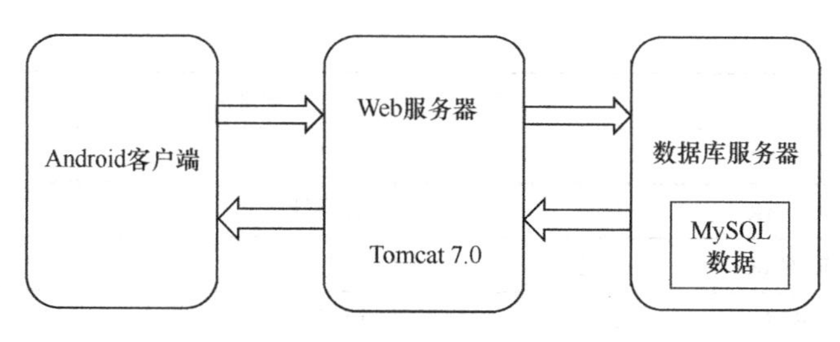

图 9-2　系统体系结构

9.2　服务器端运行

9.2.1　数据库设计

该项目中的数据库只有一个 MySQL 数据库，运行在服务器端。这种设计方式简单，便于开发。但是用这种设计方式，用户每次开启应用时都会将服务器的资源下载一遍，造成不必要的浪费。另外，如果只有一个网络数据库，当网络信号不好时，数据将无法显示，从而影响用户体验。为了优化系统设计，读者也可以采用两端数据库同步的设计方式，即客户端使用 SQLite 数据库，从而实现本地的缓存效果。

下面是相关的表设计。

（1）用户表，存储的是订餐人的相关信息，主要是便于送餐的时候能够及时联系上订餐人，以及送餐地址。同时，用户 ID 也贯穿于整个应用中，例如收藏和订餐都是针对特定用户完成的。为了简化代码，本表的字段如表 9-1 所示，读者也可以自行增加图片等其他字段，从而实现个人信息头像的修改等功能。

表 9-1　用户表

字段名	字段类型	可否为空	字段含义	注释
USER_ID	NUMBER	否	用户 ID	主键
USERNAME	VARCHAR	否	用户名	
USERPASS	VARCHAR	否	用户密码	MD5 加密保存
MOBILENUM	VARCHAR	否	电话	
ADDRESS	VARCHAR	是	送餐地址	
COMMENT	VARCHAR	是	备注	

（2）店铺表，存储的是店铺信息，包括地址、订餐电话等信息。主要是保证订餐时，用户可以及时联系到商家，而不需要额外存储电话号码。另外还有相关简介、图片和等级等信息，从而便于用户进行选择。见表 9-2。

表 9-2　店铺表

字段名	字段类型	可否为空	字段含义	注释
SHOP_ID	NUMBER	否	店铺 ID	主键
SHOPNAME	VARCHAR	否	店铺名称	
ADDRESS	VARCHAR	否	店铺地址	
PHONENUM	VARCHAR	否	订餐电话	

续表

字段名	字段类型	可否为空	字段含义	注释
INTRO	VARCHAR	是	店铺简介	
PIC	VARCHAR	是	店铺图片	
COMMENT	VARCHAR	是	备注	
LEVEL	NUMBER	是	店铺等级	

（3）食物种类表，存储的数据很简单，为食物表提供种类划分。另外，在查找时可以通过类型进行搜索。见表 9-3。

表 9-3　食物种类表

字段名	字段类型	可否为空	字段含义	注释
TYPE_ID	NUMBER	否	食物种类 ID	主键
TYPENAME	VARCHAR	否	食物种类名称	

（4）食物表，存储所有相关的食物菜谱信息，便于用户进行选择。读者可以加入更多的字段，以便让用户有更多的选择和查询信息。该表直接将店铺表和食物种类表的 ID 作为外键使用。但是也引发了一个弊端：每个食物菜谱只能隶属于一个食物种类。见表 9-4。

表 9-4　食物表

字段名	字段类型	可否为空	字段含义	注释
FOOD_ID	NUMBER	否	食物 ID	主键
FOODNAME	VARCHAR	否	食物名称	
SHOP_ID	NUMBER	否	店铺 ID	外键
TYPE_ID	NUMBER	否	类型 ID	外键
PRICE	NUMBER	否	价格	
INTRO	VARCHAR	是	食物简介	
PIC	VARCHAR	是	食物图片	
RECOMMAND	NUMBER	是	是否推荐	

（5）收藏表，其实是一张关系表，存储的是用户和店铺或食物的关系。由于用户收藏的可能是店铺，也可能是食物，因此本表引入了一个 flag 字段，标识收藏的类型。0 代表收藏的是店铺，1 代表收藏的是食物。从而，这一张表就可以实现所有收藏数据的存储。见表 9-5。

表 9-5　收藏表

字段名	字段类型	可否为空	字段含义	注释
COLLECT_ID	NUMBER	否	收藏 ID	主键
USER_ID	NUMBER	否	用户 ID	外键
SHOP_ID	NUMBER	是	店铺 ID	
FOOD_ID	NUMBER	是	食物 ID	
COLLECT_DATE	DATETIME	是	收藏日期	
FLAG	NUMBER	否	标记收藏类型	0：收藏店铺；1：收藏食物

（6）订单&评论表，也是一张关系表，存储的是用户和食物的购买关系。所谓的评论，其实就是在该购买关系的基础上，增加评论的相关字段即可。因此，将订单和评论设计为一张表。为了简化开发，本案例中的订餐功能从食物菜谱入手，因此一次订单中只支持一种食物的购买。见表 9-6。

表 9-6　订单&评论表

字段名	字段类型	可否为空	字段含义	注释
ORDER_ID	NUMBER	否	订单 ID	主键
USER_ID	NUMBER	否	用户 ID	外键
FOOD_ID	NUMBER	否	食物 ID	外键
NUM	NUMBER	否	数量	
SUM	DOUBLE	否	总价	
ORDERTIME	DATETIME	否	收藏日期	
SUGGESTTIME	VARCHAR	是	建议送餐时间	
CONTENT	VARCHAR	是	评论内容	
COMMENT_TIME	DATETIME	是	评论时间	

9.2.2　服务器端运行配置

服务器端主要的作用是为用户提供服务数据，在用户角度并不关心后台的一些操作，但对于数据维护者来说则显得尤为关键。在后台维护中该系统提供大量的维护性接口，管理员可以对所有的数据进行操作，例如增加饭菜、添加食堂、更新饭菜等。这些都是维护数据实时性的有力保障，详细功能如表 9-7 所示。

表 9-7　服务器端概要设计表

服务器端模块	简要说明
登录模块	管理员登录功能，防止其他人篡改数据
用户管理	能够将用户密码初始化为 123456
店铺管理模块	可以向数据库中添加新店铺，也可以对已有店铺进行修改和删除
饭菜管理模块	对每个店铺进行饭菜的管理，包括增加、修改和删除
订单&评论管理模块	查看所有订单和评论情况，可以删除评论内容
JSON 数据返回	没有页面效果，提供客户端（手机端）数据请求的内容

为了保证客户端的运行，必须保证服务器端配置完毕，并处于启动状态。配置过程如下（软件的详细安装和配置步骤可以参考附录 A）：

（1）MySQL 数据准备：安装 MySQL 数据库后，编者采用 Navicat 进行 MySQL 数据管理。在 Navicat 中创建连接 mywamp，然后创建数据库 food，之后，在图 9-3 中单击“查询”→“创建查询”选项，执行 SQL 语句。内容来自于 food.sql 文件（读者可登录 www.hxedu.com.cn 下载）。

（2）将 foodService.war 内容（读者可登录 www.hxedu.com.cn 下载）复制到服务器相应目录下：本书中选的是 Tomcat 服务器，因此目标路径为 Tomcat 安装文件夹的 webapps 文件夹下。

（3）项目运行：服务器端配置完毕后，启动 Tomcat，运行效果如图 9-4 所示。

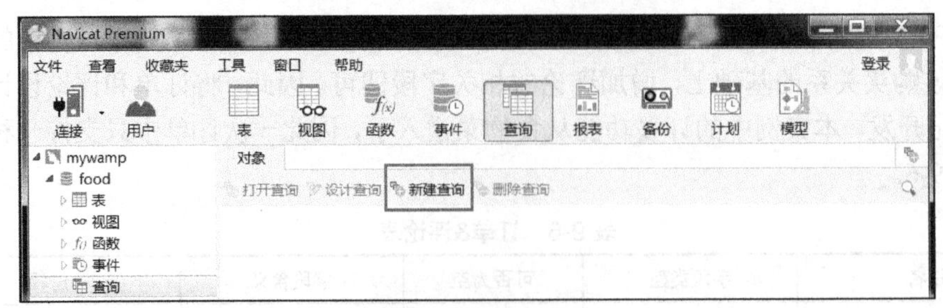

图 9-3　数据库准备

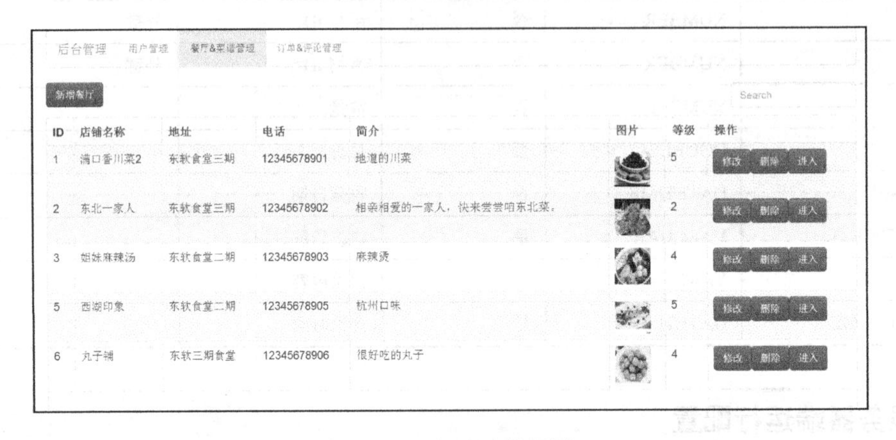

图 9-4　服务器端效果图

为了简化开发，服务器端的图片均是采用网络图片的地址（例如，http:// img3.redocn.com/tupian/20141126/xiangxiwaipocai_3613936.jpg）写入的，因此程序运行过程中，需要保持联网状态。

【说明】由于服务器端开发主要涉及的是 Web 开发知识，不是本书的内容，因此不做详细介绍和讲解。读者只需按照书中步骤进行配置运行，客户端能够访问即可。也可将服务器配置成局域网内，以供多人同时访问。

9.2.3　参数接口

客户端与服务器端的数据通信都是借助于 JSON 和 JSON 数组完成的。客户端通过发送 HTTP 请求，服务器端进行响应，从而得到需要的结果。表 9-8～表 9-26 给出了各模块的接口说明。客户端可以根据参数列表内容进行请求，然后根据返回参数和示例进行结果处理。

表 9-8　登录接口

功能说明	登录接口		
URL 地址	http://ip:port/foodService/userLogin.do		
参数列表			
参数名称	**是否必须**	**类型**	**描述**
username	是	string	用户系统登录名称
userpass	是	string	用户系统登录密码
请求示例	http://ip:port/foodService/userLogin.do?username=lnn&userpass=11		
返回参数	JSON 格式		
参数说明	userid:如果是"0"，则说明登录失败；否则返回当前用户名		
返回示例	{"userid":"lnn"}		

表 9-9　注册接口

功能说明	注册接口		
URL 地址	http://ip:port/foodService/userRegister.do		
参数列表			
参数名称	**是否必须**	**类型**	**描述**
username	是	string	注册用户名称
userpass	是	string	注册用户密码
mobilenum	是	string	注册用户电话号码
address	是	string	注册用户地址（送餐地址）
comment	是	string	备注说明
请求示例	http://ip:port/foodService/userLogin.do?username=lnn&userpass=11& mobilenum =13476543211&address=大连&comment=老师		
返回参数	JSON 格式		
参数说明	success:如果是"0"，表示注册失败；如果是"1"，则表示注册成功		
返回示例	{"success":"1"}		

表 9-10　获取所有店铺信息接口

功能说明	获取所有店铺信息接口
URL 地址	http://ip:port/foodService/getAllShop.do
参数列表：无	
请求示例	http://ip:port/foodService/getAllShop.do
返回参数	JSON 数组
参数说明	shop_id:店铺 ID shopname:店铺名称 address:店铺地址 phonenum:订餐电话 intro:店铺简介 pic:店铺图片 comment:备注 level:等级
返回示例	[{"shop_id":1, "shopname":"满口香川菜 2", "address":"东软食堂三期", "phonenum":"12345678901", "intro":"地道的川菜", "pic":"http://img3.redocn.com/tupian/20141126/xiangxiwaipocai_3613936.jpg", "comment":null, "level":5}, {"shop_id":2, "shopname":"东北一家人",

续表

功能说明	获取所有店铺信息接口
返回示例	"address":"东软食堂三期", "phonenum":"12345678902", "intro":"相亲相爱的一家人，快来尝尝咱东北菜", "pic":"http://picapi.ooopic.com/01/43/03/11b1OOOPIC53.jpg", "comment":"", "level":2}, ……

表 9-11　获取当前店铺的所有菜单信息接口

功能说明	获取当前店铺的所有菜单信息接口		
URL 地址	http://ip:port/foodService/ getFoodByShop.do		
参数列表：			
参数名称	**是否必须**	**类型**	**描述**
shop_id	是	int	店铺 ID
请求示例	http://ip:port/foodService/getFoodByShop.do?shop_id=1		
返回参数	JSON 数组		
参数说明	food_id:菜谱 ID foodname:菜谱名称 intro:菜谱简介 pic:菜谱图片 price:菜谱价格 shop_id:店铺 ID type_id:菜谱种类 ID recommand:是否主推荐		
返回示例	[{ "food_id": 1, "foodname": "酸菜鱼", "intro": "地道的川菜", "pic": "http://i3.meishichina.com/attachment/recipe/201203/p320_201203302229311333492101.JPG", "price": 23, "shop_id": 1, "type_id": 1, "recommand": 1 }, { "food_id": 2,		

续表

参数名称	是否必须	类型	描述
返回示例	"foodname": "口水鸡", "intro": "用健康的鸡肉做成", "pic": "http://img4.imgtn.bdimg.com/it/u=1435961274,3103339310&fm=21&gp=0.jpg", "price": 20, "shop_id": 1, "type_id": 1, "recommand": 0 }]		

表 9-12　购买接口

功能说明	购买接口		
URL 地址	http://ip:port/foodService/insertOrder.do		
参数列表			
参数名称	**是否必须**	**类型**	**描述**
user_id	是	int	用户 ID
food_id	是	int	食物 ID
num	是	int	购买数量
sum	是	double	购买总额
suggesttime	是	string	建议送货时间
请求示例	http://ip:port/foodService/ insertOrder.do?user_id=1&food_id=3&num=2&sum=34.2& suggesttime=11:00-11:30		
返回参数	JSON 格式		
参数说明	success:如果是"0"，则表示购买失败；如果是"1"，则表示购买成功		
返回示例	{"success": "1"}		

表 9-13　获取店铺详情接口

功能说明	获取店铺详情接口		
URL 地址	http://ip:port/foodService/getShopById.do		
参数列表			
参数名称	**是否必须**	**类型**	**描述**
shop_id	是	int	店铺 ID
请求示例	http://ip:port/foodService/getShopById.do?shop_id=1		
返回参数	JSON 格式		
参数说明	同表 9-10 获取所有店铺信息接口		

续表

返回示例	{
	"shop_id": 1,
	"shopname": "满口香川菜 2",
	"address": "东软食堂三期",
	"phonenum": "12345678901",
	"intro": "地道的川菜",
	"pic": "http://img3.redocn.com/tupian/20141126/xiangxiwaipocai_3613936.jpg",
	"comment": null,
	"level": 5
	}

表 9-14　获取菜谱详情接口

功能说明	获取菜谱详情接口		
URL 地址	http://ip:port/foodService/getFoodById.do		
参数列表			
参数名称	**是否必须**	**类型**	**描述**
food_id	是	int	菜谱 ID
请求示例	http://ip:port/foodService/getFoodById.do?food_id=2		
返回参数	JSON 格式		
参数说明	同表 9-11 获取当前店铺的所有菜单信息接口		

返回示例	{
	"food_id": 2,
	"foodname": "口水鸡",
	"intro": "用健康的鸡肉做成",
	"pic": "http://img4.imgtn.bdimg.com/it/u=1435961274,3103339310&fm=21&gp=0.jpg",
	"price": 20,
	"shop_id": 1,
	"type_id": 1,
	"recommand": 0
	}		

表 9-15　获取菜谱评价列表接口

功能说明	获取菜谱评价列表接口		
URL 地址	http://ip:port/foodService/getAllUserFoodOrder.do		
参数列表			
参数名称	**是否必须**	**类型**	**描述**
food_id	是	int	菜谱 ID
请求示例	http://ip:port/foodService/getAllUserFoodOrder.do? food_id =1		
返回参数	JSON 数组格式		

续表

返回参数	order_id:订单 ID user_id:下单用户 ID food_id:菜谱 ID username:下单用户名称 foodname:菜谱名称 num:购买数量 sum:总价格 suggesttime:建议送货时间 ordertime:下单时间 shopname:店铺名称 shopaddress:店铺地址 price:菜谱价格 content:评论内容 comment_time:评论时间

返回示例	[
	{
	"order_id": 1,
	"user_id": 1,
	"food_id": 1,
	"username": "lnn",
	"foodname": "酸菜鱼",
	"num": 1,
	"sum": 23,
	"suggesttime": null,
	"ordertime": "2016-04-09 00:00:00.0",
	"shopname": "满口香川菜",
	"shopaddress": "中国大连",
	"price": 23,
	"content": "sichuang",
	"comment_time": "2016-04-10"
	}
	]

表 9-16　获取当前用户的所有收藏信息接口

功能说明	获取当前用户的所有收藏信息接口		
URL 地址	http://ip:port/foodService/getAllUserCollection.do		
参数列表			
参数名称	**是否必须**	**类型**	**描述**
user_id	是	int	当前用户 ID

续表

Flag	是	int	收藏标识：店铺-0；菜谱-1
请求示例	http://ip:port/foodService/getAllUserCollection.do?user_id=1&flag=0		
返回参数	JSON 数组格式		
返回参数	user_id:当前用户 ID food_id:收藏菜谱 ID shop_id:收藏店铺 ID collect_id:收藏 ID username:下单用户名称 foodname:菜谱名称 shopname:店铺名称 flag:标识收藏的是店铺（0）还是菜谱（1） pic:店铺或菜谱图片 price:菜谱价格 address:店铺地址		

返回示例	[
	{
	"user_id": 1,
	"food_id": 0,
	"shop_id": 2,
	"collect_id": 35,
	"username": "lnn",
	"foodname": null,
	"shopname": "东北一家人",
	"flag": 0,
	"pic": "http://picapi.ooopic.com/01/43/03/11b1OOOPIC53.jpg",
	"price": 0,
	"address": "东软食堂三期"
	},
	{
	"user_id": 1,
	"food_id": 0,
	"shop_id": 6,
	"collect_id": 37,
	"username": "lnn",
	"foodname": null,
	"shopname": "丸子铺",
	"flag": 0,
	"pic": "http://pic24.nipic.com/20121015/9095554_135805004000_2.jpg",
	"price": 0,
	"address": "东软三期食堂"
	}
	]		

表 9-17　收藏/取消收藏店铺接口

功能说明	收藏/取消收藏店铺接口		
URL 地址	http://ip:port/foodService/userCollectShop.do		
参数列表			
参数名称	**是否必须**	**类型**	**描述**
user_id	是	int	当前用户 ID
shop_id	是	int	店铺 ID
请求示例	http://ip:port/foodService/userCollectShop.do?user_id=1&shop_id=1		
返回参数	JSON 格式		
参数说明	success:如果是"0"，则表示收藏店铺失败；如果是"1"，则收藏店铺成功		
返回示例	{"success": "1"}		

表 9-18　收藏/取消收藏菜谱接口

功能说明	收藏/取消收藏菜谱接口		
URL 地址	http://ip:port/foodService/userCollectFood.do		
参数列表			
参数名称	**是否必须**	**类型**	**描述**
user_id	是	int	当前用户 ID
food_id	是	int	菜谱 ID
请求示例	http://ip:port/foodService/userCollectFood.do?user_id=1&food_id=1		
返回参数	JSON 格式		
参数说明	success:如果是"0"，则表示收藏菜谱失败；如果是"1"，则收藏菜谱成功		
返回示例	{"success": "1"}		

表 9-19　判断是否收藏接口

功能说明	判断是否收藏接口		
URL 地址	http://ip:port/foodService/isCollected.do		
参数列表			
参数名称	**是否必须**	**类型**	**描述**
user_id	是	int	当前用户 ID
shop_food_id	是	int	店铺或菜谱 ID
flag	是	int	收藏标识：店铺-0；菜谱-1
请求示例	http://ip:port/foodService/isCollected.do?user_id=1&shop_food_id=3&flag=1		
返回参数	JSON 格式		
参数说明	collected:如果是"0"，则表示未收藏；如果是"1"，则已收藏		
返回示例	{"collected": "1"}		

表 9-20　搜索菜谱/口味接口

功能说明	搜索菜谱/口味接口		
URL 地址	http://ip:port/foodService/getFoodBySearch.do		
参数列表			
参数名称	**是否必须**	**类型**	**描述**
search	是	string	搜索内容
请求示例	http://ip:port/foodService/ getFoodBySearch.do?search=fish		
返回参数	JSON 数组格式		
参数说明	同表 9-11 获取当前店铺的所有菜单信息接口		
返回示例	同表 9-11 获取当前店铺的所有菜单信息接口		

表 9-21　修改用户信息接口

功能说明	修改用户信息接口		
URL 地址	http://ip:port/foodService/updateUserById.do		
参数列表			
参数名称	**是否必须**	**类型**	**描述**
user_id	是	int	注册用户 ID
username	是	string	注册用户名称
userpass	是	string	注册用户密码
mobilenum	是	string	注册用户电话号码
address	是	string	注册用户地址（送餐地址）
请求示例	http://ip:port/foodService/userLogin.do?user_id=1&username=lnn&userpass=11& mobilenum = 13476543211 &address=大连		
返回参数	JSON 格式		
参数说明	success:如果是"0"，则表示修改失败；如果是"1"，则修改成功		
返回示例	{"success": "1"}		

表 9-22　获取当前用户所有订单信息接口

功能说明	获取当前用户所有订单接口		
URL 地址	http://ip:port/foodService/getAllUserOrder.do		
参数列表			
参数名称	**是否必须**	**类型**	**描述**
user_id	是	int	当前用户 ID
请求示例	http://ip:port/foodService/getAllUserOrder.do?user_id=1		
返回参数	JSON 数组格式		
参数说明	同表 9-15 获取菜谱评价列表接口		
返回示例	同表 9-15 获取菜谱评价列表接口		

表 9-23　获取当前用户所有评论信息接口

功能说明	获取当前用户所有评论接口		
URL 地址	http://ip:port/foodService/getAllUserComment.do		
参数列表			
参数名称	**是否必须**	**类型**	**描述**
user_id	是	int	当前用户 ID
请求示例	http://ip:port/foodService/getAllUserComment.do?user_id=1		
返回参数	JSON 数组格式		
参数说明	同表 9-15 获取菜谱评价列表接口		
返回示例	同表 9-15 获取菜谱评价列表接口		

表 9-24　增加评论信息接口

功能说明	增加评论接口		
URL 地址	http://ip:port/foodService/insertComment.do		
参数列表			
参数名称	**是否必须**	**类型**	**描述**
order_id	是	int	订单 ID
content	是	String	评论内容
请求示例	http://ip:port/foodService/insertComment.do?order_id=1&content=很好		
返回参数	JSON 格式		
参数说明	success:如果是"0"，则表示评论失败；如果是"1"，则评论成功		
返回示例	{"success": "1"}		

表 9-25　修改评论信息接口

功能说明	修改评论接口		
URL 地址	http://ip:port/foodService/updateComment.do		
参数列表			
参数名称	**是否必须**	**类型**	**描述**
order_id	是	int	订单 ID
content	是	String	评论内容
请求示例	http://ip:port/foodService/ updateComment.do?order_id=1&content=很好		
返回参数	JSON 格式		
参数说明	success:如果是"0"，则表示评论修改失败；如果是"1"，则评论修改成功		
返回示例	{"success": "1"}		

表 9-26　删除评论信息接口

功能说明	删除评论接口		
URL 地址	http://ip:port/foodService/deleteComment.do		
参数列表			
参数名称	**是否必须**	**类型**	**描述**
order_id	是	int	订单 ID

续表

请求示例	http://ip:port/foodService/deleteComment.do?order_id=1
返回参数	JSON 格式
参数说明	success:如果是"0"，则表示评论删除失败；如果是"1"，则评论删除成功
返回示例	{"success": "1"}

9.3 客户端设计

根据本应用项目的功能规划出客户端需要的用户界面数量、功能和跳转关系，将主要功能规划为以下几个模块，如表 9-27 所示。

表 9-27 客户端概要设计表

客户器端模块	简要说明
登录功能	用户进行登录方可进入主界面浏览、订餐等
注册功能	没有账号的用户，可以进行注册
店铺列表功能	登录后，用户可以浏览所有店铺信息
菜谱列表模块	通过店铺，可以查看相关的菜谱信息
用户购买功能	在菜谱信息页，可以进行购买操作
用户收藏功能	对于喜欢的店铺或菜谱，可以进行收藏
个人信息设置功能	用户可以对自身信息进行修改操作

根据每个界面的需要，准备相关的素材：文字、图片、颜色、动画等效果。随后，根据以上各个模块功能进行开发工作。

9.4 客户端开发

根据上述分析，整个项目可以分为 3 个 Activity 类，对应于登录、注册和校园订餐功能。其中最后的校园订餐，包括若干个 Fragment 类（仿微信效果）。而无论是 Activity 类还是 Fragment 类，其中的主要操作无非都是联网，然后根据网络上传输过来的 JSON 数据或图片进行解析或显示。因此，为了避免大量重复的代码，本项目引入了 4 个基类：BaseActivity 类、BaseFragment 类、FoodBaseAdapter 类和 FoodApplication 类，将其中大量重复的代码进行了封装。另外，借助于 FoodApplication 类完成 Volley 的 RequestQueue 初始化。

1. BaseActivity 类

BaseActivity 类的内容如下所示：

```
public class BaseActivity extends Activity{
    private ProgressDialog progressDialog;
    protected Context context;
    private FoodApplication app;
    public RequestQueue requestQueue = null;
    @Override
```

```
protected void onCreate(Bundle savedInstanceState) {
    super.onCreate(savedInstanceState);
    init(this);
}
protected void init(Context context)
{
    this.context=context;
    app=(FoodApplication)getApplication();
    requestQueue=app.requestQueue;
}
@Override
public void startActivity(Intent intent) {
    super.startActivity(intent);
    overridePendingTransition(R.anim.push_left_in, R.anim.push_left_out);
}
@Override
public void startActivityForResult(Intent intent, int requestCode) {
    super.startActivityForResult(intent, requestCode);
    overridePendingTransition(R.anim.push_left_in, R.anim.push_left_out);
}
@Override
public boolean onKeyDown(int keyCode, KeyEvent event) {
    if (keyCode == KeyEvent.KEYCODE_BACK) {
        this.finish();
        overridePendingTransition(R.anim.push_right_in,
                R.anim.push_right_out);
    }
    return super.onKeyDown(keyCode, event);
}
/**
 * 利用 Volley 获取 String 数据，格式为 JSON 形式
 */
public void getJSONByVolley(String url,JSONObject params) {
    JsonObjectRequest jsonObjectRequest = new JsonObjectRequest(
            Request.Method.POST,
            url,
            params,
            new Response.Listener<JSONObject>() {
                @Override
                public void onResponse(JSONObject response) {
```

```
                        setJSONDataToView(response);
                    }
                },
                new Response.ErrorListener() {
                    @Override
                    public void onErrorResponse(VolleyError arg0) {
                        getNetError();
                    }
                });
        requestQueue.add(jsonObjectRequest);
    }
    protected void setJSONDataToView(JSONObject data) {
    }
    public void getToast(String text) {
        Toast.makeText(context, text, Toast.LENGTH_SHORT).show();
    }
    public void getNetError() {
        getToast("亲~网络连接失败！");
    }
}
```

上述代码完成了常用变量的初始化，并通过 getJSONByVolley 方法获取网络数据，然后通过 setJSONDataToView 方法进行数据显示。所以继承了该类的所有子类，重点完成以下两件事情（随后以登录为例进行实现）：

（1）重载 init()方法，实现界面操作的初始化和事件监听等操作；

（2）根据需要请求的 URL 地址，调用 getJSONByVolley 方法，然后重载父类的 setJSONDataToView，将其中的 data 参数显示到当前页面中。

2．BaseFragment 类

同样地，BaseFragment 类的内容也类似，其作用是将通用的代码提出，包括初始化方法、JSON 和 JSON 数组数据的获取和显示方法、用户信息的读取以及 Fragment 之间的切换方法（changeFragment()方法）。另外，BaseFragment 类增加了一个图片加载方法（loadImageByVolley()方法），将 imgurl 参数中的图片进行加载，显示在 imgView 控件中。具体代码如下：

```
public abstract class BaseFragment extends Fragment {
    protected int user_id;
    protected String username;
    private ProgressDialog progressDialog;
    protected RequestQueue requestQueue = null;
    protected Context context;
    protected abstract View init(LayoutInflater inflater, ViewGroup container,
                                 Bundle savedInstanceState);
    protected void setJSONDataToView(String url,JSONObject data) {
```

```
    }
    protected void setJSONArrayToView(JSONArray data) {
    }
    @Override
    public View onCreateView(LayoutInflater inflater, ViewGroup container, Bundle savedInstanceState) {
        SharedPreferences preferences = getActivity().getSharedPreferences("userInfo",
                Activity.MODE_PRIVATE);
        user_id = preferences.getInt("user_id",0) ;
        username = preferences.getString("username", "");
        FoodApplication app=(FoodApplication)getActivity().getApplication();
        requestQueue=app.requestQueue;
        context = this.getActivity();
        View v = init(inflater, container, savedInstanceState);
        return v;
    }
    public void getJSONByVolley(String url) {
    ......
    }
    public void getJSONByVolley(String url,JSONObject params) {
    ......
    }
    public void getJSONArrayByVolley(String url) {
    ......
    }
    public void loadImageByVolley(String imgurl,ImageView imgView){
        final LruCache<String, Bitmap> lruCache = new LruCache<String, Bitmap>(20);
        ImageLoader.ImageCache imageCache = new ImageLoader.ImageCache() {
            @Override
            public void putBitmap(String key, Bitmap value) {
                lruCache.put(key, value);
            }
            @Override
            public Bitmap getBitmap(String key) {
                return lruCache.get(key);
            }
        };
        ImageLoader imageLoader = new ImageLoader(requestQueue, imageCache);
        ImageLoader.ImageListener listener = ImageLoader.getImageListener(imgView, R.drawable.error,
R.drawable.error);
        imageLoader.get(imgurl, listener);
```

```
    }
    public void changeFrament(Fragment fragment, Bundle bundle, String tag) {

        FragmentManager fgManager = ((MainActivity) context).getFragmentManager();
        for (int i = 0, count = fgManager.getBackStackEntryCount(); i < count; i++) {
            fgManager.popBackStack();
        }
        FragmentTransaction fg = fgManager.beginTransaction();
        fragment.setArguments(bundle);
        fg.add(R.id.fragmentRoot, fragment, tag);
        fg.addToBackStack(tag);
        fg.commit();
    }
……
}
```

3．FoodBaseAdapter 类

该类的作用是让 ListView 的各个适配器减少网络部分操作的重复代码。它继承于 BaseAdapter 类，因此需要实现 getCount()、getItem()、getItemId()和 getView() 4 个方法。另外，在该类中增加了网络 JSON 数据获取和显示方法、网络图片获取后加载到 ImageView 控件的方法、Fragment 之间的切换方法等。结构如下：

```
public class FoodBaseAdapter extends BaseAdapter{
    protected RequestQueue requestQueue = null;
    protected Context context;
    private FoodApplication app;
    public FoodBaseAdapter(Context context)
    {
        this.context=context;
        app=(FoodApplication)((MainActivity)context).getApplication();
        requestQueue=app.requestQueue;
    }
    @Override
    public int getCount() {
        return 0;
    }
    @Override
    public Object getItem(int position) {
        return null;
    }
    @Override
    public long getItemId(int position) {
```

```
            return 0;
        }
        @Override
        public View getView(int position, View convertView, ViewGroup parent) {
            return null;
        }
        public void loadImageByVolley(String imgurl,ImageView imgView){
         ......
        }
        public void changeFrament(Fragment fragment, Bundle bundle, String tag) {
         ......
        }
        public void getJSONByVolley(String url) {
         ......
        }
        public void getJSONByVolley(String url,JSONObject params) {
        ......
        }
        protected void setJSONDataToView(String url,JSONObject data) {
        }
......
}
```

4．FoodApplication 类

Application 和 Activity、Service 一样是 Android 框架的一个系统组件，当 Android 程序启动时系统会创建一个 Application 对象，用来存储系统的一些信息。Android 系统自动会为每个运行的应用程序创建唯一一个 Application 类的对象，所以 Application 可以说是单例（singleton）模式的一个类。

Application 对象的生命周期是整个程序中最长的，它的生命周期就等于这个程序的生命周期。因为它是全局的、单例的，在不同的组件中获得的对象都是同一个对象，所以可以通过 Application 来进行一些如：数据传递、数据共享和数据缓存等操作。通常，在 Android 中，通过继承 Application 类来实现应用程序级的全局变量，这种全局变量方法相对于静态类更有保障，直到应用的所有 Activity 全部被销毁掉之后才会被释放掉。

在上述几个类中，涉及使用 Volley 获取网络资源时，都需要 RequestQueue 对象的获取。因此借鉴于 Application 类的特点，进行 RequestQueue 对象的数据定义。其内容如下：

```
public class FoodApplication extends Application{
    public RequestQueue requestQueue = null;
    @Override
    public void onCreate() {
        super.onCreate();
        requestQueue = Volley.newRequestQueue(this.getApplicationContext());
```

```
    }
}
```

由此可见，是在 Application 类中定义了一个变量，进行全局访问。下面是在其他组件中初始化 RequestQueue 对象的代码：

```
FoodApplication app=(FoodApplication)getActivity().getApplication();
        requestQueue=app.requestQueue;
```

另外，在 Manifest 文件中需要有以下声明：

```
<application
    android:name=".FoodApplication"
    android:allowBackup="true"
    android:icon="@drawable/tubiao"
    android:label="@string/app_name"
    android:supportsRtl="true"
    android:theme="@style/AppTheme" >
    ……
</application>
```

9.4.1 登录和注册

程序启动后，首先进入登录页面，从而保证在整个使用过程中，用户处于登录状态。如果是首次使用，可以进行注册。如图 9-5 所示为登录和注册的界面效果。

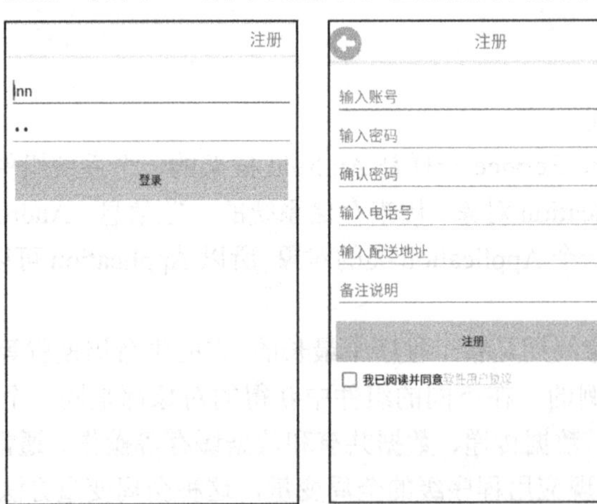

图 9-5　登录和注册效果图

图 9-5 所示的两个页面都是继承了 BaseActivity 的子类，因此在登录页面中：

（1）首先需要完成 init()方法的一系列初始化，尤其是注册和登录按钮的事件监听。其中注册实现 Intent 跳转；登录过程中，需要调用 getJSONByVolley 方法，向服务器端发送用户登录验证请求。

```
btn_reg.setOnClickListener(new View.OnClickListener() {
    @Override
    public void onClick(View v) {
```

```
            Intent intent = new Intent();
            intent.setClass(LoginActivity.this, RegisterActivity.class);
            startActivity(intent);
        }
});
btn_login.setOnClickListener(new View.OnClickListener() {
    @Override
    public void onClick(View v) {
        String username = zhanghao.getText().toString();
        String password = mima.getText().toString();
        if (zhanghao.length() > 0 & mima.length() > 0) {
            String params = "?username=" + username + "&userpass=" + password;
            getJSONByVolley(Contants.BASEURL + "userLogin.do" + params,null);
        } else {
            getToast("用户名和密码不能为空");
        }
    }
});
```

（2）针对上述的 getJSONByVolley 方法，需要根据结果进行处理，因此需要重载下面的方法，从服务器获取 JSON 数据后进行处理。登录过程，服务器会返回当前用户的有效 userid；如果返回 0，则意味着该用户不存在，即登录失败。因此针对这一规则，在下面的代码中解析出 userid 的值，如果合法，则进入主页面；否则提示错误。

```
@Override
protected void setJSONDataToView(JSONObject response) {
    try {
        if (!"0".equals(response.getString("userid"))) {
            Intent intent = new Intent();
            intent.setClass(LoginActivity.this, MainActivity.class);
            startActivity(intent);
            LoginActivity.this.finish();
            saveUser(response.getString("userid"));
        } else
        getToast("用户名和密码不正确");
    } catch (JSONException e) {
    }
}
```

（3）另外，用户在成功登录后，需要保存当前用户名，从而保证在后面的操作中可以直接获取。

```
public void saveUser(String user_id)
{
```

```
    SharedPreferences sharedPreferences = getSharedPreferences("userInfo", Context.MODE_PRIVATE);
    SharedPreferences.Editor editor = sharedPreferences.edit();//获取编辑器
    editor.putString("username", zhanghao.getText().toString());
    int userid=Integer.parseInt(user_id);
    editor.putInt("user_id", userid);
    editor.commit();//提交修改
}
```

【案例延伸】为了获得更好的用户体验，可以在登录界面增加“记住我”选项，然后用户在成功登录一次以后，可以自动记住用户名和密码，减少每次输入的麻烦。

注册页面和登录页面类似，主要是通过 getJSONByVolley 方法，提交注册数据，发送请求，然后重载 setJSONDataToView 方法，处理返回结果：提示注册成功或失败原因。代码不在书中给出，可登录 www.hxedu.com.cn 下载使用。

9.4.2　店铺和菜谱列表

登录成功后，进入主界面。其界面模仿当前流行的微信效果，分为首页、收藏、搜索和我 4 个 Fragment。首页中，会列出所有店铺的列表，单击某项后，则可以进入食物菜谱列表。效果如图 9-6 所示。

图 9-6　店铺和菜谱列表

图 9-6 所示的两个列表是采用传统的 ListView 实现的。然后，通过自定义的 Adapter 类，将服务器端返回的 JSON 数据通过适配器进行装载和显示。本节以店铺列表为例，讲解适配器类的实现过程。

由于自定义 Adapter 类的写法都比较类似，因此本项目中引入了一个基类：FoodBaseAdapter 类，其作用与之前提及的 BaseActivity 和 BaseFragment 类似，和 BaseFragment 中的方法几乎一致，书中不再详细给出。

实现店铺列表的过程如下：

（1）在首页对应的 Fragment 类中，进行数据的获取和 ListView 的定义等工作。由于继承了 BaseFragment 类，代码大大简化。只剩下 init 和 setJSONArrayToView 方法，分别用于初始化和处理服务器返回 JSON 数组结果。

```
public class ShopListFragment extends BaseFragment {
    private ListView list;
    List<Shop> shops;
    protected View init(LayoutInflater inflater, ViewGroup container,
                        Bundle savedInstanceState)
    {
        View view = inflater.inflate(R.layout.shop_list, container, false);
        list=(ListView)view.findViewById(R.id.listView1);
        shops=new ArrayList<Shop>();
        list.setOnItemClickListener(new AdapterView.OnItemClickListener() {
            @Override
            public void onItemClick(AdapterView<?> arg0, View arg1, int arg2,
                                    long arg3) {
                int shop_id = shops.get(arg2).getShop_id();
                String shopname = shops.get(arg2).getShopname();
                Bundle bundle = new Bundle();
                bundle.putInt("shop_id", shop_id);
                bundle.putString("shopname", shopname);
                bundle.putInt("flag", 1);//标记返回
                FoodListFragment foodListFragment = new FoodListFragment();
                changeFrament(foodListFragment, bundle, "foodListFragment");
            }
        });
        String url = Contants.BASEURL+"getAllShops.do";
        getJSONArrayByVolley(url);
        return view;
    }
    protected void setJSONArrayToView(JSONArray data) {
        Gson gson=new Gson();
        shops= gson.fromJson(data.toString(),new TypeToken<List<Shop>>(){}.getType());
        ShopAdapter adapter = new ShopAdapter(this.getActivity(), shops);
        list.setAdapter(adapter);
    }
}
```

（2）准备布局文件 shop_item.xml。布局如图 9-7 所示。

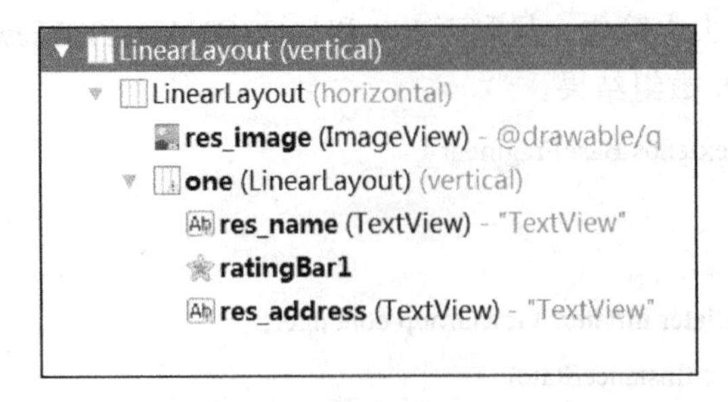

图 9-7　店铺列表子项布局

（3）上述代码在 setJSONArrayToView 方法中获取服务器数据后，通过自定义的 Shop Adapter 类，将 ListView 的内容填充完成。而 ShopAdapter 继承于 FoodBaseAdapter 类，可以借助于 FoodBaseAdapter 中的方法（loadImageByVolley()方法）获取网络资源。ShopAdapter 中的关键代码如下：

```
public class ShopAdapter extends FoodBaseAdapter{
    private List<Shop> listItems;
    private LayoutInflater inflater;
    private Context context;
    public ShopAdapter(Context context, List<Shop> data) {
        super(context);
        this.inflater = LayoutInflater.from(context);
        this.listItems=data;
    }
//省略 getCount(),getItem(),getItemId()等方法
......
    @Override
    public View getView(int position, View convertView, ViewGroup parent) {
      final Holder holder;
      final Shop shop = listItems.get(position);
      if (convertView == null) {
          holder = new Holder();
          convertView = inflater.inflate(R.layout.shop_item, null);
          holder.res_name= (TextView) convertView.findViewById(R.id.res_name);
          holder.res_bar = (RatingBar) convertView.findViewById(R.id.ratingBar1);
          holder.image = (ImageView) convertView.findViewById(R.id.res_image);
          holder.res_address = (TextView) convertView.findViewById(R.id.res_address);
          convertView.setTag(holder);
      } else {
          holder = (Holder) convertView.getTag();}
          holder.res_name.setText((listItems.get(position).getShopname()));
          holder.res_bar.setRating((listItems.get(position).getLevel()));
```

```
            holder.res_address.setText((listItems.get(position).getAddress()));
            // 给 ImageView 设置一个 tag
            holder.image.setTag(listItems.get(position).getPic());
            // 预设一个图片
            holder.image.setImageResource(R.drawable.error);
            // 通过 tag 来防止图片错位
            if (holder.image.getTag() != null && holder.image.getTag().equals(listItems.get(position).getPic())
&&!listItems.get(position).getPic().equals("")) {
                loadImageByVolley(holder.image.getTag().toString(), holder.image);
            }
        return convertView;
    }
    class Holder {
        RatingBar res_bar;
        TextView res_name,res_address;
        ImageView image;
    }
}
```

上述代码中的 listItems 变量装载了服务器获取的所有店铺信息，通过 getView 方法，将其中的内容逐项加载到 ListView 的每一项中，并根据图片地址获取相关的图片，加载到对应的 ImageView 控件中。

模仿上述代码，完成菜谱信息的列表显示。但是在菜谱列表中，引入了收藏的获取和更改。实现步骤如下：

（1）在 init 方法中进行是否收藏的调用：

```
//判断当前是否已经收藏
getJSONByVolley(Contants.BASEURL + "isCollected.do?flag=0&shop_food_id=" + shop_id + "&user_id=" +
user_id);
```

（2）对服务器返回 JSON 进行处理，代码如下：

```
@Override
protected void setJSONDataToView(String url,JSONObject data) {
   //读取收藏信息
if(url.contains("isCollected")) {
        try {
            String collected = data.getString("collected");
            if("1".equals(collected)) {
                btn_collect.setBackgroundResource(R.drawable.xihuanhou);
                collect_flag=true;
            }
            else {
                btn_collect.setBackgroundResource(R.drawable.xihuan);
```

```
                collect_flag=false;
            }
        }catch (JSONException e)
        {
        }
    }else if(url.contains("userCollectShop"))//修改收藏状态
    {
        if(collect_flag)
            getToast("店铺收藏成功！");
        else
            getToast("店铺取消收藏！");
    }
    else//读取店铺信息
    {
        Gson gson=new Gson();
        shop=gson.fromJson(data.toString(), Shop.class);
    }
}
```

由上述代码可以看出，本类中进行了 3 次服务器 JSON 数据请求：读取收藏信息、修改收藏状态和读取店铺信息。因此需要根据请求的地址，分别进行处理。

（3）收藏按钮的事件监听代码：发送修改收藏请求，然后更改收藏按钮的背景色。

```
btn_collect.setOnClickListener(new View.OnClickListener() {
    @Override
    public void onClick(View v) {
        String url = Contants.BASEURL + "userCollectShop.do?user_id=" + user_id + "&shop_id=" + shop_id;
        getJSONByVolley(url);
        collect_flag = !collect_flag;
        if (collect_flag)
            btn_collect.setBackgroundResource(R.drawable.xihuanhou);
        else
            btn_collect.setBackgroundResource(R.drawable.xihuan);
    }
});
```

【知识延伸】本案例采用的是传统的 ListView 控件显示店铺和菜谱列表信息，可以通过 RecyclerView 对其进行改善。

9.4.3 菜谱详情和购买

实现了上述的食物菜谱列表以后，单击其中的某项，则进入菜谱详情，其中包括返回、一键电话、收藏和购买功能。另外，也包括菜品评价列表信息。实现效果如图 9-8 所示。

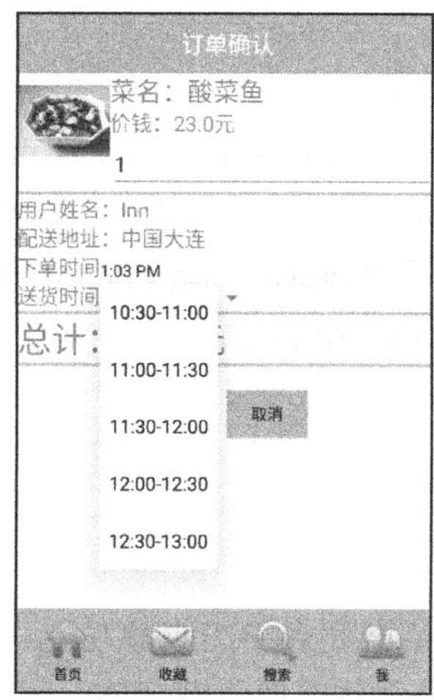

图 9-8 菜谱详情和购买界面

（1）返回功能实现：返回的本质就是 Fragment 的切换。但是由于菜品详情可能由“首页”、“收藏”和“搜索”3 个模块进入，因此返回时，需要在进入该页面时传递 flag 参数，以便标识返回页面。

```
btn_back.setOnClickListener(new View.OnClickListener() {
    @Override
    public void onClick(View v) {
        if(0==getArguments().getInt("flag"))//返回菜单列表
        {
            Bundle bundle = new Bundle();
            bundle.putInt("shop_id", shop_id);
            bundle.putString("shopname", shopname);
            FoodListFragment foodListFragment = new FoodListFragment();
            changeFragment(foodListFragment, bundle, "foodListFragment");
        }else if(1==getArguments().getInt("flag"))//返回收藏
        {
            CollectFragment collectFragment = new CollectFragment();
            changeFragment(collectFragment, null, "collectFragment");
        }else//返回搜索
        {
            SearchFragment searchFragment=new SearchFragment();
            changeFragment(searchFragment,null,"searchFragment");
        }
    }
});
```

（2）一键电话功能：代码如下，其中 phonenum 变量中存储的是当前店铺的电话号码。

```
btn_call.setOnClickListener(new View.OnClickListener() {
```

```
    @Override
    public void onClick(View v) {
        Uri uri = Uri.parse("tel:" + phonenum);
        Intentintent=newIntent(Intent.ACTION_VIEW, uri);if(getActivity().checkSelfPermission(Manifest.
permission.CALL_PHONE) != PackageManager.PERMISSION_GRANTED) {
            getActivity().startActivity(intent);
            return;
        }
    }
});
```

（3）收藏功能模仿菜谱列表中的收藏功能，只是此处收藏的是菜谱，而菜谱列表中收藏的是店铺。因此，同样首先需要获取收藏状态，然后在收藏按钮中增加事件监听，修改收藏状态。代码略。

（4）购买。跳转到下一个 Fragment，如图 9-8 所示。

```
btn_buy.setOnClickListener(new View.OnClickListener() {
    @Override
    public void onClick(View v) {
        Bundle bundle = new Bundle();
        bundle.putInt("food_id", food_id);
        OrderFragment orderFragment = new OrderFragment();
        changeFragment(orderFragment, bundle, "orderFragment");
    }
});
```

（5）进入订单页面后，首先需要根据购买的 food_id 获取菜谱的相关信息；随后根据当前用户的 userid，获取用户的详细信息；最后将这些信息显示到对应的控件上即可。

发送请求：

```
food_id=getArguments().getInt("food_id");
getJSONByVolley(Contants.BASEURL + "getFoodById.do?food_id=" + food_id);
getJSONByVolley(Contants.BASEURL + "getUserById.do?user_id=" + user_id);
```

处理结果：

```
protected void setJSONDataToView(String url, JSONObject data) {
    Gson gson=new Gson();
    if(url.contains("getFoodById")) {
            food=gson.fromJson(data.toString(),Food.class);
        tv_foodname.setText("菜名："+food.getFoodname());
        tv_foodprice.setText("价钱："+food.getPrice()+"元");
        if(food.getPic()!=null&&!"".equals(food.getPic())){
            loadImageByVolley(food.getPic(), iv_foodpic);
        }
        String num=et_num.getText().toString();
```

```
        int inum=Integer.parseInt(num);
        price_sum=food.getPrice()*inum;
        tv_result.setText("总计："+price_sum+"元");
    }else if(url.contains("getUserById")){
        user=gson.fromJson(data.toString(),User.class);
        tv_username.setText("用户姓名："+user.getUsername());
        tv_useraddress.setText("配送地址："+user.getAddress());
    }
……}
```

（6）购买数量修改，总价格则进行变动，代码如下：

```
et_num.addTextChangedListener(new TextWatcher() {
    @Override
    public void beforeTextChanged(CharSequence s, int start, int count, int after) {
    }
    @Override
    public void onTextChanged(CharSequence s, int start, int before, int count) {
        if(count>0)
        {
            String num=et_num.getText().toString();
            int inum=Integer.parseInt(num);
            price_sum=food.getPrice()*inum;
            tv_result.setText("总计："+price_sum+"元");
        }
    }
    @Override
    public void afterTextChanged(Editable s) {
    }
});
```

（7）最后结合之前章节，完成 Spinner 内容的填充代码以及“确定”按钮的实现。代码略。

9.4.4 收藏

收藏界面如图 9-9 所示。

收藏模块的代码比较简单。根据“店铺”或“菜谱”两个 RadioButton 进行收藏的类型选择，获取相关的数据即可。因此，核心代码是针对于店铺和菜谱两个单选按钮进行事件处理，代码如下：

```
ra_shop_bt.setOnClickListener(new View.OnClickListener() {
    @Override
    public void onClick(View v) {
        ra_shop_bt.setBackgroundResource(R.color.colorMain);
        ra_food_bt.setBackgroundResource(R.color.gray);
```

```
            shops = new ArrayList<Shop>();
            flag=0;
            String params="?user_id=" + user_id+"&flag="+flag;
            getJSONArrayByVolley( Contants.BASEURL + "getAllUserCollection.do"+params);
        }
    });
    ra_food_bt.setOnClickListener(new View.OnClickListener() {
        @Override
        public void onClick(View v) {
            ra_food_bt.setBackgroundResource(R.color.colorMain);
            ra_shop_bt.setBackgroundResource(R.color.gray);
            flag=1;
            String params="?user_id=" + user_id+"&flag="+flag;
            getJSONArrayByVolley(Contants.BASEURL + "getAllUserCollection.do"+params);
        }
    });
```

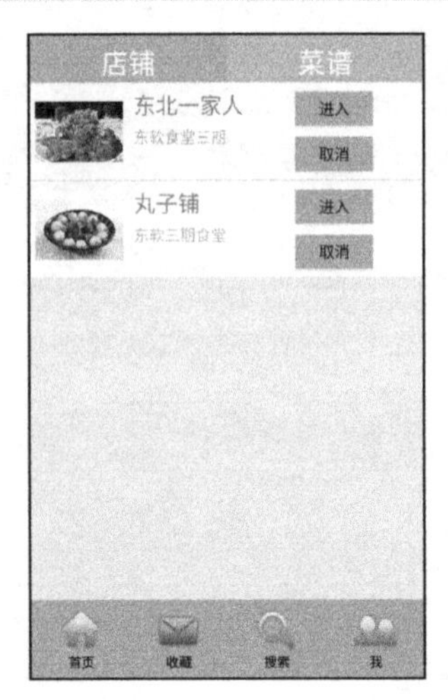

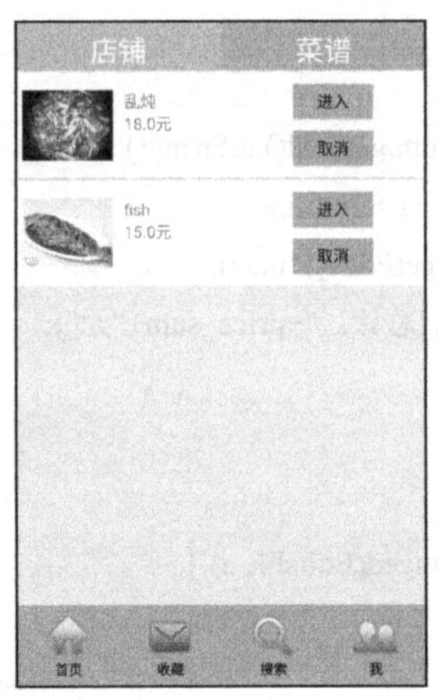

图 9-9　收藏界面

处理结果：

```
protected void setJSONArrayToView(JSONArray data) {
    Gson gson=new Gson();
    if(flag==0)
    {
        shops= gson.fromJson(data.toString(),new TypeToken<List<Shop>>(){}.getType());
        CollectShopAdapter adapter=new CollectShopAdapter(this.getActivity(),shops,user_id);
        list.setAdapter(adapter);
    }
    else
```

```
  {
      foods= gson.fromJson(data.toString(),new TypeToken<List<Food>>(){}.getType());
      CollectFoodAdapter adapter=new CollectFoodAdapter(this.getActivity(), foods,user_id);
      list.setAdapter(adapter);
  }
}
```

9.4.5 搜索

该模块根据 EditText 控件中的内容，通过 Button 按钮触发搜索事件，然后将获取的结果显示于 ListView 控件中。搜索界面效果如图 9-10 所示。

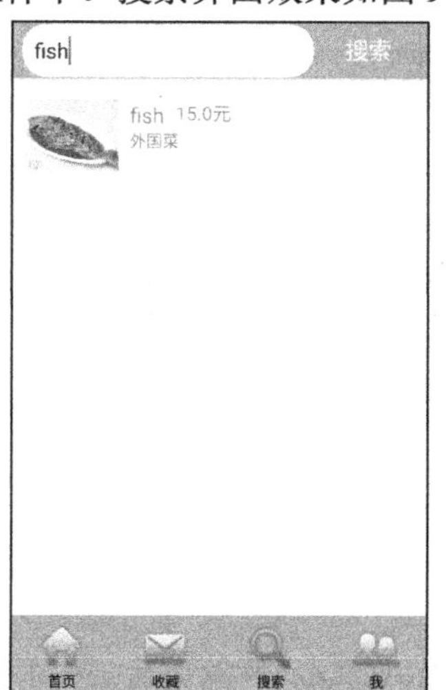

图 9-10　搜索界面效果

（1）初始化各控件，并为 ListView 和 Button 增加事件监听。

```
public class SearchFragment extends BaseFragment {
    private ListView list;
    List<Food> foods;
    private Button btn_search;
    private EditText et_search;
    private int food_id;
    Shop shop;
    protected View init(LayoutInflater inflater, ViewGroup container,
                        Bundle savedInstanceState)
    {
        View view = inflater.inflate(R.layout.search_list, container, false);
        list=(ListView)view.findViewById(R.id.foodlist);
        btn_search=(Button)view.findViewById(R.id.search_btn);
        et_search=(EditText)view.findViewById(R.id.search_edit);
        foods=new ArrayList<Food>();
```

```
        list.setOnItemClickListener(new AdapterView.OnItemClickListener() {
            @Override
            public void onItemClick(AdapterView<?> arg0, View arg1, int arg2,
                                    long arg3) {
                int shop_id = foods.get(arg2).getShop_id();
                food_id=foods.get(arg2).getFood_id();
                //获取当前店铺信息
                 getJSONByVolley(Contants.BASEURL + "getShopById.do?shop_id=" + shop_id);
            }
        });
        btn_search.setOnClickListener(new View.OnClickListener() {
            @Override
            public void onClick(View v) {
                String result=et_search.getText().toString();
                String url = Contants.BASEURL + "getFoodBySearch.do?search="+result;
                 getJSONArrayByVolley(url);
            }
        });
        return view;
    }
}
```

（2）处理 Button 搜索结果：将 getJSONArrayByVolley()的结果显示到 ListView 控件中。

```
protected void setJSONArrayToView(JSONArray data) {
    Gson gson=new Gson();
    foods= gson.fromJson(data.toString(),new TypeToken<List<Food>>(){}.getType());
    FoodAdapter adapter=new FoodAdapter(this.getActivity(), foods);
    list.setAdapter(adapter);
}
```

（3）处理 ListView 子项单击处理结果：将根据获取到的店铺和菜谱信息，跳转到具体的菜谱页面中。

```
@Override
protected void setJSONDataToView(String url,JSONObject data) {
    Gson gson=new Gson();
    shop=gson.fromJson(data.toString(), Shop.class);
    Bundle bundle = new Bundle();
    bundle.putInt("food_id", food_id);
    bundle.putString("phonenum", shop.getPhonenum());
    bundle.putInt("shop_id", shop.getShop_id());
    bundle.putString("shopname", shop.getShopname());
    bundle.putInt("flag", 2);//标记返回
```

```
    FoodDetailFragment foodDetailFragment = new FoodDetailFragment();
    changeFragment(foodDetailFragment, bundle, "foodDetailFragment");
}
```

9.4.6 我

该模块功能主要包括当前用户信息的修改和已完成订单、评论的管理。用户只能对完成的订单进行评论；对于本人的评论内容可以进行修改和删除。实现效果如图 9-11 所示。

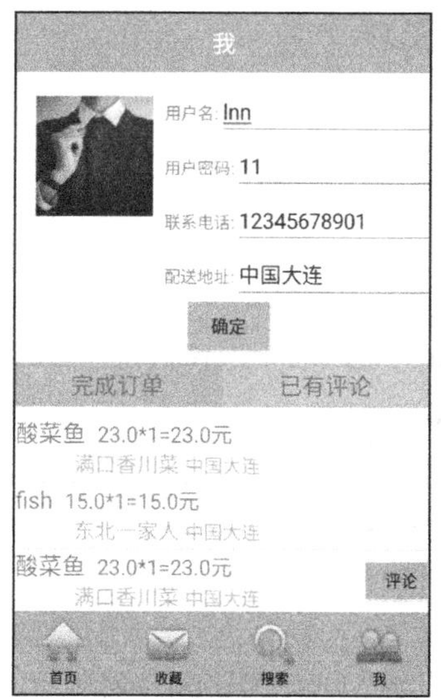

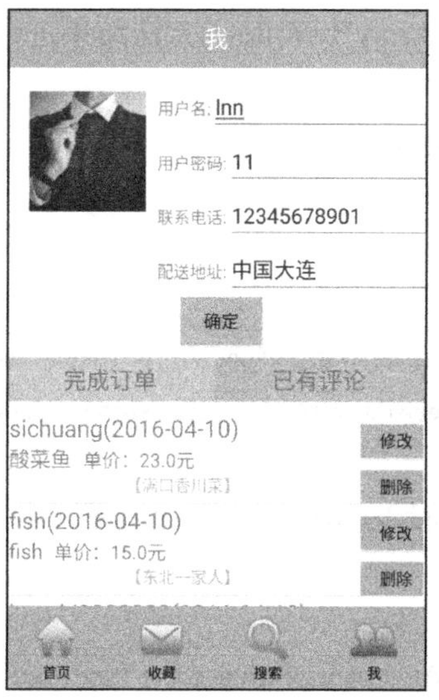

图 9-11 界面实现效果

实现步骤如下：

（1）修改用户基本信息：对“确定”按钮增加事件监听，将获取的所有 EditText 控件内容通过 getJSONByVolley()方法，发送到服务器端，然后根据结果在 setJSONDataToView()方法中提示修改成功或失败原因。代码略。

（2）完成订单和已有评论切换：对两个单选框进行事件监听，代码如下：

```
rb_order.setOnClickListener(new View.OnClickListener() {
    @Override
    public void onClick(View v) {
        rb_order.setBackgroundResource(R.color.colorMain);
        rb_comment.setBackgroundResource(R.color.gray);
        flag = 0;
        String params = "?user_id=" + user_id;
        getJSONArrayByVolley(Contants.BASEURL + "getAllUserOrder.do" + params);
    }
});
rb_comment.setOnClickListener(new View.OnClickListener() {
    @Override
    public void onClick(View v) {
```

```
        rb_comment.setBackgroundResource(R.color.colorMain);
        rb_order.setBackgroundResource(R.color.gray);
        flag = 1;
        String params = "?user_id=" + user_id;
        getJSONArrayByVolley(Contants.BASEURL + "getAllUserComment.do" + params);
    }
});
```

（3）对上述步骤中的 getJSONArrayByVolley()方法结果进行处理：

```
@Override
protected void setJSONArrayToView(JSONArray data) {
    Gson gson=new Gson();
    if(flag==0)
    {
        List<Order> orders= gson.fromJson(data.toString(),new TypeToken<List<Order>>(){}.getType());
        OrderAdapter adapter=new OrderAdapter(this.getActivity(),orders);
        list.setAdapter(adapter);
        ListViewHeightUtil.setListViewHeightBasedOnChildren(list);//动态设置高度
    }else
    {
        List<Order> comments= gson.fromJson(data.toString(),new TypeToken<List<Order>>(){}.getType());
        CommentAdapter adapter=new CommentAdapter(this.getActivity(),comments);
        list.setAdapter(adapter);
        ListViewHeightUtil.setListViewHeightBasedOnChildren(list);//动态设置高度
    }
}
```

（4）订单子项内容：在 getView()方法中对“评论”按钮增加事件监听，打开一个含有 Edit Text 控件的评论对话框，如果评论内容不为空，则向服务器提交评论内容。代码如下：

```
holder.btn_comment.setOnClickListener(new View.OnClickListener() {
    @Override
    public void onClick(View v) {
        final EditText et = new EditText(context);
        new AlertDialog.Builder(context).setTitle("评论")
                .setIcon(android.R.drawable.ic_dialog_info)
                .setView(et)
                .setPositiveButton("确定", new DialogInterface.OnClickListener() {
                    public void onClick(DialogInterface dialog, int which) {
                        String input = et.getText().toString();
                        if (input.equals("")) {
                            getToast( "评论内容不能为空！");
                        }
```

```
                else {
                    String
                    params="order_id="+listItems.get(position).getOrder_id()+"&content='"+input+"'";
                    getJSONByVolley(Contants.BASEURL + "insertComment.do?"+params);
                    holder.btn_comment.setVisibility(View.INVISIBLE);
                }
            }
        })
        .setNegativeButton("取消", null)
        .show();
    }
});
```

随后通过 setJSONDataToView()方法处理服务器处理结果，代码略。

（5）评论子项管理：在 getView()方法中对“修改”和“删除”按钮增加事件监听。修改时，需要获取历史评论记录。代码如下：

```
holder.btn_edit.setOnClickListener(new View.OnClickListener() {
    @Override
    public void onClick(View v) {
        final EditText et = new EditText(context);
et.setText(listItems.get(position).getContent());//获取历史评论记录
        new AlertDialog.Builder(context).setTitle("修改评论")
            .setIcon(android.R.drawable.ic_dialog_info)
            .setView(et)
            .setPositiveButton("确定", new DialogInterface.OnClickListener() {
                public void onClick(DialogInterface dialog, int which) {
                    String input = et.getText().toString();
                    if (input.equals("")) {
                        getToast("评论内容不能为空！");
                    } else {
                        String params = "order_id=" + order_id +
                                "&content='" + input + "'";
                        getJSONByVolley(Contants.BASEURL + "updateComment.do?" + params);
                        listItems.get(position).setContent(input);
                        notifyDataSetChanged();
                    }
                }
            })
            .setNegativeButton("取消", null)
            .show();
    }
```

```
});
holder.btn_del.setOnClickListener(new View.OnClickListener() {
  @Override
  public void onClick(View v) {
      String params = "order_id=" + order_id ;
      getJSONByVolley(Contants.BASEURL + "deleteComment.do?" + params);
      listItems.remove(position);
  }
});
```

随后通过 setJSONDataToView()方法处理服务器返回结果，代码略。

【案例延伸】删除评论时进行确认，然后再删除。

9.5 程序签名与打包

开发结束后，进行简单测试，即可进行项目的发布工作了。如果开发人员需要将自己开发的 Android 项目进行发布，就必须将应用程序进行打包和签名，生成的 APK 文件传入模拟器或手机中安装运行。Android 系统要求每一个 Android 应用程序必须经过数字签名才能够安装到系统中。Android 通过数字签名来标识应用程序的作者和应用程序之间的关系，不是用来决定最终用户可以安装哪些应用程序。这个数字签名由应用程序的作者完成，并不需要权威的数字证书签名机构认证，它只是用来让应用程序包自我认证的。

平时用户在 Android Play 或其他渠道上下载的软件都具有签名，那么开发者设计 Android 应用程序没有做什么签名也能在模拟器和手机上运行，这是因为 Android 为了方便开发者开发调试程序，ADT 将自动使用 debug 密钥为应用程序签名。debug 密钥的文件名为 debug.keystore 的文件，它位于系统盘符:/Documents and Settings/用户/.Android/debug.keystore。

Android 数字签名证书包含以下几个要点。

（1）所有的应用程序都必须有数字签名证书，Android 系统不会安装一个没有数字签名证书的应用程序。

（2）Android 程序包使用的数字签名证书可以是自签名的，不需要一个权威的签名机构认证。

（3）如果要正式发布一个 Android 应用程序，必须使用一个合适的私钥生成的数字证书来给程序签名，而不能使用 ADT 插件生成的调试证书来发布。

（4）数字签名证书都是具有有效期的，Android 只是在应用程序安装的时候才会检查证书的有效期。如果程序已经安装在系统中，即使证书过期也不会影响程序的正常功能。

（5）Android 使用标准的 Java 工具 Keytool 和 Jarsigner 来生成数字签名证书，并给应用程序包签名。

（6）使用 zipalign 工具优化程序。

Android 的开发工具（ADT 插件）都可以协助开发者给 APK 程序签名，它们都有两种工作模式：调试模式（debug mode）和发布模式（release mode）。

在调试模式下，Android 的开发工具会在每次编译时使用调试的数字证书给程序签名，开发者无须关心。但是开发者要发布应用程序时，就需要使用自己的数字签名证书给 APK 包签名，主要通过两种方式完成：完全利用 DOS 命令制作 APK 签名；利用 ADT 提供的图形化界面完成 APK 签名。本节只介绍 Android Studio 生成签名 APK 的过程。

（1）打开项目以后，选择“Build”→“Generate Signed APK”选项，弹出如图 9-12 所示对话框。

单击“Create new...”按钮，生成新的 Key，弹出如图 9-13 所示对话框。

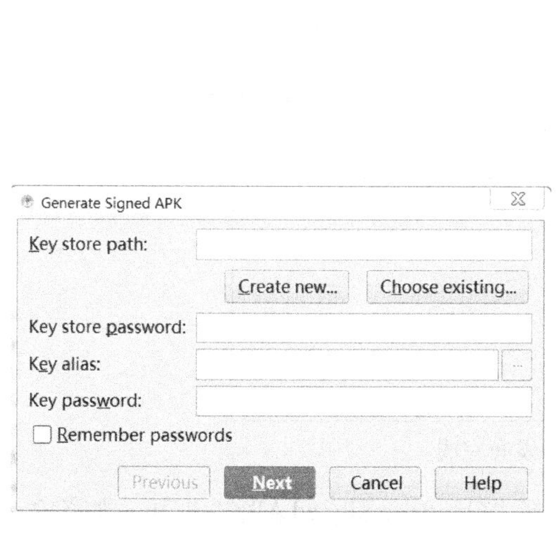
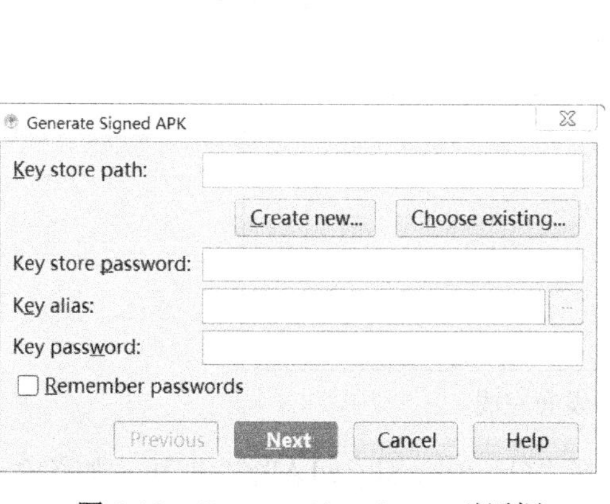

图 9-12　Generate Signed APK 对话框

图 9-13　新 Key 存储

首先选择 Key 存储的路径，接着输入密码，建议不要太简单，也不要太复杂。此处示例的密码为：123456，为了简单起见，所有密码都设置为同一个。有效时间默认 25 年，以支撑整个 App 周期。Country Code (XX)应该为 CN，然后单击“OK”按钮，回到生成界面，如图 9-14 所示。

勾选“Remember passwords”选项，然后单击“Next”按钮，如果弹出输入密码保护窗口，如图 9-15 所示，可以不使用这种保护。

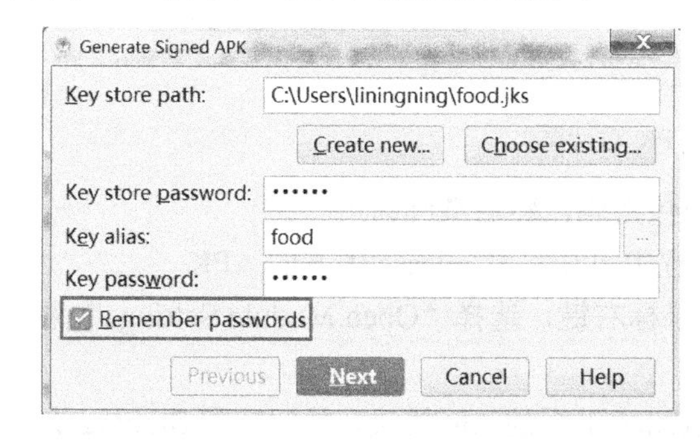

图 9-14　配置后的 Generate Signed APK 对话框

图 9-15　密码保护

单击“OK”按钮，弹出发布窗口，如图 9-16 所示。

选择“release”是发布版本，选择“debug”是调试版本。此处，选择“release”，然后单击“Finish”按钮。工具自动进行应用程序发布，如果发布成功，弹出成功提示框，如图 9-17 所示。

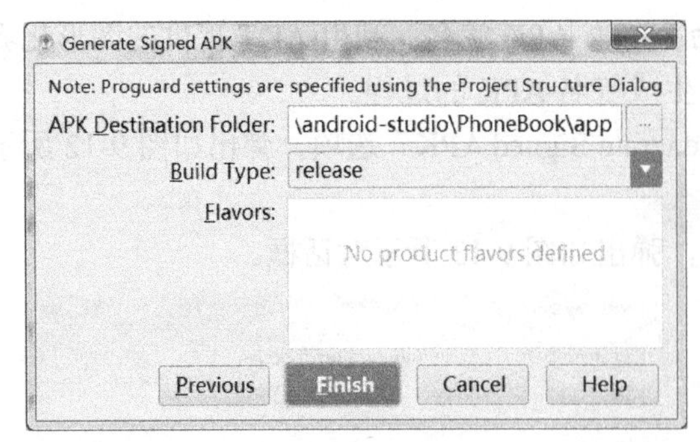

图 9-16　APK 发布模式

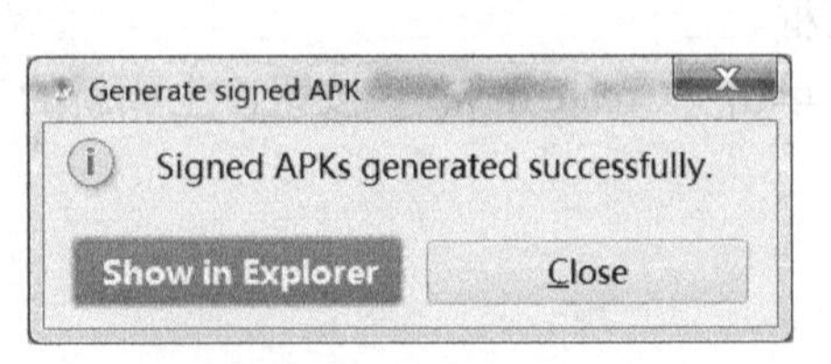

图 9-17　发布完成提示框

生成的 APK 如图 9-18 所示。

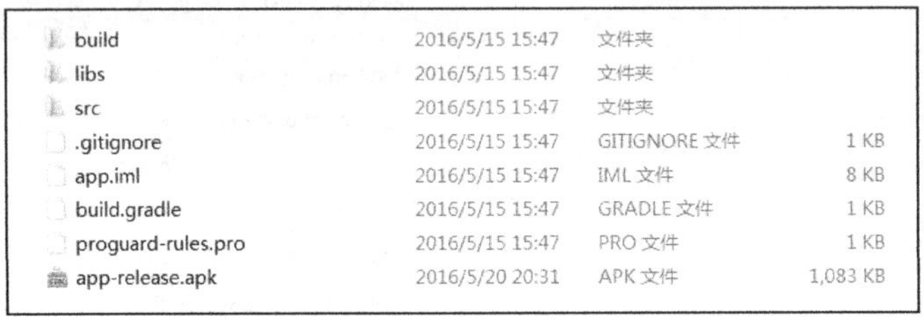

名称	修改日期	类型	大小
build	2016/5/15 15:47	文件夹	
libs	2016/5/15 15:47	文件夹	
src	2016/5/15 15:47	文件夹	
.gitignore	2016/5/15 15:47	GITIGNORE 文件	1 KB
app.iml	2016/5/15 15:47	IML 文件	8 KB
build.gradle	2016/5/15 15:47	GRADLE 文件	1 KB
proguard-rules.pro	2016/5/15 15:47	PRO 文件	1 KB
app-release.apk	2016/5/20 20:31	APK 文件	1,083 KB

图 9-18　APK 文件发布完成

下次需要再生成，只需要从“Build”菜单，选择“Generate Signed APK”即可，如图 9-19 所示。

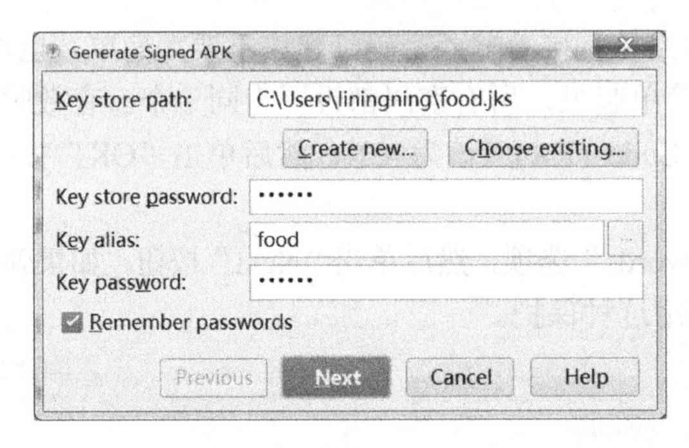

图 9-19　再次发布 APK 对话框

因为上次选择了记住密码，所以这里不需要记住密码，然后继续即可。

在 Android Studio 中，可以通过配置在构建过程中自动签名 release 版本的 APK。

首先，选择 Project 浏览视图，在 App 上单击鼠标右键，选择“Open Module Settings”菜单，如图 9-20 所示。

在打开的 Project Structure 对话框中，选择 Modules 下面的 app 模块，并切换到 Signing 选项卡。选择 keystore 文件，输入此配置的 name 以及其他必须的信息，比如各种密码，如图 9-21 所示。

然后切换到 Build Types 选项卡，如图 9-22 所示，选择 release 模式，在 Signing Config 选项中选择上面创建的配置项。

单击“OK”按钮即可，然后就可以随时发布 App。debug 版本也可以采用同样的方式配置，但是建议使用 debug 专用的 keystore 进行签名。最后，发布应用程序后，进行应用优化。

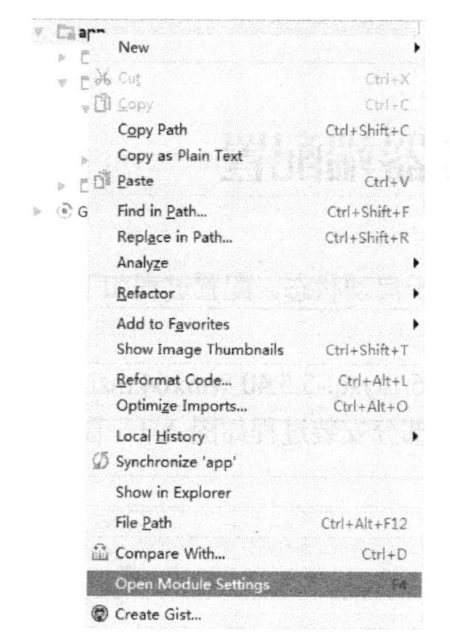

图 9-20　自动重建 APK 配置菜单

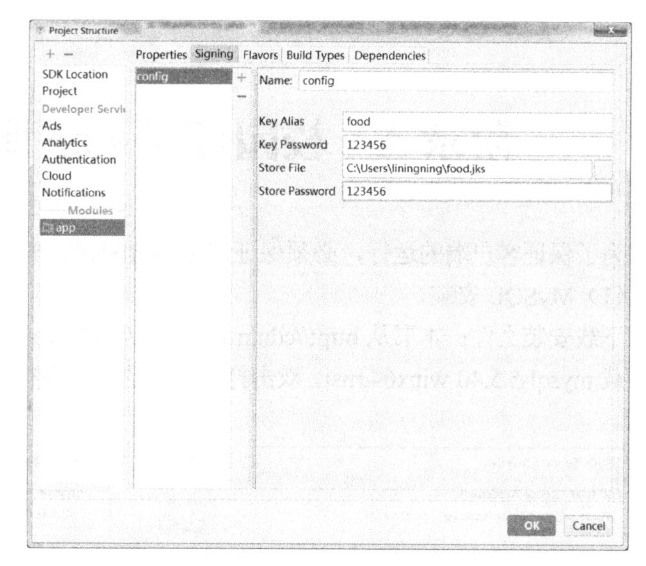

图 9-21　Signing 选项卡

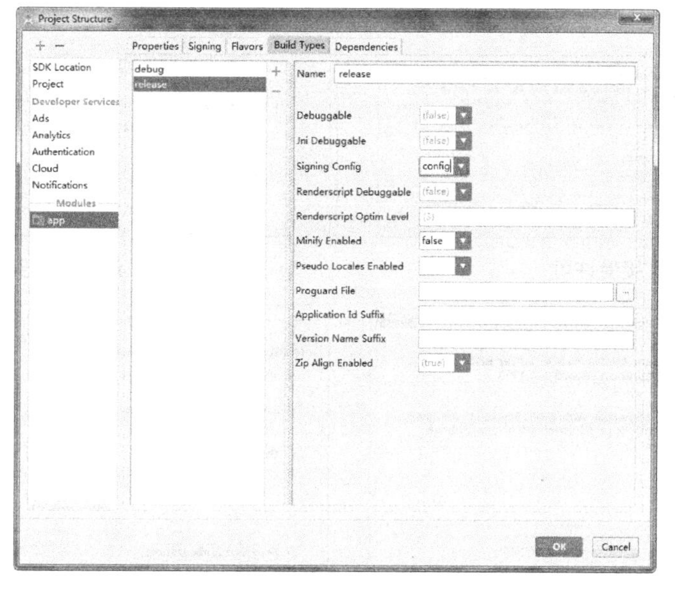

图 9-22　Build Types 标签

本章通过一个综合实例——校园订餐 App，完成了系统的需求分析、设计、开发与实现以及最后的发布过程，综合运用了以往章节所学习的知识和技巧，并结合了软件开发的流程，可以让读者掌握更多的 Android 应用程序开发经验。读者也可以模仿本章的程序开发思路与实现过程，完成更多类似的 App 应用开发，诸如手机微博 App、掌上图书馆 App 等。

附录 A　校园订餐 App 服务器端配置

为了保证客户端的运行，必须保证服务器端配置完毕，并处于启动状态。配置过程如下：

（1）MySQL 安装。

下载安装文件：本书从 http://cdn.mysql.com//archives/mysql-5.5/mysql-5.5.40-winx64.msi 网站上下载 mysql-5.5.40-winx64.msi。双击打开下载的文件进行安装，部分安装过程如图 A-1～图 A-6 所示。

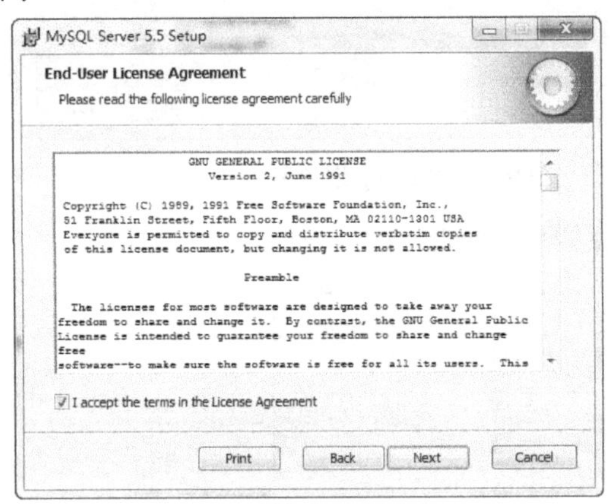

图 A-1　接受许可

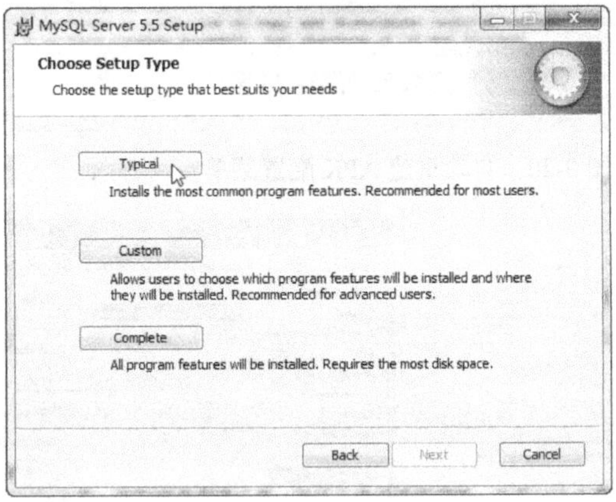

图 A-2　进行典型安装

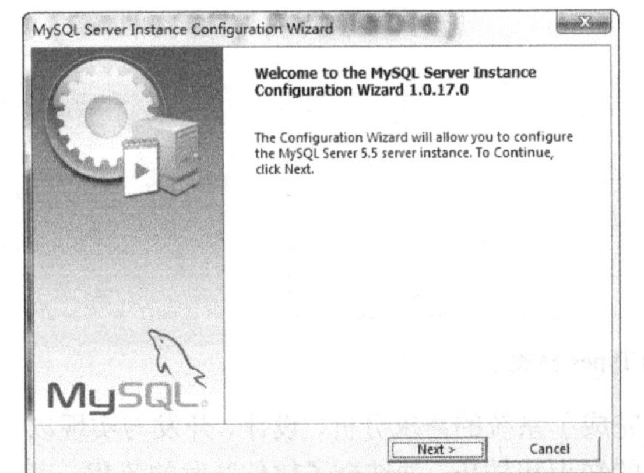

图 A-3　服务器配置

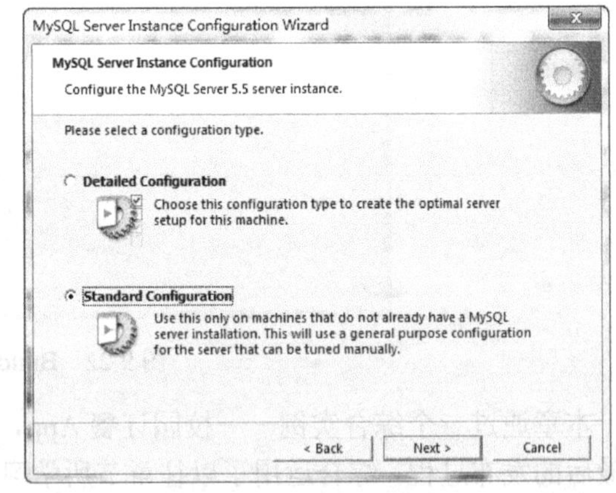

图 A-4　选择标准配置

（2）Navicat 安装和使用

MySQL 数据库安装完成后，编者采用 Navicat 对 MySQL 数据库进行管理。

Navicat Premium 是一款数据库管理工具。将此工具连接数据库，可以从中看到各种数据库的详细信息，包括报错等。当然，也可以通过该软件登录数据库，进行各种数据库操作。Navicat Premium 是一个可多重连线数据库的管理工具，它可以以单一程式，同时连接到 MySQL、SQLite、Oracle 及 PostgreSQL 等数据库，让管理不同类型的数据库更加方便。本书用该工具连接到 MySQL，因此，也可以采用 Navicat for MySQL 工具。

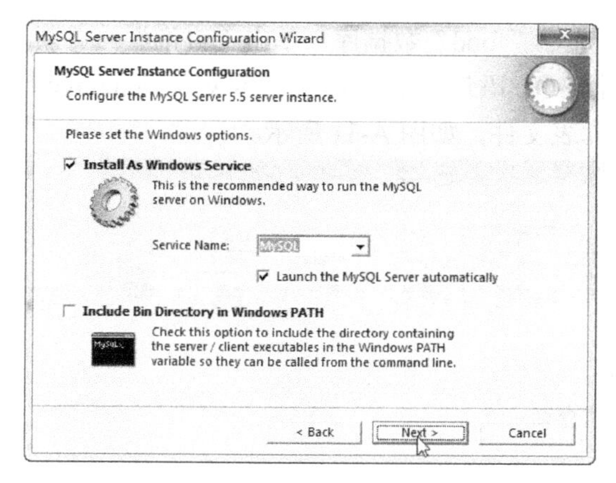

图 A-5　设置 MySQL Server 名称

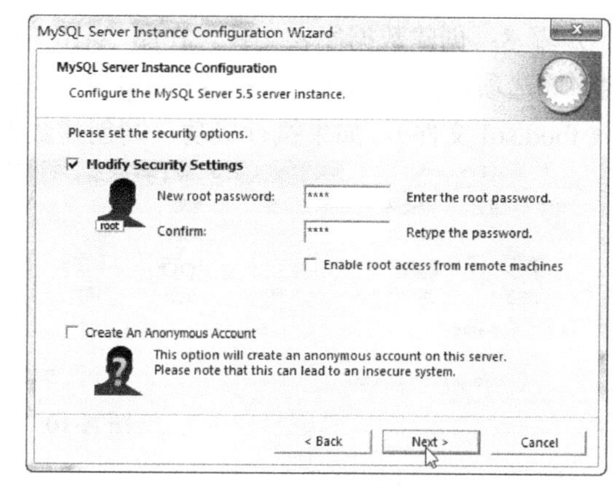

图 A-6　设置 MySQL Server 密码

步骤 1：下载软件。通过百度搜索关键字，可以直接进行下载，如图 A-7 所示。下载完成后，双击安装即可。

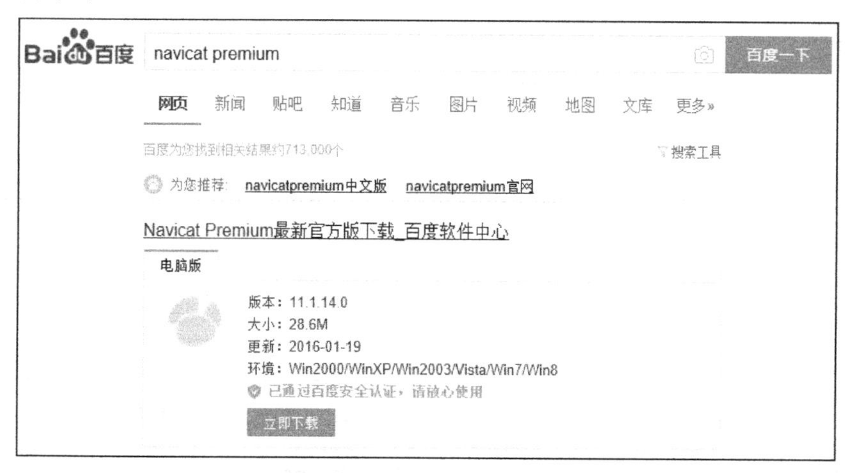

图 A-7　Navicat Premium 下载

步骤 2：创建数据库连接。打开 Navicat，创建 MySQL 连接，如图 A-8 所示，连接名为 mywamp。然后创建数据库 food，如图 A-9 所示。

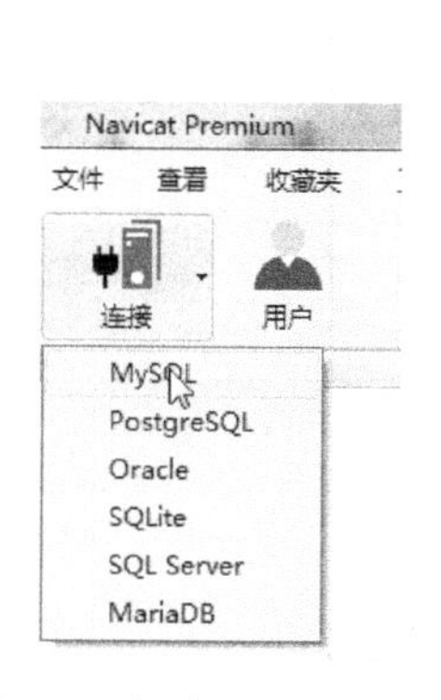

图 A-8　创建 MySQL 连接

图 A-9　创建数据库 food

步骤 3：创建数据库表文件。在图 A-10 中，选中“food”数据库，单击“查询”→“新建查询”选项，单击“加载”选择 food.sql 文件，执行 SQL 语句（读者可登录 www.hxedu.com.cn 下载 food.sql 文件）。如果执行成功，则创建数据库表文件，如图 A-11 所示。

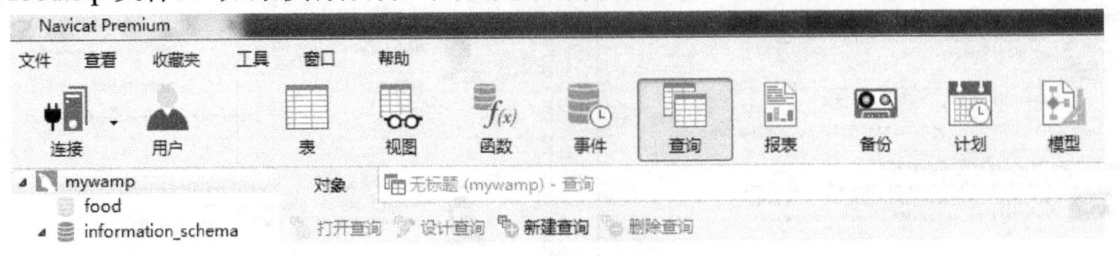

图 A-10　新建查询

（3）Tomcat 服务器准备

步骤 1：下载软件。在 http://tomcat.apache.org/download-70.cgi 中找到如图 A-12 所示链接，单击则可以下载。

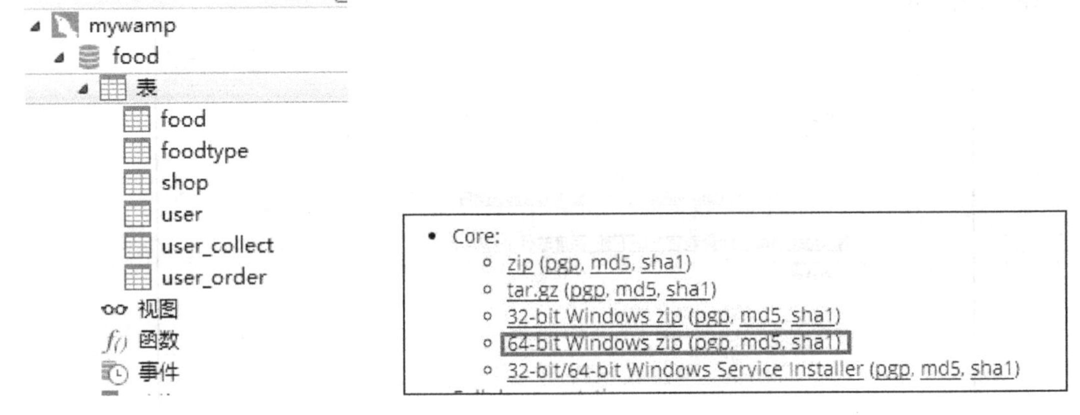

图 A-11　创建的数据库表文件　　　　图 A-12　Tomcat 下载页面

步骤 2：解压软件。下载后，解压缩文件并找到 webapps 文件夹，将 foodService.war 内容（读者可登录 www.hxedu.com.cn 下载）复制到该文件夹下。

步骤 3：启动 Tomcat。在 Tomcat 的 bin 文件夹下，双击 startup.bat 文件完成启动。

步骤 4：查看结果。在浏览器中输入 http://localhost:8080/foodService 网址，则可以进入服务器的网站管理页面，如图 A-13 所示，输入用户名和密码，分别是 admin 和 11。

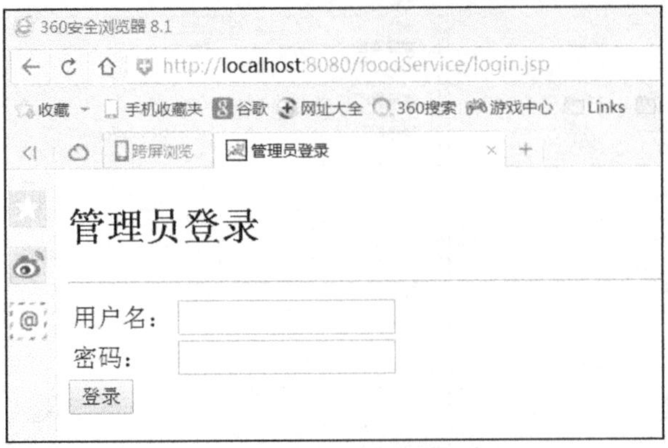

图 A-13　服务器的网站管理页面

登录成功后，运行效果如图 A-14 所示。

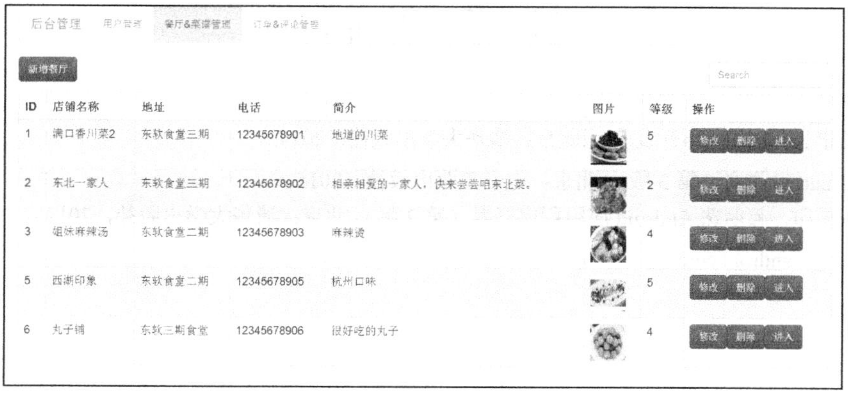

图 A-14 服务器端效果图

参 考 文 献

[1] 张冬玲，杨宁.Android 应用开发教程.北京：清华大学出版社，2014.

[2] 李刚.疯狂 Android 讲义（第 3 版）.北京：电子工业出版社，2015.

[3] 王向辉，张国印，赖明珠.Android 应用程序开发（第 2 版）.北京：清华大学出版社，2012.

[4] https://developer.android.com.